AIGC技术丛书

AI大模型

U0135266

谢雪葵◎编著

开发之路 从入门到实践

中国水利水电出版社
www.waterpub.com.cn
·北京·

内 容 简 介

《AI 大模型开发之路：从入门到实践》是一本全面探索人工智能大模型开发领域的实用指南，旨在带领读者深入了解并掌握 AI 大模型的核心技术与应用实践。本书通过丰富的示例和案例分析，为读者提供了一条清晰的学习路径，以及将理论知识应用于实际项目开发的具体方案。

本书共计 8 章，从 AI 大模型的基础概念入手，详细介绍了自然语言处理的简史、AI 大模型的简介以及深度学习的基本原理；同时还深入探讨了 Transformer 模型的结构和工作原理，为读者展示了 AI 大模型的鼻祖模型。实践部分详细讲解了如何利用百度千帆大模型 API、OpenAI API 以及 LangChain 框架开发 AI 大模型，从 API 调用到复杂应用的构建，每一步都配有实际操作指南。此外，本书还探讨了 AI 大模型的部署策略，包括模型的优化、转换和服务化，为读者提供了将 AI 大模型实现落地的全面方案。

本书适合广大 AI 开发者以及对 AI 大模型开发感兴趣的学生和研究人员学习使用。无论是刚刚接触 AI 领域的新手，还是希望进一步理解并提高开发实践能力的资深开发者，都能从本书中获得宝贵的知识和灵感。

图书在版编目（CIP）数据

AI 大模型开发之路：从入门到实践 / 谢雪葵编著.
— 北京：中国水利水电出版社，2024.7.
ISBN 978-7-5226-2549-2

Ⅰ. TP18

中国国家版本馆 CIP 数据核字第 2024ZZ2790 号

书　　名	AI 大模型开发之路：从入门到实践 AI DAMOXING KAIFA ZHI LU：CONG RUMEN DAO SHIJIAN
作　　者	谢雪葵　编著
出版发行	中国水利水电出版社 （北京市海淀区玉渊潭南路 1 号 D 座 100038） 网址：www.waterpub.com.cn E-mail：zhiboshangshu@163.com 电话：（010）62572966-2205/2266/2201（营销中心）
经　　售	北京科水图书销售有限公司 电话：（010）68545874、63202643 全国各地新华书店和相关出版物销售网点
排　　版	北京智博尚书文化传媒有限公司
印　　刷	河北文福旺印刷有限公司
规　　格	190mm×235mm　16 开本　20 印张　445 千字
版　　次	2024 年 7 月第 1 版　2024 年 7 月第 1 次印刷
印　　数	0001—3000 册
定　　价	89.80 元

凡购买我社图书，如有缺页、倒页、脱页的，本社营销中心负责调换

版权所有·侵权必究

前　言

在当今快速发展的人工智能领域，大模型技术正成为推动科技进步的关键力量。从生成性预训练模型（GPT）到高效的图像识别系统（如 MobileNetV2），AI 大模型正逐步改变人们理解数据、解决问题以及与技术互动的方式。然而，随着这些模型的能力日益成熟，如何有效地开发和应用这些技术，已经成为 AI（人工智能）领域内外的热门话题。正是基于这个原因，本书应运而生。

编写本书的目的是为广大 AI 开发者、学生和研究人员提供一个全面的开发指南，内容涵盖从 AI 大模型的基础知识、核心技术，到实际应用开发的每一个步骤。希望通过这本书，读者不仅能够了解到 AI 大模型的理论基础，还能学会如何应用这些理论解决实际问题。

本书内容概览

第 1 章　AI 大模型基础，介绍 AI 大模型的概念、历史和深度学习基础，为读者打下坚实的理论基础。

第 2 章　AI 大模型鼻祖——Transformer 模型，深入分析 Transformer 模型架构及其在 AI 领域的应用，帮助读者理解其核心技术。

第 3 章　百度千帆大模型 API 调用实战，通过实战指导百度千帆大模型的 API 调用流程，展示大模型在实践中的应用。

第 4 章　OpenAI API 开发实战，详述如何使用 OpenAI 的 API 进行应用开发，包括文本、语音、图片等多种功能的实现。

第 5 章　大模型开发框架 LangChain 实战，探索 LangChain 框架在语言模型开发中的应用，包括从环境配置到实战开发。

第 6 章　OpenAI API 问答系统项目实战，集中讲解使用 OpenAI API 构建问答系统的全过程，包括后端、前端设计及部署。

第 7 章　使用 LangChain 开发 AutoGPT 项目实战，围绕 LangChain 和 GPT 模型，讲述 AutoGPT 项目的开发过程，涵盖项目架构到功能实现。

第 8 章　AI 大模型部署，讨论 AI 大模型的部署策略，包括优化、转换、服务化等，指导读者如何高效部署和管理 AI 大模型。

通过理论讲解和实践案例，本书不仅帮助读者建立起对 AI 大模型开发的全面认识，还提供了从模型训练到部署的完整指导，使读者能够在 AI 技术领域中，快速提升技能，从而开发出具有实际应用价值的 AI 系统。

在线服务

扫描下方二维码，加入本书专属读者在线服务交流圈，本书的勘误情况会在此圈中发布。此外，读者可以在此圈中分享读书心得，提出对本书的建议，以及咨询笔者问题等。

本书专属读者在线服务交流圈

目　录

第1章　AI大模型基础 1

1.1　AI大模型概述 1

1.1.1　NLP简史 2

1.1.2　AI大模型简介 2

1.2　环境搭建与工具使用 3

1.2.1　Python（Anaconda）的安装 3

1.2.2　Python的基础语法 8

1.2.3　VSCode的安装应用 12

1.2.4　Jupyter Notebook的安装和使用 16

1.2.5　Node.js的安装和使用 19

1.2.6　Git的安装和使用 22

1.2.7　向量数据库Faiss 26

1.3　显卡选型 29

1.3.1　CUDA核心 29

1.3.2　Tensor核心 30

1.3.3　如何选择适合自己的GPU 31

1.4　深度学习基础 32

1.4.1　深度学习简介 32

1.4.2　神经网络的基本原理 33

1.4.3　层次结构 34

1.4.4　一个简单的神经网络示例 35

1.4.5　神经元 37

1.4.6　权重和偏置 38

1.4.7　激活函数 39

1.4.8　损失函数 40

1.4.9　向前传播 42

1.4.10　反向传播 43

1.4.11　优化函数 46

1.5　本章小结 48

第2章　AI大模型鼻祖——Transformer模型 49

2.1　Transformer简介 49

2.2　输入预处理 50

 2.2.1　文本预处理 51

 2.2.2　数据分词 51

 2.2.3　嵌入矩阵构建 52

 2.2.4　词元向量化 54

 2.2.5　位置编码 55

2.3　编码器处理器 56

 2.3.1　编码器自注意力机制 57

 2.3.2　自注意力机制的查询、键、值向量 58

 2.3.3　自注意力机制计算注意力分数 59

 2.3.4　自注意力机制Softmax标准化 60

 2.3.5　自注意力机制加权值向量 61

 2.3.6　多头注意力机制 62

 2.3.7　编码器残差连接 63

 2.3.8　编码器层归一化 64

 2.3.9　编码器前馈神经网络 65

2.4　解码器处理器 67

 2.4.1　掩蔽自注意力机制 68

 2.4.2　编码器–解码器注意力 69

2.5　输出生成 71

 2.5.1　Transformer线性层 71

 2.5.2　Transformer Softmax层 72

2.6　本章小结 74

第3章　百度千帆大模型API调用实战 75

3.1　千帆大模型平台简介 75

3.2　第一个大模型调用 76

 3.2.1　注册并申请密钥 76

 3.2.2　开启第一个千帆大模型API调用 79

 3.2.3　开启第一个千帆大模型SDK调用 81

3.3　百度文本大模型API 82

 3.3.1　对话Chat大模型 82

 3.3.2　续写Completions 84

 3.3.3　文心ERNIE-Bot-4景点推荐实践 85

3.4 图像Images API 87
    3.4.1 图片生成模型Stable Diffusion XL 87
    3.4.2 图片视觉模型Fuyu-8B 88
    3.4.3 Stable Diffusion XL生成商品图片实践 89
3.5 本章小结 91

第4章 OpenAI API开发实战 92
  4.1 开始第一个API调用 92
    4.1.1 创建一个API kcy 92
    4.1.2 开发环境准备 94
    4.1.3 第一个API调用 95
  4.2 文本API接口开发 96
    4.2.1 Chat Completions API 97
    4.2.2 Completions API 99
    4.2.3 众多模型的选择 100
    4.2.4 Chat Completions API构建结构化输出实践 101
  4.3 语音API接口开发 103
    4.3.1 文本转语音 103
    4.3.2 语音转文本 105
    4.3.3 优化长语音转文本处理的实践 106
  4.4 图片API接口开发 108
    4.4.1 文本生成图片 108
    4.4.2 根据文本编辑图片 110
    4.4.3 根据图片生成变体 111
    4.4.4 高效处理内存中的图像数据并生成变体实践 112
  4.5 图片视觉Vision API开发 113
    4.5.1 单张图片视觉 114
    4.5.2 多张图片视觉 117
    4.5.3 视频内容理解与描述生成的实践 118
  4.6 函数调用API开发 120
    4.6.1 创建一个简单的工具 120
    4.6.2 生成函数参数 122
    4.6.3 使用模型生成参数调用函数 123
    4.6.4 并行函数调用 125
    4.6.5 多功能天气查询助手实践 127
  4.7 强大的助理API 129
    4.7.1 构建非流式助理 130

4.7.2　构建流式助理 132

4.7.3　实时客户服务助理实践 134

4.8　GPT模型fine-tuning 135

4.8.1　微调简介 136

4.8.2　微调数据处理 136

4.8.3　微调数据验证 137

4.8.4　创建微调模型 139

4.8.5　使用与验证微调模型 140

4.9　智能问答代理操作数据库案例 142

4.9.1　定义工具函数 142

4.9.2　获取数据库详情 144

4.9.3　编写大模型回调函数 145

4.9.4　智能回答用户问题 147

4.10　本章小结 148

第5章　大模型开发框架LangChain实战 149

5.1　创建LangChain 149

5.1.1　LangChain简介 149

5.1.2　配置开发环境 150

5.1.3　创建一个LangChain 151

5.1.4　构建一个简单的检索链 152

5.1.5　构建一个简单的对话检索链 154

5.1.6　构建一个简单的代理 156

5.2　格式化模型输入与输出（Model I/O） 158

5.2.1　模块化输入：提示 160

5.2.2　不同模型的交互 161

5.2.3　规范化输出：Output Parsers 162

5.2.4　设计Pipeline模板 164

5.2.5　设计语言翻译提示模板案例 165

5.3　信息检索 167

5.3.1　文档加载器 168

5.3.2　文档分割器 170

5.3.3　文本嵌入 172

5.3.4　向量数据库 173

5.3.5　检索器 174

5.3.6　索引器 176

5.3.7　检索翻译PDF文件案例 178

5.4　代理构建 180
　　5.4.1　LangChain 代理类型 180
　　5.4.2　代理的工具集 181
　　5.4.3　自定义一个工具 182
　　5.4.4　自定义一个代理 183
5.5　链式构建 185
　　5.5.1　LangChain 链简介 186
　　5.5.2　构建一个文档列表链 186
　　5.5.3　构建SQL数据库查询链 188
5.6　记忆系统 190
　　5.6.1　记忆的存储 192
　　5.6.2　通过LLMChain链实现记忆功能 193
　　5.6.3　自定义一个记忆功能的代理 195
　　5.6.4　设计一个Redis存储记忆的代理 197
5.7　回调机制（Callbacks） 199
　　5.7.1　LangChain回调机制（Callbacks） 200
　　5.7.2　如何使用回调（Callback） 201
　　5.7.3　如何实现异步回调 203
　　5.7.4　自定义回调handler 204
5.8　实时计算词元案例 205
5.9　本章小结 206

第6章　OpenAI API问答系统项目实战 207
6.1　项目概览 207
　　6.1.1　项目目标与预期成果 208
　　6.1.2　技术栈简介 208
6.2　基于Flask实现问答系统后端 209
　　6.2.1　Cookiecutter-Flask安装配置 209
　　6.2.2　后端SQLite数据库安装配置 214
　　6.2.3　配置OpenAI API客户端 215
　　6.2.4　基于Completions API的问答逻辑处理模块 218
　　6.2.5　基于Chat Completions API的问答逻辑处理模块 222
6.3　构建用户界面 224
　　6.3.1　简易聊天界面设计 224
　　6.3.2　用户输入与响应展示 225
　　6.3.3　多轮对话用户输入与响应展示 228
　　6.3.4　实现前后端通信 230

6.4　基于阿里云项目部署 234
　　6.4.1　开通创建服务器实例 234
　　6.4.2　准备部署应用程序与环境 239
　　6.4.3　基于Git代码管理 242
　　6.4.4　项目部署与测试 246
6.5　本章小结 249

第7章　使用LangChain开发AutoGPT项目实战 250

7.1　项目概述 250
　　7.1.1　项目目标与预期成果 250
　　7.1.2　技术栈简介 251
7.2　环境准备 251
　　7.2.1　设置Conda虚拟环境和项目架构概述 251
　　7.2.2　安装和配置Redis 253
　　7.2.3　安装和配置Docker 254
7.3　AutoGPT项目架构 256
7.4　实现AutoGPT核心功能 257
　　7.4.1　迭代式自动化问题解决方法 257
　　7.4.2　设计提示模板策略 259
　　7.4.3　构建短期记忆机制 261
　　7.4.4　利用Redis实现长期记忆方案 263
　　7.4.5　开发自定义动作执行器 265
　　7.4.6　设计自定义输出格式化工具 266
　　7.4.7　开发定制化代理 268
　　7.4.8　设计处理流程链 269
　　7.4.9　构建代理执行器 271
　　7.4.10　设置超时与控制执行步骤 272
　　7.4.11　大模型异常处理 273
7.5　基于Gradio构建用户界面 275
7.6　云端部署实践：Docker容器化及应用发布 276
　　7.6.1　本地环境的应用验证与Docker镜像制作 277
　　7.6.2　云端环境配置与准备 280
　　7.6.3　云端应用部署 282
　　7.6.4　功能验证 284
7.7　本章小结 287

第8章　AI大模型部署 ··· **288**

8.1　准备工作 ··· 288

8.1.1　理解部署需求 ··· 288

8.1.2　选择合适的模型和框架 ··· 289

8.1.3　准备环境和依赖 ··· 290

8.2　部署环境选择 ··· 291

8.2.1　本地服务器与云平台的对比 ··· 291

8.2.2　容器化部署：Docker和Kubernetes ·································· 292

8.2.3　选择合适的硬件资源 ··· 293

8.3　模型优化和转换 ··· 293

8.3.1　模型剪枝和量化 ··· 294

8.3.2　使用TensorRT、ONNX进行模型转换 ·································· 294

8.3.3　模型测试和验证 ··· 295

8.4　部署模型 ··· 296

8.4.1　模型服务化：Flask和FastAPI ······································· 296

8.4.2　使用云服务部署模型 ··· 297

8.4.3　模型版本控制和管理 ··· 298

8.5　百度千帆SQLCoder大模型部署案例 ··· 299

8.5.1　模型准备 ··· 299

8.5.2　模型部署 ··· 302

8.5.3　模型测试与使用 ··· 305

8.6　本章小结 ··· 307

第1章 AI大模型基础

随着技术的飞速发展，AI 的应用已从科幻小说的情节变成了日常生活中不可或缺的一部分。从智能助手到自动化工厂，AI 的应用范围正在迅速扩大，而 AI 大模型已成为推动这一领域进步的最前沿技术。然而，要完全理解 AI 大模型的潜力和工作原理，需要首先回顾一下 AI 的发展历程，特别是自然语言处理（Natural Language Processing，NLP）领域的演变。

NLP 是 AI 研究中的一个核心领域，它致力于使计算机能够理解、解释和生成人类语言。从 20 世纪 50 年代早期的规则基础方法，到今天基于深度学习的大模型，NLP 的发展历程展示了技术革新如何不断推动边界的扩展。

最近几年，AI 大模型（如 GPT、BERT 和其他变体）已经彻底改变了处理文本、图片甚至声音数据的方式。这些模型的出现标志着 AI 技术进入了新纪元，这是一个以前所未有的精度和灵活性解决问题的时代。

在开始深入探索 AI 大模型之前，还需要做一些准备工作，包括设置开发环境，选择合适的工具，以及理解一些基本的概念和原理。本章将为用户搭建进入 AI 大模型世界的桥梁，确保用户具备必要的知识和工具，为学习之旅做好准备。

1.1 AI 大模型概述

在 AI 的辽阔海洋中，AI 大模型犹如巨型航船，引领着科技前进的航向。这些模型不仅仅是技术进步的象征，更是人类智慧的结晶，它们的发展和应用正在根本性地改变人类与机器交互的方式。在深入了解这些模型如何工作、为何重要之前，首先回顾一下它们的起源和发展历程。

AI 大模型的故事，是从早期的规则驱动模型开始的。这些模型依赖于复杂的规则和模式来处理数据和执行任务，然而，它们的能力受限于规则的复杂性和覆盖范围。随着机器学习和深度学习技术的发展，AI 模型开始从数据中学习，自动提取特征，从而大幅提高了任务执行的准确性和效率。

近年来，随着计算能力的大幅提升和大数据量的可用性的增强，AI 大模型迅速崛起。这些模型（如 OpenAI 的 GPT 系列、Google 的 BERT 等）通过训练数十亿个甚至数万亿个参数，捕捉语言、图像等数据的深层关联模式，从而展现出惊人的理解和生成能力。

AI 大模型的崛起，不仅推动了自然语言处理、计算机视觉、语音识别等领域的发展，也为各行各业提供了前所未有的解决方案。从自动撰写新闻稿件、提供法律咨询，到开发新药物，AI 大模型的应用横跨科技、医疗、教育等多个领域，其潜力仍在不断被挖掘。

1.1.1　NLP 简史

NLP 是人工智能领域的一个核心分支，它旨在使计算机能够理解、解释和生成人类语言。NLP 的目标不仅仅是解析文本或语音中的单词，而是要深入到理解语言的含义和上下文，实现真正的人机交流。从 20 世纪 50 年代初期到现在，NLP 的旅程充满了技术的创新和思想的革新，这一旅程反映了如何逐步深入到语言的复杂性中，并试图用机器来模拟人类的语言理解能力。

NLP 的早期尝试集中在创建可以模拟人类语言理解和生成的规则基础系统上。这些系统，如 20 世纪 50 年代的 ELIZA，尽管能够模拟简单的对话，但 ELIZA 完全依赖于预定义的模式和规则。这种系统的局限性很快变得显而易见，因为真实世界的语言使用远远超出了静态规则所能覆盖的范围。

随着计算能力的提升和数据可用性的增强，20 世纪 90 年代开始，NLP 开始向基于统计的方法转变。这一时期，机器学习算法，特别是隐马尔可夫模型（HMM）和条件随机场（CRF），开始被用于语言任务，如词性标注和命名实体识别。这些统计模型能够从大量语料中学习语言规律，而不是依赖于硬编码的规则。

词性标注是 NLP 中的一项基本任务，旨在为文本中的每个单词分配一个词性（如名词、动词、形容词等），以帮助理解单词在句子中的语法作用和位置。

命名实体识别是指识别文本中具有特定意义的实体（如人名、地名、组织名等），并将它们分类为预定义的类别，这对于信息提取、问答系统等应用至关重要。

进入 21 世纪，随着深度学习技术的兴起，NLP 领域经历了又一次革命。深度神经网络，特别是卷积神经网络（CNNs）和循环神经网络（RNNs），为处理复杂的语言模式和上下文关系提供了强大的工具。这一时期的突破，如序列到序列（seq2seq）模型和注意力机制，进一步推动了机器翻译、文本摘要等应用的发展。

注意力机制是深度学习中的一个关键概念，其允许模型在处理数据时动态地聚焦于重要的信息，提高了序列到序列模型处理长距离依赖和复杂信息的能力，尤其在机器翻译和语音识别等领域中性能提升显著。

最近几年，随着预训练语言模型的出现（如 GPT 和 BERT），NLP 进入了 AI 大模型时代。这些模型通过在海量数据集上预训练，能够捕捉深层次的语言规律和知识，然后在特定任务上进行微调，显示出惊人的性能。这标志着对于实现深层次语言理解和生成的追求又迈出了重要一步。

1.1.2　AI 大模型简介

在过去的几年里，AI 大模型已经成为 AI 领域的一个热门话题，它们的能力在多个应用领域得到了空前的发展。但是，AI 大模型究竟是什么？它们为什么如此重要？又是如何工作的呢？

AI 大模型，简而言之，是一类具有大量参数的深度学习模型，它们能够在大规模数据集上进行训练，学习丰富的数据表示和复杂的模式。与早期的机器学习模型相比，这些大模型通过其庞大的规模，能够捕获更为细致和深入的数据特征，从而在 NLP、图像识别、语音识别等多个领域实现突破性的性能。

　　AI大模型的核心特征包括其规模、能力和灵活性。这些模型通常包含数十亿个乃至数万亿个参数，使它们能够在处理极其复杂的任务时表现出色。此外，它们的一个关键优势在于能够进行转移学习，即在一个任务上训练后，可以通过微调在其他任务上快速适应并且表现良好。

　　AI大模型的工作原理基于深度学习和神经网络，尤其是变形金刚（Transformer）架构，使它在处理序列数据，特别是文本方面展现出卓越的能力。通过在大量数据上进行预训练，这些模型能够学习到语言、图像或声音的丰富表示，然后在特定的下游任务上进行微调，以适应特定的应用需求。

　　AI大模型之所以重要，是因为它们代表了AI技术的一个重大进步，使得机器能够在理解和生成自然语言、识别复杂图像和理解语音方面，达到前所未有的精度和自然度。这些模型的应用潜力巨大，从提高搜索引擎的效率，到改善医疗诊断的准确性，再到促进新药的发现，AI大模型正在推动着科技的边界不断扩展。

1.2　环境搭建与工具使用

　　随着AI大模型在各个领域的广泛应用，掌握如何搭建一个支持这些模型开发的环境变得尤为重要。本节将引导用户完成准备工作，包括安装必要的编程语言、开发工具和数据库。首先从Python的安装开始，因为它是开发AI模型的首选语言，接着介绍一些提高编码效率的工具，最后讨论如何使用向量数据库来管理和查询大规模数据集。

1.2.1　Python（Anaconda）的安装

　　Python是最受欢迎的编程语言之一，特别是在数据科学、机器学习和AI领域。Anaconda是一个免费的开源Python发行版，它极大地简化了包管理和部署的过程。本小节将详细介绍如何下载和安装Anaconda，以及如何使用它来创建和管理Python环境。

　1. 下载 Anaconda

（1）访问Anaconda的官方网站，如图1.1所示。

图1.1　Anaconda官网首页

（2）单击右上角的 Free Download 按钮，进入下载界面，接着移动鼠标指针到版本选择界面，如图 1.2 所示。

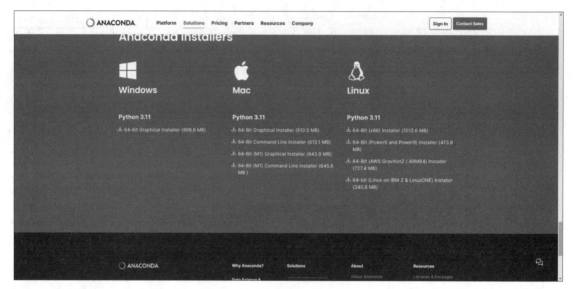

图1.2　版本选择界面

（3）选择系统匹配的版本进行下载。

2. 安装 Anaconda

下载完成后得到的是一个以 exe 为扩展名的可执行文件。

（1）双击安装文件就可以开始安装配置，双击后界面如图 1.3 所示。

（2）单击 Next 按钮后可以选择使用默认选项，也可以根据需要适当修改。

（3）当完成所有配置后，跳转到安装界面，单击图 1.4 中的 Install 按钮就可以正式安装软件。

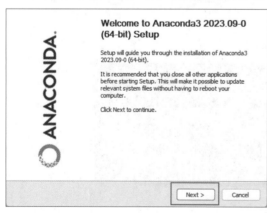

图1.3　软件安装界面

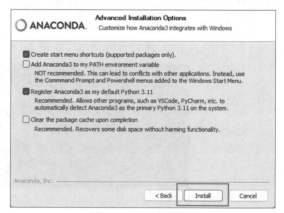

图1.4　安装界面

（4）安装成功后，显示界面如图 1.5 所示。

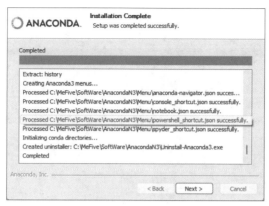

图1.5 安装成功界面

（5）单击 Next 按钮直到最后一个界面，单击 Finish 按钮即可。

（6）在键盘上同时按下 Win+R 快捷键，输入 cmd 命令进入计算机命令行界面。

（7）通过 cd 命令跳转到安装目录，再通过命令 conda --version 验证安装是否成功。安装成功显示版本信息，如图 1.6 所示。

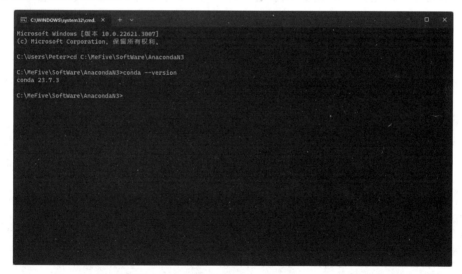

图1.6 验证成功显示信息

3. 创建 Python 环境

使用 Anaconda，用户可以轻松创建独立的 Python 环境，每个环境都可以有不同的 Python 版本和包，这对于在不同项目之间切换工作时维护依赖项非常有用。下面介绍如何使用 conda 命令行创建环境。

（1）在命令行中，用户可以使用 conda 命令来创建新的环境。例如，要创建一个名为 myenv 的环境，其中包含 Python 3.9，可以使用以下命令。

```
conda create --name myenv python=3.9
```

在执行命令的过程中可能会提示是否安装新的软件包，输入 y 即可，如图 1.7 所示。

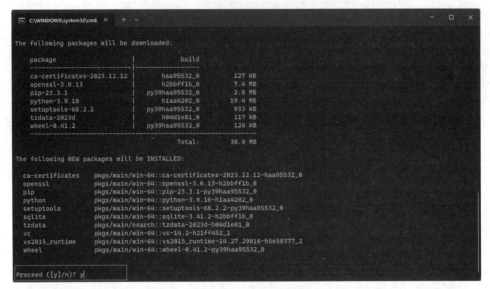

图1.7　安装软件确认界面

（2）这个命令将创建一个新的环境，并安装指定版本的 Python，这里的版本是 3.9。环境创建成功界面如图 1.8 所示。

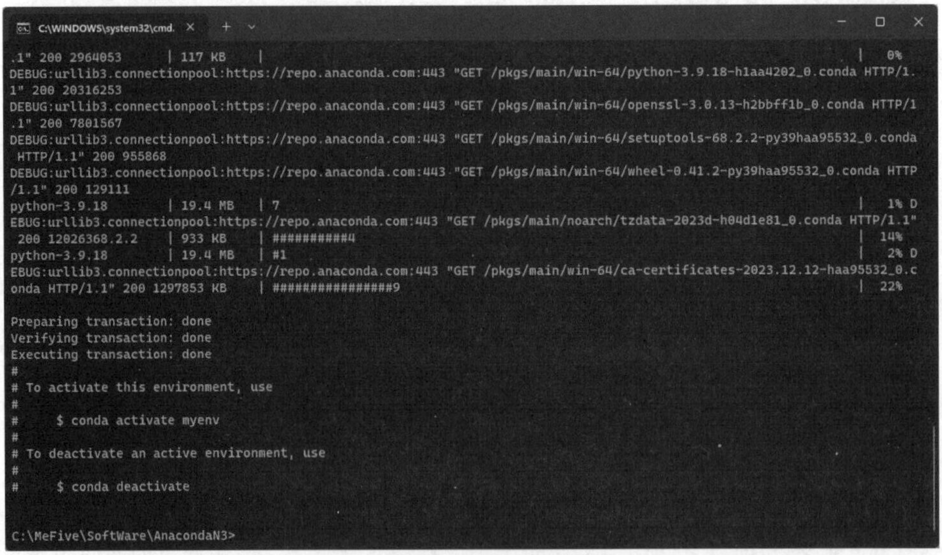

图1.8　环境创建成功界面

（3）用户可以通过列出所有可用的环境来验证创建是否成功，使用以下命令。

```
conda env list
```

命令输出如图 1.9 所示，从图中框选的部分可以看出，名字为 myenv 的环境已经创建成功。

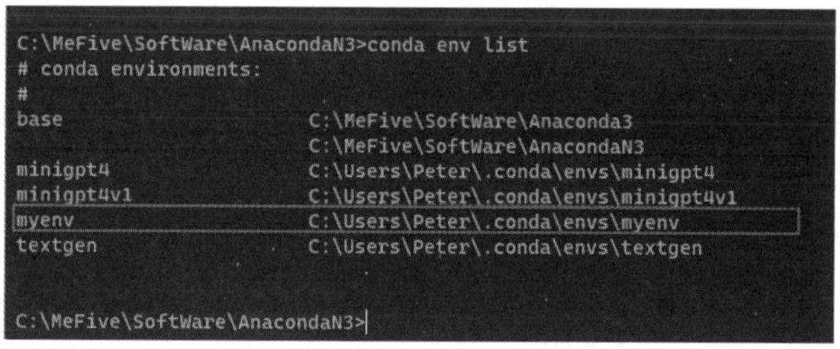

图1.9 查看环境输出界面

4. 管理 Python 环境

一旦用户的环境创建成功，就可以开始管理它了，包括激活环境、安装额外的包和切换环境等操作。

为了使用特定的环境，用户需要先激活它。使用以下命令可以在命令行中激活环境。

```
conda activate myenv
```

激活环境后，用户将看到命令行提示符前面会显示环境名称，表明正在该环境中工作。如图 1.10 所示。

图1.10 显示环境名称的命令提示符

环境激活后，用户就可以开始安装所需的包了。使用 conda install 命令来安装包。

```
conda install numpy
```

在当前激活的环境中安装 NumPy 包，安装成功界面如图 1.11 所示。

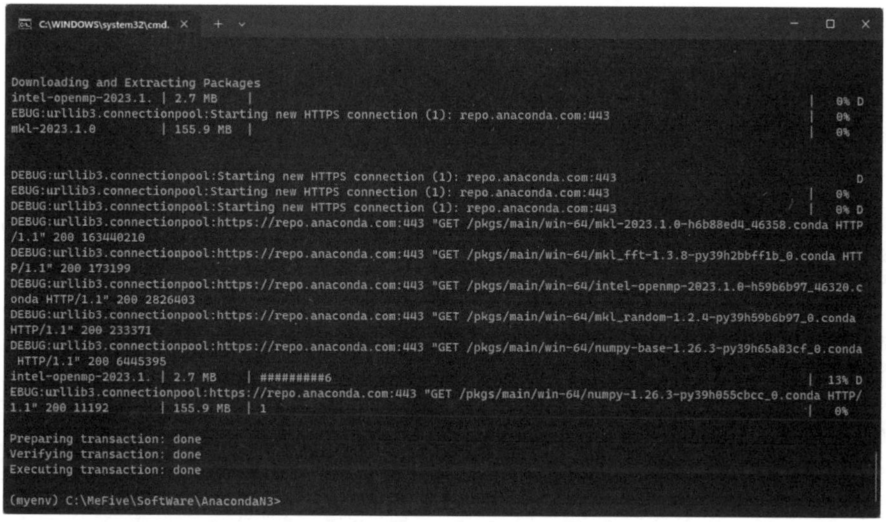

图1.11 NumPy安装成功界面

如果想切换到另一个环境，需要使用 conda deactivate 命令退出当前环境，再使用 conda activate 命令激活另一个环境。

退出当前环境后，命令行提示符前面显示的环境名称就不显示了，如图 1.12 所示。

图 1.12　退出环境命令显示

通过以上操作，用户可以有效地创建和管理针对不同项目的 Python 环境，确保每个项目的依赖项互不干扰，从而提高开发效率和项目的稳定性。

1.2.2　Python 的基础语法

掌握 Python 的基础语法是进行 AI 开发的前提。下面将通过一些简单的例子来介绍 Python 编程的基本概念，包括变量、数据类型、控制流、函数和模块。这将为后续深入学习 AI 大模型打下坚实的基础。

在 Python 的基础语法中，以下几个核心的元素是用户必须要掌握的。

1. 变量与数据类型

Python 是一种动态类型的编程语言，其支持多种数据类型，这为开发者提供了极大的灵活性。这些数据类型包括：

（1）整数（Integer）：整数是没有小数部分的数，如 5,–7,0 等。在 Python 中，用户可以对整数进行加、减、乘、除、取余以及其他复杂的数学操作。

（2）浮点数（Float）：浮点数是有小数部分的数，如 7.3,–0.006,0.0 等。同样，Python 允许用户对浮点数进行各种数学操作。

（3）字符串（String）：字符串是字符的序列，用于存储和处理文本。Python 中的字符串可以用单引号或双引号来创建，还支持多行字符串以及各种字符串操作和方法。

（4）列表（List）：列表是 Python 中的一种复合数据类型，可以容纳多个元素，并且这些元素可以是不同的数据类型。列表是可变的，这意味着用户可以添加、删除或修改列表中的元素。

（5）元组（Tuple）：元组和列表很相似，都可以存储多个元素。但是，元组是不可变的，也就是说，用户不能添加、删除或修改元组中的元素。元组常常用于存储不应被改变的数据序列。

（6）字典（Dictionariy）：字典是 Python 的另一种复合数据类型，用于存储键值对，字典的键和值可以是不同的数据类型。字典常常用于存储和查找数据，其查询效率非常高。

在 Python 中，创建变量是非常简单的，使用等号（=）进行赋值操作即可。Python 是动态类型语言，这意味着无须预先声明变量的类型。比如：

```
1   x = 10                        # 整数
2   y = 3.14                      # 浮点数
3   z = "Hello, World!"           # 字符串
```

2. 控制流语句

Python 提供了丰富的控制流工具，可以帮助开发者编写具有逻辑的程序。这些工具主要包括条件语句（if、elif、else）和循环语句（for、while）。

（1）条件语句：条件语句允许程序根据特定条件选择性地执行代码块。这些条件通常是一个布尔表达式，结果为真或假。if 用于开始一个条件语句，elif 用于引入额外的条件，else 用于当所有条件都不满足时执行的代码块。

（2）循环语句：循环语句允许程序重复执行一个代码块。for 循环用于迭代序列（如列表或字符串）或其他可迭代对象，while 循环则会在给定条件为真的情况下反复执行。

以下是一个简单的 if 语句和 for 循环示例。

```
1   # if 语句
2   x = 10
3   if x > 0:
4       print("x is positive")
5
6   # for 循环
7   for i in range(5):
8       print(i)
```

控制流语句执行结果如图 1.13 所示。

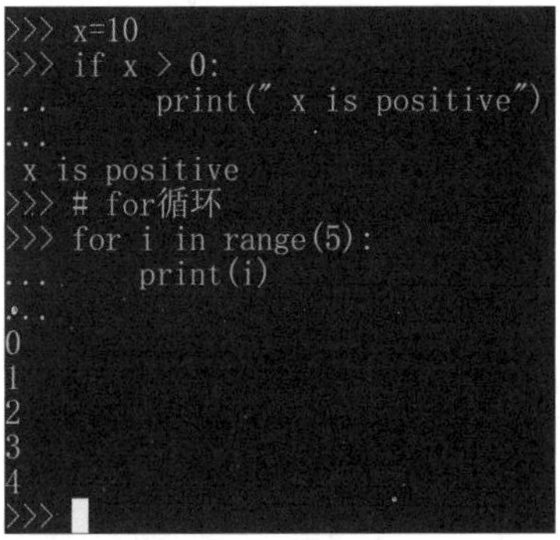

图1.13 控制流语句执行结果

3. 函数

函数在 Python 中起着重要的作用，它允许用户封装和重用代码，提高了代码的可读性和可维护性。用户可以使用 def 关键字来定义函数。

（1）函数参数：函数可以接收任意数量的参数，参数是在函数被调用时传递给函数的值。参数可以是任何数据类型，包括基本类型（如整数和字符串）和复杂类型（如列表和字典）。

（2）返回值：函数可以返回一个值，这个值可以是任何 Python 对象。返回值是通过 return 语句指定的。当 return 语句在函数中执行时，函数将立即结束，返回指定的值。

例如，下面的函数接收一个参数，并返回它们拼接后的字符串。

```
1   def greet(name):
2       return "Hello, " + name
3
4   print = greet("Alice")
5   print(result)
```

函数执行结果如图 1.14 所示。

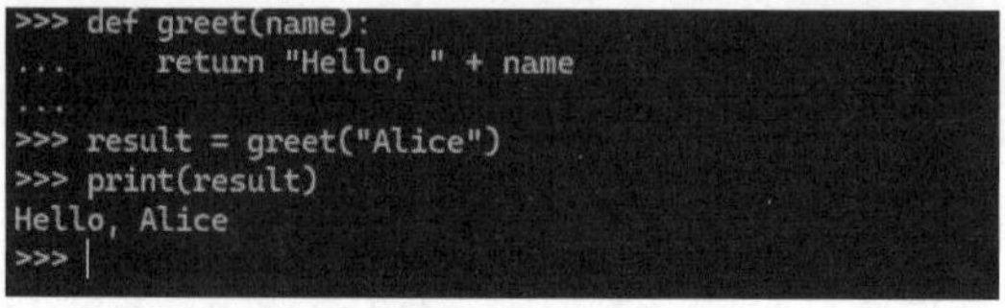

图1.14　函数执行结果

在该例子中，greet 函数接收一个参数 name，然后返回拼接后的字符串。当用户调用 greet（"Alice"）时，函数返回 "Hello，Alice"，这个值被赋给了 result 变量。

除了上述代码使用位置参数外，Python 还支持默认参数（在调用函数时可以不提供，此时将使用默认值）和关键字参数（在调用函数时通过名字指定的参数）。这些功能使 Python 的函数非常灵活和功能强大。

4. 类和对象

在 Python 中，面向对象编程是一种主要的编程范式。面向对象编程的核心概念包括类（Class）和对象（Object）。

（1）类：类是一个定义，它描述了什么是一个对象，也就是说，它定义了对象的结构和行为。类是如何创建对象的蓝图或模板。比如，用户可以创建一个名为 Person 的类，它包含属性（如name 和 age）和方法（如 greet）。

例如，用户可以这样定义一个 Person 类。

```
1   # 定义类 Person
2   class Person:
3     def __init__(self, name, age):
4         self.name = name
5         self.age = age
6
7     def greet(self):
8         return "Hello, my name is " + self.name
9
10  # 创建对象
11  alice = Person("Alice", 25)
12  # 打印结果
13  print(alice.greet())
```

在这个例子中，__init__ 方法是一个特殊的方法，称为类的构造函数，当用户创建一个新的

Person 对象时，它会被自动调用。

（2）对象：对象是类的实例。用户可以根据类创建对象，每个对象都有自己的属性和方法。

例如，根据 Person 类创建一个对象。

```
alice = Person("Alice", 25)
```

在该例子中，alice 就是一个对象，它是 Person 类的一个实例。alice 对象有自己的 name 属性和 age 属性，并且可以调用 greet 方法。

类和对象的执行结果如图 1.15 所示。

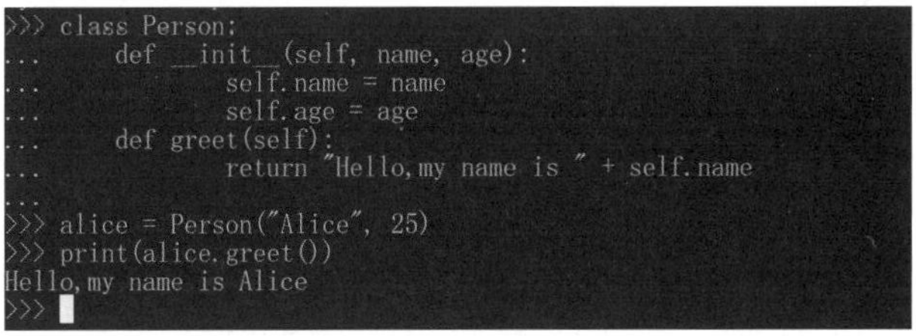

图1.15　类和对象的执行结果

面向对象编程的优点在于，它允许用户根据实际需求创建复杂的数据结构，并提供了一种将数据和处理数据的方法封装在一起的方式，使得代码更容易理解和维护。

5. 模块和包

在 Python 中，模块（module）和包（package）是用于组织代码的重要工具。

（1）模块：模块就是一个包含 Python 代码的 .py 文件，其中可以定义函数、类和变量。用户可以在其他 .py 文件中使用 import 关键字导入这个模块，然后使用模块中定义的函数、类和变量。比如，使用 import 关键字导入 Python 的标准库中的模块，如 math、datetime 等。

例如，用户可以这样导入 math 模块并使用其中的 pi 和 sqrt 函数。

```
1    import math
2
3    print(math.pi)               # 输出 π 的值
4    print(math.sqrt(16))         # 输出 4，即 16 的平方根
5
```

模块和包的执行结果如图 1.16 所示。

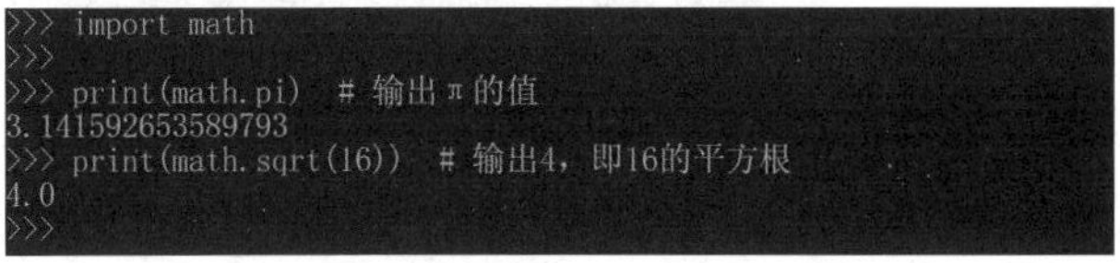

图1.16　模块和包的执行结果

（2）包：包是一个包含多个模块的目录，它有一个 __init__.py 文件，可以是空的，也可以包含一些初始化代码或者定义 __all__ 变量。包是一种组织多个模块的方式，使得这些模块可以按照层次结构进行组织。

例如，可以导入一个名为 mypackage 的包，并使用其中的 mymodule 模块。

```
import mypackage.mymodule
```

此外，Python 还提供了一种从模块中导入特定函数或类的方式，例如。

```
1   from math import sqrt
2   print(sqrt(16))
```

在该例子中，只导入了 math 模块中的 sqrt 函数，因此可以直接使用这个函数，而不需要使用模块名作为前缀。

Python 的标准库提供了大量的有用的模块，如用于文件 I/O 的 os 和 shutil，用于正则表达式处理的 re，用于日期和时间处理的 datetime 等。此外，还有大量的第三方库，如用于科学计算的 NumPy 和 scipy，用于数据分析的 pandas，用于机器学习的 scikit-learn 和 tensorflow 等，这些都使得 Python 成为一种强大而灵活的编程语言。

以上这些元素是 Python 基础语法的核心部分，掌握它们可以帮助用户理解和编写 Python 程序。

1.2.3　VSCode 的安装应用

Visual Studio Code（VSCode）是一款轻量级但功能强大的源代码编辑器，它支持调试、嵌入 Git 控制、语法高亮、智能代码完成、代码片段和代码重构等功能。本小节将指导读者如何安装 VSCode，并介绍一些提高 AI 开发效率的插件。

1. 下载和安装 VSCode

（1）访问 VSCode 官方网站，下载适合操作系统的安装包（Windows、macOS、Linux）。这里笔者选择的是 Windows 版本，如图 1.17 所示。

图1.17　VSCode版本选择界面

（2）运行下载的安装程序，并按照安装向导的指示完成安装。安装成功界面如图 1.18 所示。

图1.18　VSCode安装成功界面

在安装过程中，默认勾选"添加到 PATH"选项，这里建议不要取消选择，以便在命令行中直接启动 VSCode。

2. 初次启动和配置

安装完成后，启动 VSCode，用户将看到一个欢迎界面，其中包含一些基础的配置选项和介绍材料，如图 1.19 所示。

图1.19　VSCode欢迎界面

为了优化 AI 开发环境，用户可以对其进行一些基本配置，如调整主题、设置字体大小以及安装必要的插件。

3. 安装 Python 扩展

VSCode 的一个重要特点是其支持通过扩展来增强功能。对于进行 AI 开发的 Python 开发者来说，安装 Python 扩展是必不可少的步骤：

（1）关闭欢迎界面。

（2）单击侧边栏的扩展图标（或者按 Ctrl+Shift+X 键）。扩展图标如图 1.20 所示。

图1.20　扩展图标位置

（3）在搜索栏中输入 Python，然后选择由 Microsoft 发布的 Python 扩展选项，如图 1.21 所示。

图1.21　Python安装界面

（4）单击安装按钮，VSCode 将自动下载并安装扩展。安装成功界面如图 1.22 所示。

图 1.22　Python安装成功界面

4. 推荐的 AI 开发插件

除了 Python 扩展外，以下是一些对 AI 开发特别有帮助的 VSCode 插件。

（1）Jupyter：允许用户直接在 VSCode 中创建和编辑 Jupyter 笔记本，非常适合进行数据分析和机器学习项目。

（2）GitLens：增强内置的 Git 功能，提供更详细的代码历史和作者信息，便于团队协作和代码审查。

（3）Pylance：提供高级 Python 语言支持，包括更快的智能提示、自动完成、类型检查等。

5. 配置 Python 环境

使用 VSCode 进行 Python 开发时，正确配置 Python 解释器非常重要。用户可以通过以下步骤来选择合适的 Python 环境。这里笔者配置的是 Anaconda 环境。具体步骤如下：

（1）创建项目文件夹，命名为 AiDev。

（2）使用 VSCode 打开文件夹的方式打开新建的文件夹 AiDev，如图 1.23 所示。

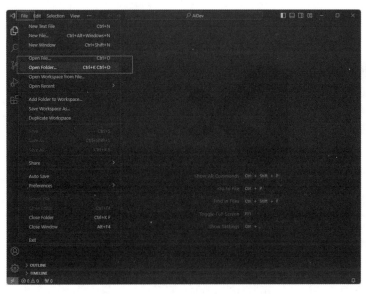

图 1.23　选择打开文件夹方式界面

（3）打开 VSCode 的 Command Palette，然后选择 Python：Select Interpreter，如图 1.24 所示。

图1.24 编译选择界面

（4）选择想要加载到 VSCode 的 Anaconda 虚拟环境，这里选择之前创建的 myenv 环境，如图 1.25 所示。

图1.25 Anaconda环境选择界面

（5）通过 VSCode 编辑器的底部显示信息查看是否成功配置 Anaconda 环境。配置成功界面如图 1.26 所示。

图1.26 Anaconda环境配置成功界面

通过以上步骤，可以顺利完成 VSCode 的安装和基本配置，为 AI 项目的开发创建一个高效、强大的工作环境。

1.2.4 Jupyter Notebook 的安装和使用

Jupyter Notebook 是一个开源的 Web 应用程序，能够创建和分享包含实时代码、方程、可视化输出和说明文本的文档。它是数据分析和机器学习项目的理想工具。本小书将讲解如何安装 Jupyter Notebook 并开始创建第一个项目。

1. 安装 Jupyter Notebook

如果用户已经按照前面的指南安装了 Anaconda，则 Jupyter Notebook 应该已经包含在 Anaconda 中了。可以通过以下步骤来启动 Jupyter Notebook。

（1）打开命令提示符窗口（在 Windows 上是 cmd 或 Anaconda Prompt，在 macOS 或 Linux 上是 Terminal）。

（2）输入 jupyter notebook 命令，然后按 Enter 键。

（3）Jupyter Notebook 将在默认的 Web 浏览器中启动。如果没有自动打开，可以按照命令行中显示的 URL 手动访问。首次打开显示界面如图 1.27 所示。

图 1.27　Jupyter首次显示界面

如果用户没有使用 Anaconda，也可以通过 pip 安装 Jupyter Notebook。

```
pip install notebook
```

然后，使用同样的命令 jupyter notebook 来启动它。

2. 创建第一个 Notebook

启动 Jupyter Notebook 后，用户将看到一个文件浏览器界面，它显示了启动 Jupyter Notebook 时所在目录的内容。在这里可以创建新的 Notebook 或打开已有的 Notebook。

（1）单击右上角的 New 按钮，选择 Python 3（或其他内核）来创建一个新的 Notebook。创建界面如图 1.28 所示。

图 1.28　创建Notebook界面

（2）新的 Notebook 会自动在一个新的标签页中打开。用户可以通过单击顶部的 Untitled 重命名 Notebook。新的标签页显示如图 1.29 所示。

图1.29　打开的新标签页

（3）在新的 Notebook 中，会看到一个空的单元格。用户在这里输入 Python 代码或文本（使用 Markdown 格式）。输入代码后，按 Shift+Enter 键执行该单元格中的代码，并自动跳转到下一个单元格。图 1.30 所示为执行一个简单的 Python 代码的输出界面。

图1.30　执行输出界面

3. 基本使用技巧

（1）添加和删除单元格。用户可以使用工具栏中的按钮来添加新的单元格，或者删除、剪切、复制和粘贴单元格。工具栏如图 1.31 所示。

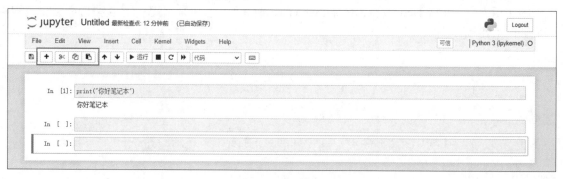

图1.31　工具栏位置

（2）切换单元格类型。单元格可以是代码单元格或 Markdown 文本单元格，用户可以通过工具栏来切换单元格类型。切换单元格类型界面如图 1.32 所示。

图 1.32　切换单元格类型界面

（3）保存和分享 Notebook。用户可以直接在 Jupyter Notebook 界面中保存自己的工作。Notebook 文件将保存为 .ipynb 格式，可以通过 Email、GitHub 等方式分享给他人。

完成以上步骤后，用户就可以开始使用 Jupyter Notebook 进行数据科学和机器学习项目的开发。Jupyter Notebook 的交互式环境非常适合探索性数据分析，以及创建和分享包含实时代码和丰富可视化的文档。

1.2.5　Node.js 的安装和使用

Node.js 是一个开源且跨平台的 JavaScript 运行时环境，它允许开发者在服务器端运行 JavaScript 代码。在 Node.js 出现前，JavaScript 主要被广泛用于客户端开发，即在浏览器中执行。而 Node.js 的出现改变了这一局面，它使得 JavaScript 也能在服务器端执行，从而开启了全栈 JavaScript 开发的新时代。本小节将介绍安装方法和简单使用方法。

1. Node.js 安装

（1）访问 Node.js 官方网站。

（2）选择适合 Windows 系统的版本下载。通常，可以选择 LTS（长期支持）版本，因为它更稳定。下载界面如图 1.33 所示。

图 1.33　Node.js 下载界面

（3）打开下载的 Node.js 安装程序。安装界面如图 1.34 所示。

（4）按照安装向导的指示进行安装。安装过程中，默认包含 npm package manager 选项，这样

npm 会与 Node.js 一同安装。npm 选项如图 1.35 所示。

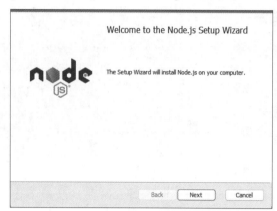

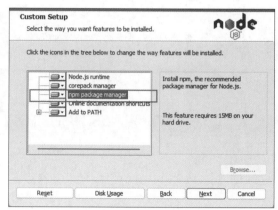

图 1.34　Node.js安装界面　　　　　　　　图 1.35　安装组件选择界面

npm（Node Package Manager）是 Node.js 的包管理器，主要用于管理项目中的 JavaScript 库和工具。安装 Node.js 时，npm 通常会一同被安装。

（5）安装完成后，重启计算机以确保更改生效。安装成功界面如图 1.36 所示。

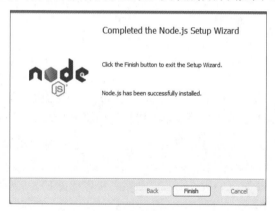

图 1.36　安装成功界面

（6）输入 node -v 并按 Enter 键，以检查 Node.js 版本。如果显示版本号，则表示 Node.js 已正确安装。验证 Node.js 成功显示，如图 1.37 所示。

（7）输入 npm -v 并按 Enter 键，以检查 npm 的版本。如果显示版本号，则表示 npm 已正确安装。安装成功输出，如图 1.38 所示。

图 1.37　验证Node.js成功显示　　　　　　图 1.38　npm验证成功显示

2. 简单使用

使用 Node.js 进行简单的开发非常直接。下面将指导用户完成一个基本的 Node.js 应用的创建和运行，这个应用是一个简单的 HTTP 服务器，它能够在浏览器中显示 "Hello, World!"。这个例子可以帮助用户理解 Node.js 的基础和如何用它来创建网络应用。

HTTP 服务器，也称为 Web 服务器，是专门设计用于响应 HTTP 协议请求的网络服务器。它处理来自客户端（如 Web 浏览器）的请求，并返回相应的网页内容或其他类型的 HTTP 响应。HTTP 服务器通常托管 Web 应用程序、网站、网络服务以及 API 等，使它们能够通过网络进行访问。

（1）创建 Node.js 应用。

1）创建一个新文件夹来存放项目文件，如 my-node-app。

2）打开命令行，并使用 cd 命令进入这个新创建的文件夹。

3）创建一个新的 JavaScript 文件，如 app.js，可以使用任何文本编辑器来创建这个文件。

```
1    // 引入 Node.js 的 HTTP 模块
2    const http = require('http');
3
4    // 定义服务器监听的主机名（或 IP 地址）和端口号
5    const hostname = '127.0.0.1';
6    const port = 3000;
7
8    // 使用 http 模块创建一个 HTTP 服务器
9    // req（请求）和 res（响应）是每次服务器接收到请求时传入的两个对象
10   // 分别代表请求信息和响应信息
11   const server = http.createServer((req, res) => {
12     // 设置响应的 HTTP 状态码为 200，表示请求成功
13     res.statusCode = 200;
14     // 设置响应头部，指定内容类型为纯文本
15     res.setHeader('Content-Type', 'text/plain');
16     // 发送响应体 "Hello, World!"，并结束响应过程
17     res.end('Hello, World!\n');
18   });
19
20   // 让服务器开始监听指定的端口和主机名
21   // 当服务器开始监听后，会调用这个回调函数
22   // 打印一条消息到控制台，说明服务器正在运行
23   server.listen(port, hostname, () => {
24     console.log(`Server running at http://${hostname}:${port}/`);
25   });
26
```

这段代码创建了一个简单的 HTTP 服务器，它监听 3000 端口，当启动服务后，通过浏览器

访问这个服务器时，它会返回"Hello, World!"。

（2）运行 Node.js 应用。

1）在命令提示符窗口中，确保仍在项目文件夹 my-node-app 中。运行命令 node app.js 来启动服务器。

2）在控制台会看到输出 Server running at http://127.0.0.1:3000/，这表明服务器已经在运行。成功启动服务输出，如图 1.39 所示。

3）打开浏览器，输入地址 http://127.0.0.1:3000/，此时会看到界面上显示"Hello, World!"，如图 1.40 所示。

图1.39　成功启动服务输出　　　　图1.40　界面显示

以上步骤使用 Node.js 创建并运行了 HTTP 服务器，这只是 Node.js 能力的冰山一角，但它展示了如何使用 Node.js 快速搭建网络服务的基本步骤。随着深入学习，用户会发现 Node.js 在开发现代 Web 应用、API 服务等方面的强大功能和灵活性。

1.2.6　Git 的安装和使用

Git 是一个开源的分布式版本控制系统，可用于有效、高速地处理从很小到非常大的项目版本管理。Git 是 Linus Torvalds 为了帮助管理 Linux 内核开发而创建的，最早发布于 2005 年。它被用来协调开发者之间的工作，通过跟踪在文件集合中的每一次修改来控制版本，从而确保数据的完整性和版本控制的历史连续性。

版本控制是一种记录和管理文件变化的系统，允许用户追踪和控制项目文件的历史版本，可以回溯、比较和恢复到任意一个历史状态。

Git 的普及和应用遍及全球，许多开源项目和商业项目都使用 Git 进行版本控制。GitHub、GitLab 和 Bitbucket 等平台基于 Git，其提供了代码托管、协作和 CI/CD 等服务，极大地促进了软件开发的协作和自动化。

CI/CD 是持续集成（Continuous Integration）和持续交付（Continuous Delivery）或持续部署（Continuous Deployment）的缩写，是现代软件开发实践中自动化管理应用程序从开发到部署过程的方法论。

本书项目实战部分的代码也基于 Git 管理，本小节将介绍其安装方法和简单使用方法。

1. Git 安装

在计算机系统（本系统是 Windows）上安装 Git 主要涉及下载 Git 安装程序、运行安装向导并根据需要进行配置。以下是详细步骤：

（1）下载 Git 安装程序。

1）访问 Git 官方网站，如图 1.41 所示。

图1.41　Git官方界面

2）单击 Download 按钮下载适用于 Windows 系统的 Git 安装程序，网站通常会自动检测用户的操作系统并提供相应的版本。

（2）运行安装程序。找到下载的安装程序文件，通常名为 Git-<version>-64-bit.exe，双击运行。本书使用的版本名称是 Git-2.43.0-64-bit.exe。如果看到安全警告，单击"运行"按钮以继续。

（3）安装向导。单击"运行"按钮就进入软件安装向导界面，该界面通常有很多选项，一般推荐默认安装。当出现 Finish 按钮界面时，代表安装完成，如图 1.42 所示。

图1.42　Git安装完成界面

（4）完成安装。单击 Finish 按钮后，通常会有选项让用户查看发布说明。

（5）验证安装。打开命令提示符窗口或 Git Bash（在安装过程中安装的一个特殊终端）。输入 git --version，按 Enter 键。如果安装成功，则显示 Git 的版本信息，如图 1.43 所示。

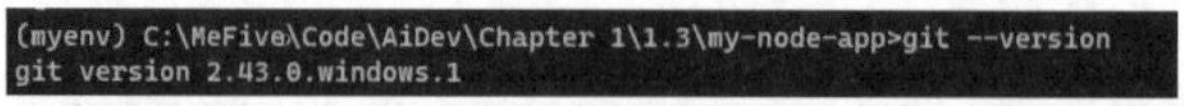

```
(myenv) C:\MeFive\Code\AiDev\Chapter 1\1.3\my-node-app>git --version
git version 2.43.0.windows.1
```

图 1.43　显示 Git 版本信息

（6）配置用户信息。安装 Git 后，可以开始使用 Git 进行版本控制。建议配置用户信息，如用户名和电子邮件地址，这对于提交是必须的。可以通过以下命令进行配置：

代码中的名字和邮件地址需要修改为用户自己的，格式方面没有特别要求。

```
1    git config --global user.name "Your Name"
2    git config --global user.email "youremail@example.com"
```

通过上述步骤可以帮助用户在计算机系统（Windows）上顺利安装 Git。

2. 简单应用

Git 的基本应用涉及几个核心概念和操作，包括仓库的初始化、文件的修改和提交以及分支的管理。下面是一些基本的 Git 命令和操作流程，适用于个人项目或团队协作中的版本控制。

（1）克隆一个已经存在的项目。为了演示，编者在 gitee 上创建了一个名为 test 的测试项目，项目的目录结构如图 1.44 所示。

gitee 上创建的项目可以理解为远程仓库，克隆就是将远程的仓库拉取到本地。

图 1.44　test 的目录结构

为了获取这个已经存在的 Git 仓库的副本，可以使用如下命令。

```
git clone <repository-url>
```

这里的 <repository-url> 是仓库的 URL 地址。成功克隆代码的输出如图 1.45 所示。

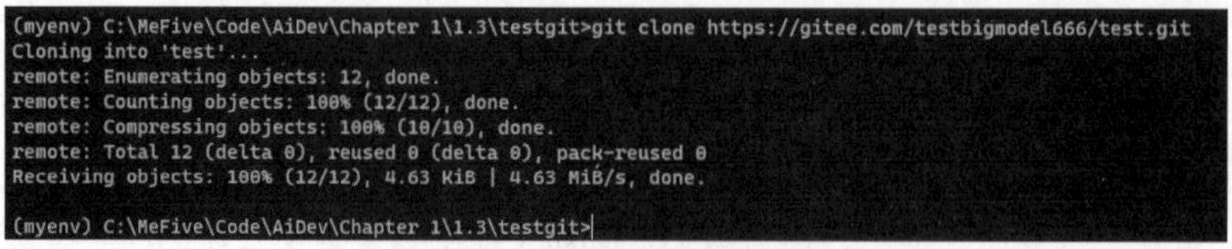

```
(myenv) C:\MeFive\Code\AiDev\Chapter 1\1.3\testgit>git clone https://gitee.com/testbigmodel666/test.git
Cloning into 'test'...
remote: Enumerating objects: 12, done.
remote: Counting objects: 100% (12/12), done.
remote: Compressing objects: 100% (10/10), done.
remote: Total 12 (delta 0), reused 0 (delta 0), pack-reused 0
Receiving objects: 100% (12/12), 4.63 KiB | 4.63 MiB/s, done.

(myenv) C:\MeFive\Code\AiDev\Chapter 1\1.3\testgit>
```

图 1.45　成功克隆代码输出

（2）进行更改并提交更改。

1）修改代码。进入下载项目位置并修改代码，这里修改的是 hello.py 文件，在代码中添加了一行。代码修改详情如图 1.46 所示。

Chapter 1 > 1.3 > testgit > test > hello.py
print("你好，我是zhangsan!")
print("你好大模型")
print("zhangsan,这个文件已经被我修改了。")

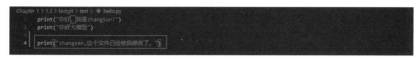

图 1.46　代码修改详情

2）查看代码状态。在提交前，可以通过如下命令查看哪些文件被修改过。

```
git status
```

如图 1.47 所示，图中加框的内容代表文件已经被修改。

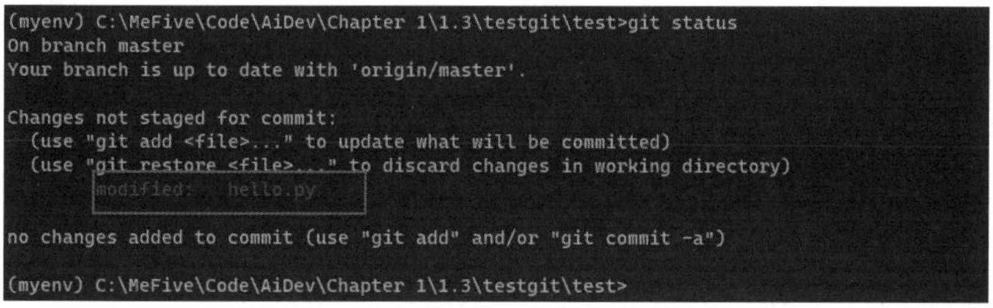

(myenv) C:\MeFive\Code\AiDev\Chapter 1\1.3\testgit\test>git status
On branch master
Your branch is up to date with 'origin/master'.
Changes not staged for commit:
(use "git add <file>..." to update what will be committed)
(use "git restore <file>..." to discard changes in working directory)
modified: hello.py
no changes added to commit (use "git add" and/or "git commit -a")
(myenv) C:\MeFive\Code\AiDev\Chapter 1\1.3\testgit\test>

图 1.47　修改文件的status状态

3）添加文件到 Git 跟踪列表中。

```
git add <filename>
```

4）更改提交到仓库。

```
git commit -m "Commit message"
```

这里的 "Commit message" 是提交信息，其简洁明了地描述所做的更改。提交成功会显示修改详情，如图 1.48 所示。

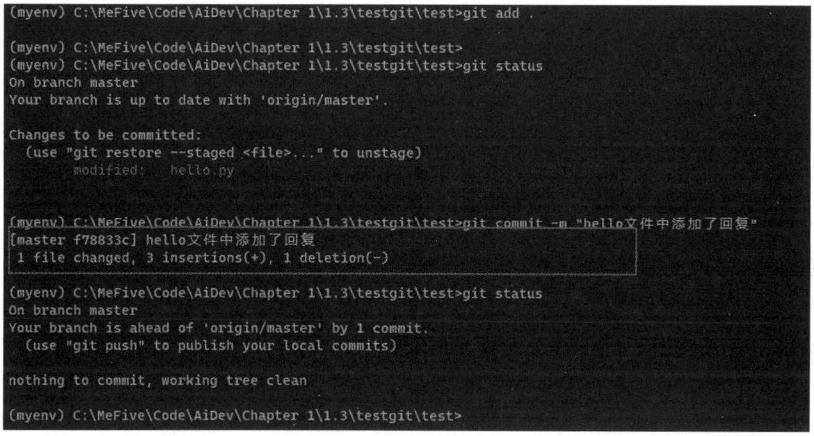

(myenv) C:\MeFive\Code\AiDev\Chapter 1\1.3\testgit\test>git add .
(myenv) C:\MeFive\Code\AiDev\Chapter 1\1.3\testgit\test>
(myenv) C:\MeFive\Code\AiDev\Chapter 1\1.3\testgit\test>git status
On branch master
Your branch is up to date with 'origin/master'.
Changes to be committed:
(use "git restore --staged <file>..." to unstage)
modified: hello.py
(myenv) C:\MeFive\Code\AiDev\Chapter 1\1.3\testgit\test>git commit -m "hello文件中添加了回复"
[master f78833c] hello文件中添加了回复
1 file changed, 3 insertions(+), 1 deletion(-)
(myenv) C:\MeFive\Code\AiDev\Chapter 1\1.3\testgit\test>git status
On branch master
Your branch is ahead of 'origin/master' by 1 commit.
(use "git push" to publish your local commits)
nothing to commit, working tree clean
(myenv) C:\MeFive\Code\AiDev\Chapter 1\1.3\testgit\test>

图 1.48　显示修改详情

（3）创建一个新的仓库（Repository）。可以通过以下命令在当前目录下初始化一个新的 Git 仓库。

```
git init
```

执行成功后，会在当前目录下生成一个 .git 文件夹，如图 1.49 所示。

名称 ^	修改日期	类型	大小
.git	2024/2/16 18:35	文件夹	

图1.49　初始化目录

（4）分支管理。

1）创建分支。可以通过以下命令创建一个 Git 仓库分支。

```
git branch <branchname>
```

其中，<branchname> 是要创建的分支名称。

2）切换分支。

```
git checkout <branchname>
```

3）合并分支。将分支的更改合并到当前分支。

```
git merge <branchname>
```

（5）更新和拉取（Pull）远程仓库的更改。

1）拉取更改：从远程仓库获取最新版本并合并到仓库。

```
git pull
```

2）推送更改：将更改推送到远程仓库。

```
git push origin <branchname>
```

以上是 Git 的一些基本操作。随着用户对 Git 的进一步了解，会发现它有很多高级功能，如撤销更改、重置状态、使用标签（Tags）进行版本控制等，这些功能可以更有效地管理代码。

1.2.7　向量数据库 Faiss

在处理 AI 大模型时，经常需要管理大量的向量数据，向量数据库 Faiss 为这一需求提供了解决方案。本小节将介绍 Faiss 的基本概念、安装步骤和基本使用方法，以帮助用户高效地存储、查询和检索向量数据。

1. 基本概念

Faiss 是一个专门针对向量和高维数据设计的数据库系统，它支持向量之间的相似性搜索，使得在大规模数据集中寻找最相似的项变得非常高效。Faiss 通过构建高效的索引结构，将向量数据组织在一个优化的空间内，以加速查询处理。

2. 安装步骤

（1）安装 Faiss。打开命令提示符窗口，运行以下命令。

```
pip install faiss-cpu
```

如果系统支持 CUDA，并且希望安装 GPU 版本，则使用 pip install faiss-gpu 命令。

（2）验证 Faiss。首先通过输入 python 命令并按 Enter 键进入 Python 交互界面，然后输入以下命令。

```
1   import faiss
2   print(faiss.__ version__)
```

如果输出版本信息，就代表安装成功，如图 1.50 所示。

图1.50　验证Faiss输出

3. 基本使用方法

安装 Faiss 后，下面介绍在 Python 中使用 Faiss 进行向量检索的步骤。这个例子展示了如何创建一个索引，向其中添加向量，然后执行向量搜索操作。

（1）导入 Faiss 库。如果按照前面的指南成功安装了 Faiss，这里能够直接导入。

```
1   import faiss
2   import numpy as np
```

（2）创建索引。需要创建一个索引来存储向量。Faiss 提供了多种索引类型，这里使用最简单的 IndexFlatL2，它是基于 L2 距离（欧几里得距离）的线性索引。

索引是指一种数据结构，其用于存储向量并支持高效的相似性搜索。

```
1   d = 64                                    # 向量维度
2   index = faiss.IndexFlatL2(d)
```

（3）添加向量到索引。创建一些向量并将它们添加到索引中。这里随机生成一些向量作为示例。

```
1   nb = 10000                                          # 向量数量
2   np.random.seed(1234)                                # 为了可重复性设置随机种子
3   xb = np.random.random((nb, d)).astype('float32')
4   index.add(xb)                                       # 添加向量到索引
```

（4）执行搜索。执行搜索以找到与查询向量最近的向量。这里使用索引中的一部分向量作为查询向量。

```
1   nq = 5                                   # 查询向量数量
2   xq = xb[:nq]                             # 使用部分向量作为查询向量
```

```
3
4    k = 4                                          # 想要检索的最近向量数量
5    distances, indices = index.search(xq, k)      # 执行搜索
```

distances 和 indices 分别是距离和索引的数组，其中，indices[i] 是距离查询向量，xq[i] 最近的 k 个向量的索引，distances[i] 是相应的距离。

（5）查看结果。打印搜索结果来验证。

```
1    print("Indices of nearest neighbors:")
2    print(indices)
3    print("Distances of nearest neighbors:")
4    print(distances)
```

打印输出，如图 1.51 所示。

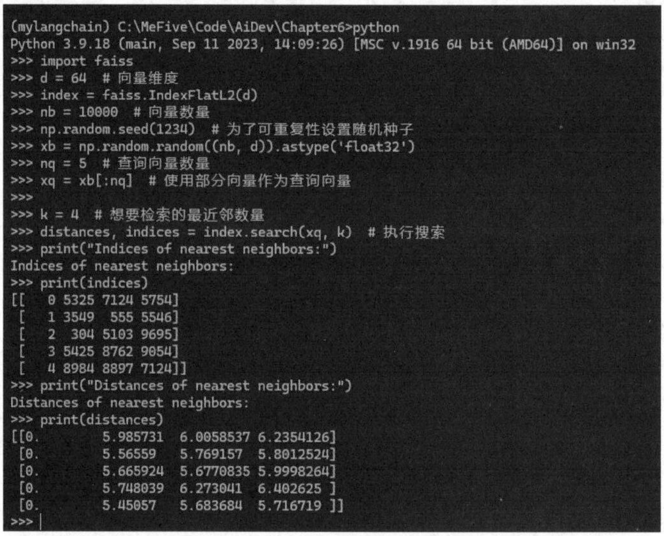

图 1.51　打印搜索结果

从图 1.51 中可以看出，输出的 distances 矩阵包含了查询向量和其最近邻向量之间的距离。在该例子中，distances 是一个 5×4 的矩阵，因为对 5 个查询向量执行了搜索，并请求了每个查询向量的 4 个最近邻向量。

每一行代表一个查询向量对应的结果，而每一列代表不同的最近邻向量。

第一列的值为 0，表示每个查询向量与它自己的距离。由于查询向量也包含在索引中，所以它自身是自己的最近邻向量之一，这就是为什么这些值为 0。这是在完全匹配情况下（即查询向量正好是索引中的一个向量）的期望结果。

后续列显示的是每个查询向量与最相近的其他向量之间的 L2 距离（欧几里得距离）。例如，第一行的 5.985731、6.0058537 和 6.2354126 表示第一个查询向量的 3 个最近邻向量与它的 L2 距离。值越小，表示向量越相似。

这个基本的使用例子展示了如何使用 Faiss 进行向量的添加和搜索。Faiss 是非常强大的，它

支持包括量化、聚类、GPU 加速等在内的高级功能，可以根据实际的应用需求选择使用。

1.3　显卡选型

在探索 AI、机器学习或深度学习领域的计算需求时，显卡的选择成为一个至关重要的考虑因素。显卡，又称为 GPU（图形处理单元），由于其具备并行处理能力，如今已成为了加速计算密集型任务的关键。目前市场上主要的显卡有两大品牌：NVIDIA 和 AMD。

1. NVIDIA 显卡

NVIDIA 是深度学习和机器学习领域最广泛使用的显卡品牌。它提供了一系列专门为计算密集型任务设计的 GPU，如 GeForce RTX 系列、Tesla 系列及最新的 Ampere 架构 GPU。NVIDIA 显卡的一个显著特点是支持 CUDA（Compute Unified Device Architecture，CUDA）技术，这是 NVIDIA 推出的一种并行计算平台和编程模型，能够让开发者利用 NVIDIA GPU 的强大计算能力加速应用程序。CUDA 架构的普及和成熟，加上丰富的开发工具和库（如 cuDNN、TensorRT），使 NVIDIA 成为 AI 研究和生产部署的首选。

2. AMD 显卡

AMD 也提供了一系列高性能 GPU，如 Radeon RX 系列，以及面向服务器和数据中心市场的 Radeon Instinct 系列。AMD 显卡主要支持 OpenCL 和 ROCm 开源平台，这些是跨平台的并行计算框架，可以在不同品牌的 GPU 上运行。尽管 AMD 显卡在游戏和一些图形处理任务上表现出色，但在 AI 和机器学习领域，由于 CUDA 生态系统的广泛应用和成熟度，AMD 显卡相比 NVIDIA 显卡在兼容性和性能优化方面略显不足。

在机器学习和大模型领域，NVIDIA 显卡由于其对 CUDA 技术的支持而被广泛推荐。CUDA 技术不仅允许研究者和开发者充分利用 GPU 的并行计算能力，而且 NVIDIA 还提供了一套完整的深度学习加速库，这些库针对深度学习算法进行了优化，能够显著提高训练和推理的效率。此外，NVIDIA 的 GPU 云服务和深度学习硬件解决方案（如 DGX 系统）也为研究和产业部署提供了强大的支持。因此，对于追求最高性能和生产力的机器学习项目来说，NVIDIA 显卡是不二之选。

DGX 系统是 NVIDIA 推出的一系列高性能计算服务器，专为深度学习和 AI 研究设计，提供了大量的 GPU 资源和优化的深度学习软件堆栈，以加速 AI 模型的训练和推理过程。

1.3.1　CUDA 核心

在大模型开发领域，开发者们通常偏好使用 NVIDIA 显卡，这主要归功于 NVIDIA 显卡对 CUDA 技术的支持。

几乎所有现代的 NVIDIA GPU 都配备了 CUDA 核心，从消费级的 GeForce 系列到专业级的 Quadro 和 Tesla 系列。这些 CUDA 核心能够执行成千上万个并行线程，极大地提高了计算效率和速度，特别是在处理复杂的数学和科学计算时。因此，CUDA 技术在科学计算、机器学习、深度学习等领域得到了广泛的应用。

CUDA 技术允许开发者直接访问 GPU 的虚拟指令集和并行计算元素，使得开发者能够使用 C、C++ 以及其他支持的编程语言来开发 GPU 加速应用。通过 CUDA，开发者可以将 CPU（中央处理器）上运行的应用程序中的计算密集型部分迁移到 GPU 上执行，从而释放 CPU 资源来处理其他任务或进一步提高应用程序的性能。

CUDA 架构提供了几个关键的并行编程模型和 API：

（1）核函数（Kernel）：在 GPU 上并行执行的 C/C++ 函数。

（2）线程层次结构：CUDA 定义了一套灵活的线程组织结构，包括网格、块和线程，其使得开发者可以高效地控制和优化并行执行。

（3）内存管理：CUDA 提供了对 GPU 内存的直接控制，包括全局内存、共享内存和常量内存等，以支持高效的数据传输和访问。

此外，CUDA 还包括一系列的数学库，如 cuBLAS、cuFFT 和 cuDNN，这些库对于加速深度学习算法和其他数学密集型应用至关重要。cuDNN 特别针对深度神经网络的训练和推理进行了优化，是构建高性能深度学习应用的关键。

CUDA 核心和 CUDA 技术为 NVIDIA 显卡提供了强大的并行计算能力，使得 NVIDIA GPU 成为机器学习和深度学习项目的首选硬件。通过充分利用 CUDA 技术，开发者可以显著提高应用程序的计算效率和性能。

1.3.2 Tensor 核心

随着 AI，特别是深度学习技术的飞速发展，人们对高效计算资源的需求日益增长。为了满足这一需求，NVIDIA 在其 GPU 产品中引入了专为深度学习计算设计的 Tensor 核心技术。Tensor 核心是建立在 CUDA 技术之上的进一步创新，旨在加速深度学习应用中的张量（多维数组）计算。

Tensor 核心通过专门优化的硬件单元提高了深度学习训练和推理的效率和速度。它能够并行处理大规模的浮点计算，特别是矩阵乘法和累加操作——深度神经网络中最为常见和计算密集的任务。相比于传统的 CUDA 核心，Tensor 核心能够提供显著更高的性能，使得 NVIDIA 的 GPU 在处理深度学习任务时更加高效。

浮点计算是指使用浮点数进行的算术运算，包括加、减、乘、除等操作。浮点数是一种用于表示实数的数学近似值，能够表示非常大或非常小的数值，以及正常范围内的数值。在计算机科学和工程领域，浮点计算是处理科学计算、图形处理、机器学习和深度学习等任务的基础。

Tensor 核心的技术特点有以下几点。

（1）混合精度计算：Tensor 核心支持混合精度计算，能够同时处理单精度（32 位）和半精度（16 位）浮点数。这意味着在保持结果精度的同时，可以显著提高计算速度和效率。

（2）并行处理能力：每个 Tensor 核心能够同时执行数百个并行操作，极大地提升了处理深度神经网络的能力。

（3）广泛的应用支持：Tensor 核心不仅可以加速深度学习模型的训练和推理，还支持其他高性能计算任务，如科学计算和数据分析。

处理单精度（32 位）浮点数意味着在计算中使用 32 位来表示一个浮点数，这提供了足够的精度来满足大多数科学计算和深度学习任务的需求。而半精度（16 位）浮点数则使用 16 位来表示浮点数，虽然精度较低，但在某些深度学习任务中已经足够满足需求，并且能够大幅度减少内存使用量和提高计算速度。

Tensor 核心首次在 NVIDIA 的 Volta 架构中引入，并在后续的图灵、安培等 GPU 架构中得到进一步优化和扩展。例如，NVIDIA 的 A100 GPU 采用了最新的安培架构，且提供了大量的 Tensor 核心，为 AI 研究和商业应用提供了前所未有的计算能力。

Tensor 核心技术是 NVIDIA 在其 GPU 产品中为满足深度学习和其他高性能计算需求而推出的关键创新。通过利用 Tensor 核心，研究人员和工程师可以更快地训练更复杂的深度学习模型，推动 AI 技术的进步和应用。

1.3.3　如何选择适合自己的 GPU

选择合适的 GPU 对于机器学习和大模型开发者来说至关重要。正确的选择不仅能够加速模型的训练和推理过程，还能提高研究和开发的效率。下面将介绍如何根据核心指标选择适合需求的 NVIDIA GPU。

1. 英伟达显卡核心指标

（1）CUDA 核心数：CUDA 核心是 NVIDIA 的并行计算架构的核心单元，负责执行计算任务。CUDA 核心数越多，GPU 的并行处理能力越强，可以更快地完成大规模的数值计算任务。对于深度学习模型训练来说，CUDA 核心数是影响训练速度的关键因素之一。

（2）显存大小：显存大小决定了 GPU 可以同时处理的数据量。对于大型深度学习模型或需要处理大量数据的任务，足够的显存非常重要。显存不足可能导致模型训练时出现内存溢出错误，或者迫使开发者降低批量大小，从而影响训练效率。

（3）显存类型：显存类型影响到显存的速度和功耗。GDDR6 和 HBM2 是目前常见的两种高性能显存类型，其中，HBM2 提供了更高的带宽和更低的能耗，但成本也相对较高。显存类型可以根据应用需求和预算进行选择。

（4）显存带宽：显存带宽是指 GPU 与显存之间的数据传输速率，它直接影响到数据处理的速度。对于需要频繁进行大规模数据交换的深度学习任务，高显存带宽可以提供更好的性能。

（5）GPU 核心频率：GPU 核心频率决定了 GPU 执行任务的速度，频率越高，理论上 GPU 处理任务的速度就越快。然而，高频率也意味着更高的能耗和发热量，因此在选择时需要根据具体需求和散热能力来权衡。

（6）支持的技术（如 Tensor 核心）：Tensor 核心是 NVIDIA 在其 Volta 及更高架构的 GPU 中引入的专门为深度学习计算优化的处理单元。它可以大幅提高深度学习训练和推理的效率，使用支持 Tensor 核心的 GPU 可以显著缩短模型训练时间，提高模型推理速度。

综合考虑上述指标可以帮助用户选择最适合自己需求的 GPU。

2. 性价比和价格推荐

对于大多数大模型学习开发者来说，选择 GPU 时需要考虑性价比和预算两个因素。以下是几个推荐的选择。

（1）入门级：NVIDIA GTX 1660 Ti 或 RTX 2060，这些显卡提供了不错的 CUDA 核心数和充足的显存，适合入门级的模型训练和开发任务。

（2）中级：NVIDIA RTX 3070 或 RTX 3080，这两款显卡提供了高性能的 CUDA 和 Tensor 核心，显存大小和带宽也非常适合中等规模的模型训练。

（3）高级：NVIDIA RTX 3090/4090 或 A100，对于需要训练大型模型或进行大规模并行计算的专业研究人员和开发人员，这些显卡提供了顶级的性能和大量的显存。

总的来说，选择 GPU 时应根据自己的开发需求和预算来做决策。对于大多数开发人员来说，中级 GPU 如 RTX 3070 或 RTX 3080 就能满足大部分需求，具有较高的性价比。对于需要进行高性能计算或专业研究的用户来说，选择 RTX 4090 或更高端的 A100 更为合适。在选择过程中，还应该考虑 GPU 的兼容性和未来升级的可能性，以确保投资的长期价值。

1.4　深度学习基础

本节将探讨深度学习的基础知识，为理解和开发 AI 大模型奠定坚实的理论基础。深度学习作为机器学习的一个分支，近年来在语音识别、图像处理、NLP 等领域取得了显著的进展。它的核心是神经网络，一种模仿人脑结构和功能的算法，其能够从大量数据中学习复杂的模式和表示。

从深度学习的简介开始，将逐步解析神经网络的基本原理，探讨其层次结构，并通过一个简单的神经网络示例具体展示如何构建一个模型。同时还将讨论神经元、权重和偏置、激活函数、损失函数等关键概念，以及如何通过向前传播和反向传播算法训练神经网络。最后，将介绍优化函数的作用，包括如何帮助在训练过程中调整模型参数，以最小化损失函数值，实现模型的最优化。

通过本节的学习，读者将获得深度学习领域的基本知识，为进一步探索 AI 大模型及其在各种应用中的实现打下坚实的基础。

1.4.1　深度学习简介

深度学习作为机器学习的一个分支，在过去几年里引起了巨大的关注，并获得迅速的发展。它在图像识别、NLP、游戏智能以及无数其他领域展现了前所未有的性能，其中，大语言模型便是其在 NLP 领域的一大应用。

深度学习技术的核心在于深度神经网络，这种网络由多层的人工神经元组成，能够自动地从大量数据中学习复杂的表示。每一层都从前一层学习到的信息中提取更高级别的特征，这种层次化的特征提取方式使得深度学习在处理非结构化数据方面特别有效。

深度学习的一个关键特点是其能力在很大程度上依赖于数据量和计算能力。随着数据集的不断增长和计算能力的显著提高，深度学习模型能够学习到更复杂的数据表示，解决以往算法难以处理的问题。

在 NLP 领域中，深度学习的应用表现尤为出色。大语言模型，如 OpenAI 的 GPT 系列、Google 的 BERT 等，都是基于深度学习技术构建的。这些模型能够理解、生成、翻译文本，甚至完成复杂的推理任务。它们通过在海量的文本数据上训练，学会了语言的深层语义和语法规则，从而能够在各种 NLP 任务上达到或超过人类的表现。

深度学习为处理和理解人类语言开辟了新的可能性。与传统的基于规则的方法相比，深度学习允许模型自动从数据中学习语言的复杂规律，而不需要人工设计特定的语言规则。这种从数据直接学习的能力，使得大语言模型能够灵活地应对各种语言变化和复杂的语言现象。

深度学习不仅推动了 NLP 技术的飞速发展，也为大语言模型的构建提供了理论基础和技术支持。了解深度学习的基本原理和应用是理解大语言模型的关键。随着技术的进步，深度学习和大语言模型将在未来继续引领 NLP 领域的创新和突破。

1.4.2　神经网络的基本原理

神经网络基于人脑的工作原理设计，用以处理复杂的数据模式。它们由相互连接的节点（或神经元）层组成，包括输入层、一个或多个隐藏层以及输出层。本小节将探讨神经网络的基本组成和工作原理。

1. 组成部分

（1）输入层（Input Layer）：接收原始数据输入。

（2）隐藏层（Hidden Layer）：进行数据处理，可以有多个。

（3）输出层（Output Layer）：生成模型的预测结果。

每个神经元之间的连接都有一个权重（weight）和偏置（bias），它们是学习过程中调整的参数。

在接下来的章节里，会深入解析模型中的两个核心要素：权重和偏置。不仅将探讨它们在前向传播过程中的作用，还将讨论激活函数、损失函数、反向传播及优化算法等关键机制，以全面理解这些概念如何共同作用于神经网络的学习过程。

2. 权重和偏置

（1）权重：确定前一个神经元的输出对当前神经元的影响程度。

（2）偏置：为每个神经元输出添加一个固定偏移量，增加网络的灵活性和非线性表达能力。

3. 前向传播

数据通过网络从输入层流向输出层，这一过程称为前向传播。每个神经元的输出由加权输入的总和加上偏置之后的结果，经过激活函数处理后得到。激活函数的引入是为了提高网络处理非线性问题的能力。

4. 激活函数

激活函数决定了神经元是否应该被激活，它为神经网络提供了非线性处理能力。常见的激活函数有 ReLU、Sigmoid 和 Tanh 等。

这些激活函数后续章节都会介绍。

5. 损失函数和反向传播

神经网络的训练目的是最小化预测值和实际值之间的差异，这通过损失函数（如均方误差或交叉熵）来衡量。训练过程中，利用反向传播算法根据损失函数的梯度调整权重和偏置，从而优化模型的性能。

梯度是指损失函数关于模型参数（权重和偏置）的导数。它描述了当模型参数发生微小变化时，损失函数值的变化率。梯度指向的方向是增加损失函数值的方向，而梯度的反方向则是减少损失函数值的方向。因此，在优化过程中，应沿着梯度的反方向调整参数，以期望减少损失函数的值，即减少预测值和实际值之间的差异。

6. 优化算法

优化算法（如 SGD、Adam）用于更新神经网络中的权重和偏置，目的是在损失函数的指导下找到参数的最优解，以提高模型的预测准确性。

神经网络通过前向传播将输入信息转化为输出预测，然后通过反向传播和优化算法根据损失函数调整网络参数，使得预测输出更接近真实标签。这个过程在训练数据集上重复进行，直到模型性能达到满意的水平。理解这些基本概念对于深入学习深度学习领域和开发高效的大模型而言至关重要。

1.4.3　层次结构

神经网络的层次结构是构建复杂模式和数据表示的基础，这种层次结构允许网络从简单到复杂逐渐抽象化数据的特征，从而学习到数据的深层次表示。下面是神经网络中的主要层次结构及其功能介绍。

1. 输入层

神经网络的第一层，负责接收原始数据输入。输入层的神经元数量通常与数据特征的维度相匹配。例如，对于手写数字识别任务，如果输入图像的大小是 28×28 像素，则输入层就会有 784 个神经元，每一个神经元对应图像中的一个像素点。

2. 隐藏层

位于输入层和输出层之间的层。由一层或多层隐藏层构成了网络的"深度"。每一层隐藏层通过权重和激活函数对输入数据进行转换和特征提取，随着层级的增加，其能够捕捉更高层次的抽象特征。隐藏层的设计（如层数、每层的神经元数量、激活函数类型）对网络的性能有重要影响。

3. 输出层

神经网络的最后一层，负责输出最终的预测结果。输出层的设计取决于特定的任务目标，如回归任务、二分类或多分类任务，它们分别可能使用线性、Sigmoid 或 Softmax 激活函数。

回归任务是指使用神经网络模型来预测一个或多个连续值的输出，如房价预测。

4. 层次结构的作用

随着数据从输入层通过隐藏层传递，每一层都在提取更高级别的特征。在图像处理任务中，较低层可能学习到边缘和纹理等基本特征，而较高层则能够识别出更复杂的形状和对象。

通过在每一层使用激活函数，神经网络能够捕捉输入数据中的非线性关系，这对于解决复杂的问题至关重要。

在训练过程中，通过反向传播算法，每一层的权重都会根据损失函数的梯度进行调整以最小化预测错误。

网络的层次结构（即深度和宽度）需要根据特定任务和数据集的复杂性来选择。过深的网络可能会导致过拟合和训练困难，而过浅的网络可能会无法捕捉足够的特征。实践中，网络架构的设计和优化通常需要通过多次实验来确定最佳配置。

过拟合是指模型在训练数据上学到了过多的细节和噪声，导致其在新的、未见过的数据上表现不佳，失去了泛化能力。

神经网络的层次结构赋予了它处理、学习和表示复杂数据模式的能力，是实现深度学习的基础。

1.4.4　一个简单的神经网络示例

本小节将使用 Python 和 TensorFlow 库来构建一个简单的神经网络，并解释每个部分的作用。该网络将包含输入层、一个隐藏层和输出层。

（1）导入必需的库。

```
1   import tensorflow as tf
2   from tensorflow.keras.layers import Dense
3   from tensorflow.keras.models import Sequential
```

（2）构建神经网络模型。

```
1   # 初始化一个 Sequential 模型
2   model = Sequential()
3
4   # 添加输入层和隐藏层
5   model.add(Dense(5, input_shape=(3,), activation='relu', name='hidden_layer'))
6
7   # 添加输出层
8   model.add(Dense(1, activation='sigmoid', name='output_layer'))
9
10  # 编译模型，使用二元交叉熵作为损失函数，adam 作为优化器，准确率作为评估指标
11  model.compile(loss='binary_crossentropy', optimizer='adam', metrics=['accuracy'])
```

这段代码解释如下：

1）神经元（Neurons）。

神经元是构成神经网络的基本单元。在 Dense() 层中，第一个参数定义了层中神经元的数量。例如，Dense(5, ...) 表示这个层有 5 个神经元。

2）层（Layers）。

① 输入层：通过 input_shape 参数在第一个 Dense 层定义。input_shape=(3,) 意味着输入数据有 3 个特征。

② 隐藏层：Dense(5, input_shape=(3,), activation='relu', name='hidden_layer')。该层是网络的隐藏层，有 5 个神经元，并使用 ReLU 激活函数。

③ 输出层：Dense(1, activation='sigmoid', name='output_layer')。该层是网络的输出层，只有一个神经元，使用 sigmoid 激活函数，适用于二分类问题。

3）权重和偏置（Weights and Biases）。

它是神经网络在训练过程中学习的参数。在 TensorFlow 中，这些参数是在 Dense() 层创建时自动初始化的，并在训练过程中通过反向传播算法进行更新。

4）激活函数（Activation Functions）。

activation='relu'：ReLU 激活函数用于隐藏层。它帮助网络捕捉非线性关系。

activation='sigmoid'：Sigmoid 激活函数用于输出层。它将输出转换为 0 和 1 之间的值，适用于二分类问题。

（3）查看模型摘要。

```
model.summary()
```

通过 model.summary()，用户可以看到模型的结构，包括每层的输出维度和参数数量。模型摘要输出如图 1.52 所示。

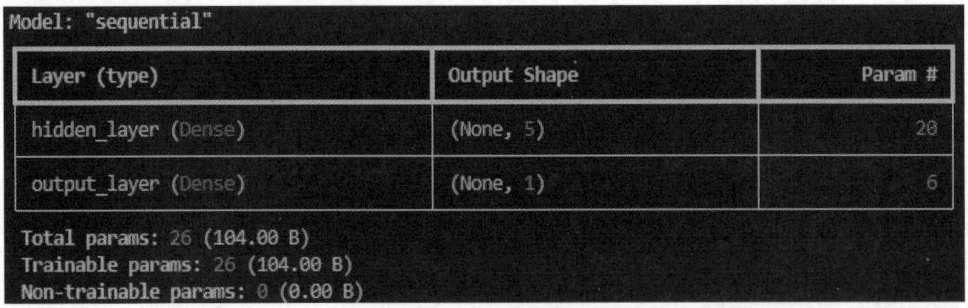

Model: "sequential"

Layer (type)	Output Shape	Param #
hidden_layer (Dense)	(None, 5)	20
output_layer (Dense)	(None, 1)	6

Total params: 26 (104.00 B)
Trainable params: 26 (104.00 B)
Non-trainable params: 0 (0.00 B)

图 1.52　模型摘要输出

模型摘要展示了一个简单的 sequential 模型，它包含两层，分别为隐藏层和输出层。模型的总参数数量为 26 个，占用空间大约为 104 字节，所有参数都是可训练的。

输入层是指提供给第一个隐藏层作为输入的数据层，相当于在隐藏层中定义的输入部分。

这个简单的示例说明了神经网络的基本组成部分，这能帮助用户更好地理解每个部分的作用和含义。

1.4.5　神经元

神经元是构成神经网络的基本单元，它是受生物神经元的启发设计的。一个神经网络由许多神经元相互连接组成，共同执行复杂的计算任务。本小节将探讨神经元的基本组成部分：输入、结构和输出，以及它们是如何一起工作的。

神经元的输入通常来源于外部数据或网络中其他神经元的输出。在最简单的形式中，每个神经元可以接收多个输入信号，这些输入信号通过连接（称为突触）传入。在数学模型中，每个输入都会乘以一个权重，这个权重代表输入信号的重要性。输入信号经过权重调整后，会被累加起来，形成神经元的总输入。

神经元的核心结构包括权重、偏置项和激活函数。权重决定了输入信号对输出的影响程度，偏置项则是一个常数，多用于调整激活函数的激活阈值。累加的输入信号和偏置项的和将被送入激活函数。

激活函数是神经元的非线性转换部分，它决定了神经元是否被激活以及以多大强度输出信号。

为了更好地理解神经元的工作原理，可以通过 1.5.4 小节简单的示例来说明神经元的输入、结构和输出。

（1）输入。这个神经网络的输入层接收 3 个特征的输入数据。每个特征都是神经元的一个输入点。

（2）结构。

1）权重：每个输入特征都通过一个权重参数进行加权。权重代表了特征对于神经元激活的重要性。

2）偏置：除了加权的输入特征外，每个神经元还加上一个偏置参数。偏置允许神经元即使在所有输入都是 0 时也有可能被激活。

3）激活函数：加权求和的结果和偏置之和通过激活函数进行非线性转换。隐藏层使用 ReLU 激活函数，它输出输入的正部分；输出层使用 Sigmoid 激活函数，它将输入压缩到 0 和 1 之间，适合于二分类问题。

（3）输出。

1）隐藏层的输出：隐藏层中的每个神经元通过 ReLU 激活函数处理其加权输入和偏置的和，产生的输出传递到下一层。

2）输出层的输出：输出层只有一个神经元，它汇总来自隐藏层的信息，并通过 Sigmoid 函数输出一个介于 0 到 1 之间的值，代表了某个类别的预测概率。

下面结合数学公式来理解其工作原理。神经元的基本操作可以概括为接收输入，对输入进行加权求和，加上偏置，然后通过激活函数产生输出。这个过程用以下公式表示。

$$\text{output} = f\left[\sum_{i=1}^{n}(w_i \cdot x_i) + b\right]$$

其中，x_i 是输入值，w_i 是对应输入的权重，b 是偏置项，f 是激活函数，output 是神经元的输出。

对比前面的示例，有一个输入层，接收 3 个特征的输入数据；然后是一个隐藏层，包含 5 个神经元，使用 ReLU 激活函数；最后是一个输出层，包含 1 个神经元，使用 Sigmoid 激活函数。

● 权重和偏置

每个输入 x_i 都乘以相应的权重 w_i，所有这些乘积的和加上偏置 b。权重控制着输入信号的强度，而偏置允许激活函数沿输入轴移动，为模型提供更多的灵活性。

● 激活函数

对于隐藏层的神经元，使用 ReLU 激活函数：$f(x) = \max(0, x)$。ReLU 函数对于正输入返回输入本身，对于负输入返回 0。

对于输出层的神经元，使用 Sigmoid 激活函数：$f(x) = \dfrac{1}{1 + e^{-x}}$。Sigmoid 函数将任意实值压缩到（0，1）区间内，使其可以解释为概率，适合二分类问题。

神经网络中每个神经元的作用是接收输入，通过其内部的权重和偏置对这些输入进行加工，然后通过激活函数输出一个新的信号。这种结构使得神经网络能够学习复杂的非线性关系。

1.4.6　权重和偏置

在深度学习中，权重和偏置是构建神经网络的基础元素，它们决定了网络如何从输入到输出进行数据的转换。本小节将探讨权重和偏置的作用，还有它们如何在神经网络中被优化以学习数据的复杂模式。

权重是连接神经网络中各个神经元的参数，它们代表了神经元之间连接的强度。在进行前向传播时，输入数据会乘以相应的权重，这一过程是神经网络学习的关键。权重决定了输入信号对神经元激活程度的影响，它有效地控制了信息的流向。

偏置是加在加权输入和之后的一个额外参数，它被视为每个神经元的可调节门槛。即使所有输入都是零，偏置也允许神经元有非零的输出。偏置参数使神经网络模型更加灵活，能够更好地适应数据。

加权输入和是指将输入数据与相应的权重相乘后的结果之和。

在训练过程中，神经网络是通过调整权重和偏置来最小化损失函数，这个过程称为反向传播。损失函数计算了神经网络的预测值与实际值之间的差异。通过梯度下降或其他优化算法，由多层神经元组成的神经网络逐渐学习到一组使损失函数值最小化的权重和偏置，从而能够对未见过的数据进行准确预测。

下面以一个简单的线性模型进行说明，其输出 y 可以表示为输入 x 的加权和，加上偏置 b：

$$y = w \cdot x + b$$

其中，w 代表权重，x 代表输入，b 代表偏置。在多层神经网络中，该公式会被多次应用，每层的输出作为下一层的输入，通过非线性激活函数转换，使得模型能够学习和表示更复杂的函数关系。

通过对大量数据的学习，权重和偏置的调整使得神经网络能够捕获输入数据的内在规律，实现从简单到复杂的各种功能，从而完成分类、回归等多种机器学习任务。

权重和偏置是神经网络学习的基础，它们的优化直接关系到模型的性能和泛化能力。

1.4.7　激活函数

激活函数在神经网络中决定了一个神经元是否应该被激活，即是否对输入的信息做出响应。激活函数的引入是为了增加神经网络处理非线性问题的能力，因为实际世界中的数据往往是非线性的。

如果没有激活函数，无论神经网络有多少层，输出始终是输入的线性组合，这限制了网络的表达能力。通过引入非线性激活函数，神经网络可以学习和模拟任何复杂的非线性关系，从而能够处理各种复杂的数据模式。

线性函数的图形表现为一条直线，而非线性激活函数的图形则不呈直线形态。当这些非线性激活函数应用于线性函数之上时，它们为原本线性的输出赋予了非线性特性。

常见的激活函数如下。

（1）Sigmoid 函数，其公式如下：

$$\sigma(x) = \frac{1}{1+e^{-x}}$$

它的输出范围在 0 和 1 之间，这使得其特别适合用于表示概率或进行二分类问题中的决策。Sigmoid 函数的图形是一个 S 形曲线。经常用于二分类问题的输出层，因为其输出可以被解释为属于某类的概率。由于在输入值很大或很小时梯度接近于零，可能导致梯度消失问题，限制了其在深层网络中的应用。

梯度消失是指在深层神经网络中，由于使用了某些激活函数（如 Sigmoid），在反向传播过程中，由于输入值过大或过小，梯度（导数）趋近于零，导致深层网络中的权重更新变得非常缓慢或停止。

（2）ReLU 函数（Rectified Linear Unit），其公式如下：

$$f(x) = \max(0, x)$$

对于正输入，直接输出该值；对于负输入，则输出为 0。ReLU 的简单性质使得其计算效率很高，并且在正区间内不饱和，有助于缓解梯度消失问题。这在实践中非常受欢迎，尤其是在隐藏层中。由于非饱和特性，ReLU 能够加速神经网络的训练过程。ReLU 的一个缺点是"死亡ReLU"问题，即部分神经元可能永远不会被激活，导致相应参数不再更新。

（3）Tanh 函数（Hyperbolic Tangent），其公式如下：

$$\tanh(x) = \frac{e^x - e^{-x}}{e^x + e^{-x}}$$

它将输入压缩到 −1 和 1 之间，输出范围比 Sigmoid 宽，这有助于数据的规范化。与 Sigmoid相似，Tanh 函数也是 S 形曲线，但是它关于原点对称。Tanh 函数经常用于隐藏层，因为它的均值为 0，这有助于数据在训练过程中保持稳定。与 Sigmoid 函数类似，Tanh 函数在输入值的绝对值较大时也会出现梯度消失问题。

（4）Softmax 函数，其公式如下：

$$\text{Softmax}(x_i) = \frac{e^{x_i}}{\sum_j e^{x_j}}$$

Softmax 函数将一个实数向量转换为概率分布，每个数都被映射到（0，1）范围内，并且所有输出值的和为 1。Softmax 函数经常用于多分类问题的输出层。它的输出可以被解释为输入属于每个类别的概率，从而进行分类决策。Softmax 是处理多类别直接互斥问题的理想选择，如一个图像不可能同时属于多个类别。

Sigmoid、ReLU 和 Tanh 三个常见激活函数的图形如图 1.53 所示。

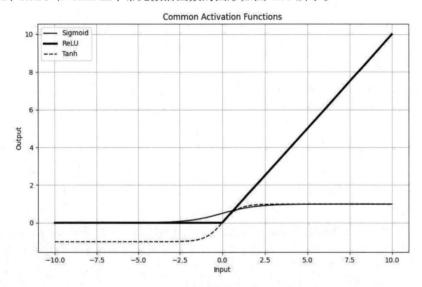

图1.53　Sigmoid、ReLU和Tanh图形

Softmax 函数的输出图形是基于所有输入值的，它将多个输入处理为一个输出概率分布。

选择哪种激活函数取决于具体的任务和网络的具体层。例如，ReLU 因其简单高效通常被用于隐藏层；Sigmoid 因其输出范围是（0，1），多适用于二分类问题的输出层；Softmax 多用于多分类问题的输出层。

1.4.8　损失函数

损失函数（Loss Functions），也称为代价函数，是用于评估模型预测值与真实值之间差异的函数。在神经网络训练过程中，损失函数用于指导模型参数的更新方向和幅度，以使模型预测的结果尽可能接近真实值。

常见的损失函数有以下两个。

（1）均方误差（Mean Squared Error，MSE），其公式如下：

$$MSE = \frac{1}{n}\sum_{i=1}^{n}\left(y_i - \hat{y}_i\right)^2$$

其中，y_i 是样本 i 的真实值，$\hat{y}_i$ 是模型预测值，n 是样本数量。MSE 是衡量模型预测值与真实值差异的一种方式，通过计算预测值与实际值差的平方后，取平均得到。MSE 越小，表示模型的预测值与真实值越接近，即模型的性能越好。它被广泛用于回归问题中，如预测房价、股票价格等。

（2）交叉熵损失（Cross-Entropy Loss），其公式如下：

$$CE = -\sum_i y_i \log(\hat{y}_i)$$

其中，y_i 是样本属于类 i 的真实概率（一般为 0 或 1），$\hat{y}_i$ 是模型预测样本属于类别 i 的概率。交叉熵损失用于衡量两个概率分布之间的差异，特别是在分类问题中，用于衡量模型预测的概率分布与实际标签的概率分布之间的差异。交叉熵损失越小，意味着模型预测的概率分布与真实的分布越接近，即模型的性能越好。

对于多分类问题，公式扩展为对所有类别进行求和。

$$CE = -\sum_{c=1}^{M} y_{o,c} \log(\hat{y}_{o,c})$$

其中，M 是类别总数，$y_{o,s}$ 是观测值 o 的真实标签在类别 c 上的指示器（如果 o 属于类别 c，则为 1，否则为 0），$\hat{y}_{o,c}$ 是模型预测观测值 o 属于类别 c 的概率。

损失函数的选择依赖于具体的任务类型（如回归或分类）和数据特性。例如，对于回归任务，均方误差损失（MSE）和平均绝对误差损失（MAE）是常见的选择；对于分类任务，交叉熵损失是标准选择。

平均绝对误差损失计算的是模型预测值与真实值之间差异的绝对值的平均值。

以下代码展示了如何使用 TensorFlow 库计算二分类问题的交叉熵损失。

```
1   import tensorflow as tf
2
3   # 真实标签
4   y_true = tf.constant([0, 1, 0, 1])
5   # 预测概率
6   y_pred = tf.constant([0.1, 0.9, 0.2, 0.8])
7
8   # 计算二分类交叉熵损失
9   loss = tf.keras.losses.binary_crossentropy(y_true, y_pred)
10  print(loss.numpy())
11  # 0.16425204
```

上述代码首先定义了真实的标签（y_true）和模型预测的概率（y_pred），然后通过 tf.keras.losses.binary_crossentropy 函数计算这些预测相对于真实标签的二分类交叉熵损失，并打印出计算结果。

选择合适的损失函数，并合理地评估模型性能，是提高模型准确性和鲁棒性的关键。

鲁棒性是指模型在面对输入数据的噪声、异常值或未见过的情况时，保持性能稳定和准确的能力。

1.4.9　向前传播

向前传播（Forward Propagation）是神经网络中计算预测输出的过程。在该过程中，输入数据从输入层逐层传递至输出层。每一层的节点（神经元）都会根据输入数据和自身参数（权重和偏置）计算出一个输出，这个输出经过激活函数后成为下一层的输入。

向前传播有以下几个步骤：

（1）初始化输入：向前传播的起点是网络的输入层，这里的输入就是特征数据。

（2）计算隐藏层：对于每个隐藏层，计算其神经元的加权和，再加上偏置项。然后，将这个求和结果通过激活函数，以非线性方式转换输出结果。

（3）输出层计算：在神经网络的最后一层（输出层）重复这一过程，但激活函数可能会根据具体任务（如回归或分类）而有所不同。

（4）产生预测结果：输出层的输出即为网络对给定输入的预测值。

以下是使用 Python 和 NumPy 库实现的一个简单的向前传播过程。

```
1    import numpy as np
2
3    def sigmoid(x):
4        return 1 / (1 + np.exp(-x))
5
6    # 初始化权重和偏置
7    W1 = np.array([[0.2, 0.8], [0.4, 0.6]])
8    b1 = np.array([0.1, 0.2])
9    W2 = np.array([[0.5], [0.9]])
10   b2 = np.array([0.3])
11
12   # 输入数据
13   X = np.array([[0.5, 0.3]])
14
15   # 向前传播计算
16   H = sigmoid(np.dot(X, W1) + b1)          # 隐藏层输出
17   Y_hat = sigmoid(np.dot(H, W2) + b2)      # 预测输出
18
19   print("预测输出:", Y_hat)
20
```

上述代码在第 16 行用 H = sigmoid(np.dot(X，W1) + b1) 计算了隐藏层的输出。这里通过

np.dot(X，W1) 计算输入数据 X 和权重 W1 的点积，加上偏置 b1 后，将结果通过 Sigmoid 函数转换成 (0，1) 区间的值，从而得到隐藏层的激活输出 H。

第 17 行，Y_hat = sigmoid(np.dot(H，W2) + b2) 计算了最终的预测输出值。这里使用隐藏层输出 H 作为输入，通过同样的过程（点积、加偏置、Sigmoid 激活）计算得到预测结果 Y_hat。

向前传播是理解神经网络工作原理的基础。1.4.10 小节将探讨如何通过向后传播算法（Back Propagation）调整网络中的权重和偏置，以最小化损失函数，从而优化网络性能。

1.4.10　反向传播

反向传播是通过计算梯度并更新网络中的权重和偏置来最小化损失函数的过程。反向传播确保了能够有效地训练深度神经网络，使其在给定的任务上性能更好。

1. 反向传播的基本概念

（1）损失函数：在训练神经网络时，首先需要定义一个损失函数（如均方误差、交叉熵等），用于衡量模型的预测值与实际值之间的差距。

（2）梯度计算：反向传播算法的核心是计算损失函数关于网络权重的梯度。这些梯度指示了损失函数相对于每个权重的变化率，可告知如何调整权重以减少损失。

（3）权重更新：一旦计算出梯度，就可以使用梯度下降或其他优化算法更新网络的权重，以减少损失函数的值。

2. 反向传播的步骤

（1）计算输出层梯度。计算损失函数相对于输出层输出的梯度，通常涉及损失函数相对于网络输出的导数。对于不同的损失函数，这一步的计算会有所不同。

（2）传播梯度到隐藏层。利用链式法则将输出层的梯度反向传播到隐藏层。对于每一层，计算损失相对于该层权重的梯度。这涉及以下知识点：

链式法则允许计算通过多个函数组合而成的复合函数的导数。在神经网络中，每一层的输出都依赖于前一层的输出，形成了一个复合函数的链。当需要计算损失函数关于任意一层权重的导数时，链式法则能够将这个导数分解为每一层输出关于其输入的导数的乘积。这种方法不仅为计算梯度提供了数学基础，也使得通过反向传播算法有效地更新网络参数成为可能，从而优化整个网络的性能。

1）损失相对于该层输出的梯度。

2）该层输出相对于该层输入的梯度（激活函数的导数）。

3）该层输入相对于权重的梯度（前一层的输出）。

这些梯度会相乘，结果就是损失相对于该层权重的梯度。

（3）更新权重和偏置。一旦计算得到权重的梯度，就可以更新权重了。更新公式通常是：新的权重 = 旧的权重 − 学习率 × 梯度。偏置的更新过程类似，也是基于其梯度进行更新。

学习率是控制在更新神经网络的权重时，梯度下降步长大小的一个关键性参数，它决定了每次参数更新的幅度。

（4）重复直到收敛。该过程（前向传播、反向传播、更新参数）会在整个训练集上重复多次（即多个 epoch）。每次迭代过程中，网络的损失应该会逐渐减少，网络的预测性能应该会逐渐提高。

在机器学习和优化领域，收敛是指模型训练过程中，通过反复迭代，损失函数的值逐渐稳定并接近最小值，模型的预测性能达到或接近最优，表明学习过程已达到稳定状态。

下面以一个简单的神经网络为例，进一步说明输出层的参数是如何计算和调整的。

3. 调整输出层参数（更新权重和偏置）

（1）计算输出层梯度。在网络的输出层，需要计算损失函数 L 相对于网络输出 $\hat{y}$ 的梯度。该梯度表示损失如何随着网络输出的变化而变化。例如，对于二分类问题，如果使用交叉熵损失函数，则可以计算出相对于网络输出的梯度 $\dfrac{\partial L}{\partial \hat{y}}$。

（2）链式法则计算权重梯度。使用链式法则计算损失函数相对于输出层权重 W 的梯度。链式法则可以通过将损失函数相对于网络输出的梯度与网络输出相对于权重的梯度相乘来实现这一点。对于输出层的每个权重 w_{ij}（连接第 i 个隐藏层神经元和第 j 个输出层神经元），其梯度可以表示为

$\dfrac{\partial L}{\partial w_{ij}} = \dfrac{\partial L}{\partial \hat{y}_j} \cdot \dfrac{\partial \hat{y}_j}{\partial w_{ij}}$。其中，$\dfrac{\partial \hat{y}_j}{\partial w_{ij}}$ 通常是第 i 个隐藏层神经元的输出。

（3）计算偏置梯度。损失函数相对于输出层偏置 b_j 的梯度也需要计算。偏置的梯度可以表示为 $\dfrac{\partial L}{\partial b_j}$。

（4）更新权重和偏置。一旦计算出权重和偏置的梯度，就可以使用这些梯度来更新权重和偏置了。更新的一般公式如下：

$$W_{\text{new}} = W_{\text{old}} - \alpha \cdot \frac{\partial L}{\partial W}$$

$$b_{\text{new}} = b_{\text{old}} - \alpha \cdot \frac{\partial L}{\partial b}$$

其中，α 是学习率，它决定了在梯度方向上更新的步长大小。

（5）反向传播到隐藏层。类似的过程也会发生在隐藏层中。损失函数相对于隐藏层的权重和偏置的梯度会被计算出来，并用于更新隐藏层的参数。

4. 示例演示

下面用一个简单的方程和几个实际数据点来说明反向传播的过程。一个简单的神经网络只有一个输入、一个权重、一个偏置以及一个输出。本例使用均方误差（MSE）作为损失函数，这是回归问题中常用的损失函数。

（1）网络结构。

1）输入：x。

2）权重：w。

3）偏置：b。

4）输出：$\hat{y} = w \cdot x + b$。

5）真实标签：y。

6）损失函数（均方误差）：$L = \dfrac{1}{2}(y - \hat{y})^2$。

（2）实际数据。

1）输入：$x = 2$。

2）真实标签：$y = 3$。

3）初始权重：$w = 0.5$。

4）初始偏置：$b = 0.5$。

（3）向前传播。

1）计算输出：$\hat{y} = w \cdot x + b = 0.5 \cdot 2 + 0.5 = 1.5$。

2）计算损失：$L = \dfrac{1}{2}(y - \hat{y})^2 = \dfrac{1}{2}(3 - 1.5)^2 = 1.125$。

（4）反向传播。

1）计算损失函数相对于输出的梯度：$\dfrac{\partial L}{\partial \hat{y}} = \hat{y} - y = 1.5 - 3 = -1.5$。

2）计算输出相对于权重的梯度：$\dfrac{\partial \hat{y}}{\partial w} = x = 2$。

3）计算损失函数相对于权重的梯度（使用链式法则）：$\dfrac{\partial L}{\partial w} = \dfrac{\partial L}{\partial \hat{y}} \cdot \dfrac{\partial \hat{y}}{\partial w} = -1.5 \cdot 2 = -3$。

4）计算输出相对于偏置的梯度：$\dfrac{\partial \hat{y}}{\partial b} = 1$。

5）计算损失函数相对于偏置的梯度（使用链式法则）：$\dfrac{\partial L}{\partial b} = \dfrac{\partial L}{\partial \hat{y}} \cdot \dfrac{\partial \hat{y}}{\partial b} = -1.5 \cdot 1 = -1.5$。

（5）更新权重和偏置。

设定学习率 $\alpha = 0.01$。

1）更新权重：$w_{\text{new}} = w_{\text{old}} - \alpha \cdot \dfrac{\partial L}{\partial w} = 0.5 - 0.01 \cdot (-3) = 0.53$。

2）更新偏置：$b_{\text{new}} = b_{\text{old}} - \alpha \cdot \dfrac{\partial L}{\partial b} = 0.5 - 0.01 \cdot (-1.5) = 0.515$。

这个过程，网络的权重和偏置更新了一次。在实际应用中，这个过程会在整个训练集上反复进行多次（每次称为一个 epoch），直到损失函数的值不再显著下降，或者达到预定的 epoch 次数。

通过反复进行向前传播、计算损失、反向传播梯度和更新权重的过程，神经网络逐渐学习到将输入映射到正确输出的方法。在下一小节将探讨如何选择合适的优化函数来有效地进行权重更新。

1.4.11　优化函数

优化函数（又称为优化算法）在神经网络中是用来调整模型参数（如权重和偏置）的算法，目的是最小化或最大化某个目标函数（通常是损失函数）。它们通过计算目标函数相对于模型参数的梯度，并利用这些梯度信息来更新参数，从而使模型性能逐步改进。在深度学习中，选择合适的优化算法可以显著提高模型的学习效率和最终性能。

1. 梯度下降

梯度下降（Gradient Descent）算法的核心思想是计算损失函数相对于模型参数的梯度（即导数），然后沿着梯度的反方向调整参数，以步进的方式逐渐减少损失函数的值。梯度方向指示了损失增加的最快方向，因此反方向即为损失减少的最快方向。通过反复迭代这个过程，梯度下降算法可以使模型参数收敛到损失函数的一个局部最小值，从而优化模型的性能。

公式表示如下：

$$\theta = \theta - \alpha \nabla_\theta L(\theta)$$

其中，θ 表示模型参数，α 是学习率（一个小的正数），$\nabla_\theta L(\theta)$ 是损失函数相对于参数 θ 的梯度。

1.4.10 小节中优化函数使用的就是梯度下降算法。学习率控制着参数更新的步长，太大的学习率可能会导致更新过度甚至发散，而太小的学习率会使训练过程缓慢，甚至陷入局部最小值。

2. 随机梯度下降

随机梯度下降（Stochastic Gradient Descent，SGD）是梯度下降优化算法的一个变体，它在每一步更新模型参数时使用从训练集中随机选择的单个样本或一小批样本来计算梯度，而不是使用整个数据集。这种方法与传统的批量梯度下降（Batch Gradient Descent）形成对比，后者在每一步中利用整个训练集来计算梯度。

在 SGD 中，每次迭代只选择一个训练样本（或一小批样本），计算该样本对应的梯度，然后更新模型参数。

对于模型参数 θ，更新规则可以表示为

$$\theta = \theta - \alpha \nabla_\theta L\left(\theta, x^{(i)}, y^{(i)}\right)$$

其中，α 是学习率，$\nabla_\theta L\left(\theta, x^{(i)}, y^{(i)}\right)$ 是基于第 i 个样本计算得到的损失函数的梯度。

由于每次更新只使用一个样本或一小批样本，SGD 可以更快地进行参数更新，特别是当数据集很大时，不需要在每一步存储整个数据集的梯度，因此对内存的需求较低。SGD 引入的随机性有助于模型逃离局部最小值，可能找到更好的全局最小值。SGD 适用于在线学习和大规模数据集，因为模型可以即时更新，不需要等待整个数据集处理完毕。由于每次更新只基于一个样本或一小

批样本，使得 SGD 的收敛路径比批量梯度下降更加嘈杂和不稳定。

3. 动量

动量（Momentum）方法是一种用于加速梯度下降算法的技术，尤其在面对高曲率、小但一致的梯度，或是带噪声的梯度时表现出色。动量方法受到物理中粒子在斜面上下滚动并因惯性积累速度的启发，通过在梯度下降过程中累积过去梯度的信息，来调整每次的参数更新，使其不仅仅依赖于当前步的梯度，从而加快学习速度。

动量方法引入了一个名为"速度"（velocity）的变量 v，该变量累积过去梯度的指数级加权平均值，并用于更新参数。每一次迭代中，速度更新为梯度方向和过去速度的加权和，参数的更新则考虑到了这个"速度"，而不是直接沿着当前梯度方向。

速度更新表示：

$$v = \gamma v + \alpha \nabla_\theta L(\theta)$$

参数更新表示：

$$\theta = \theta - v$$

其中，θ 表示模型参数，α 是学习率，$\nabla_\theta L(\theta)$ 是损失函数相对于参数 θ 的梯度，γ 是动量系数（一般设定为接近 1 的值，如 0.9），v 是速度。

动量方法通过累积过去梯度来平滑参数更新，避免了在陡峭的梯度方向上的震荡。在梯度方向一致的情况下，动量会积累，导致参数更新步长增大，从而加速学习过程。动量方法广泛应用于深度神经网络的训练，特别是在训练过程中遇到的损失曲面复杂、梯度更新路径不平滑的情况。

动量系数 γ 的选择对算法性能有显著影响。太小的动量系数几乎不会积累过去的梯度信息，而太大的动量系数可能会导致过度冲过最小值点。

4. 自适应学习率算法

自适应学习率算法是一类优化算法，它们的核心思想是在训练过程中自动调整学习率的大小，以改善训练速度和效果。不同于传统梯度下降算法中固定不变的学习率，自适应学习率算法根据参数的历史更新记录动态来调整每个参数的学习率，使得训练过程更加高效和稳定。以下是几种主要的自适应学习率算法：

（1）Adagrad（Adaptive Gradient Algorithm）。Adagrad 通过累积每个参数的梯度的平方来调整学习率，对于出现频率较低的特征将赋予更大的学习率，对于出现频率高的特征将赋予较小的学习率，特别适合处理稀疏数据，但在深度学习中可能会因为学习率过度衰减而提前停止学习。

提前停止学习是因为累积的梯度平方和导致学习率持续减小至接近零，从而减少了权重的调整幅度，使得模型无法继续有效学习。

（2）RMSprop（Root Mean Square Propagation）。RMSprop 是对 Adagrad 的改进，通过引入衰减因子来限制历史信息的无限累积，从而避免了学习率持续减小到极小的问题。它能够在非凸优化问题中很好地工作，是训练神经网络的常用算法之一。

非凸优化问题是指在优化问题中，目标函数为非凸函数的情况，这意味着函数可能存在多个局部最小值，使得找到全局最小值变得更加复杂和具有挑战性。

（3）Adam。Adam（Adaptive Moment Estimation）结合了 Momentum 和 RMSprop 的思想，不仅计算梯度的指数移动平均（类似于 Momentum），还计算梯度平方的指数移动平均（类似于 RMSprop），并对这两个量进行偏差校正。Adam 自适应性强，通常而言，它在许多深度学习模型的训练中表现出良好的性能。

（4）AdaDelta。AdaDelta 是对 RMSprop 的扩展，它进一步减少了学习率的急剧下降。AdaDelta 不需要设置默认的学习率，通过使用梯度的平方项的移动平均来调整每个参数的学习率。与 RMSprop 类似，但是在某些情况下，AdaDelta 可以提供更稳定的性能。

选择哪种优化算法取决于具体问题、数据特性以及模型的复杂性。没有哪一种算法在所有情况下都是最优的。实践中，Adam 算法因其稳健性和适应性广受欢迎，是很多深度学习任务的首选优化算法。然而，对于某些特定问题，如具有稀疏特性的数据集，Adagrad 或 RMSprop 可能会更有效。

深入了解各种优化算法的原理和特点后，开发者应该尝试不同的算法，以找到最适合当前任务的优化策略。实际应用中，经常需要通过交叉验证来比较不同优化算法的性能，进而做出合适的选择。

交叉验证是用于评估和比较机器学习模型的泛化能力，通过将数据集分割成多个小组，然后将其中一组作为测试集，其余组作为训练集，进行多轮训练和测试，每次选择不同的组作为测试集。这种方法可以减少模型评估过程中因数据分割方式不同而导致的性能估计偏差，从而更准确地反映不同的优化算法在同一任务上的性能。

1.5 本 章 小 结

本章深入探索了 AI 大模型开发的基础知识，包括 AI 大模型的概述、环境搭建、显卡选型以及深度学习基础。从 AI 大模型和 NLP 的简史入手，逐步引导用户了解 AI 大模型的发展历程和重要性。

环境搭建部分，介绍了 Python（Anaconda）的安装、Python 基础语法、VSCode、Jupyter Notebook、Node.js、Git 的安装和使用，以及向量数据库 Faiss。这些工具为开发 AI 大模型打下了坚实的基础。

显卡选型部分，讨论了选择合适 GPU 的重要性，并介绍了 CUDA 核心、Tensor 核心以及如何根据 CUDA 核心数、显存大小、显存类型等关键指标选择适合自己的 GPU。

同时深入到深度学习基础，详细介绍了深度学习的基本概念，包括神经网络的基本原理、层次结构、简单神经网络示例、神经元、权重和偏置、激活函数、损失函数、向前传播和反向传播以及优化函数。通过第 1 章内容，用户可以获得对深度学习核心概念的全面理解。

通过本章的学习，用户不仅掌握了 AI 大模型开发所需的基础知识，还了解了如何搭建开发环境、选择合适的硬件资源以及深度学习的基本原理和实现方法。这为用户进一步探索 AI 大模型的世界、为未来的学习和实践奠定了基础。

第2章 AI大模型鼻祖——Transformer模型

Transformer 模型的引入已经彻底改变了 NLP 领域，为处理复杂的语言任务提供了一个强大而灵活的框架。本章将从 Transformer 模型的基本构成开始，详细解释模型的关键技术和原理，包括输入预处理、编码器和解码器的工作流程，以及输出生成过程。通过本章的学习，用户将获得对 Transformer 架构深入且全面的理解，为进一步探索其在各种 NLP 任务中的应用打下坚实的基础。

2.1 Transformer 简介

Transformer 模型自 2017 年提出以来，就成为了 NLP 领域一个革命性的里程碑。它摒弃了之前流行的循环神经网络和卷积神经网络的架构，引入了自注意力机制（Self-Attention），显著提高了处理序列数据的能力和效率。Transformer 模型的这种设计使其在处理长距离依赖问题时，相比于传统的循环神经网络和长短期记忆网络（LSTM）表现得更加出色，至此，开启了 NLP 技术的新篇章。

循环神经网络是一类用于处理序列数据的神经网络，能够在其内部维持一个状态，用于捕捉序列中时间步之间的依赖关系。

卷积神经网络是一种深度学习模型，特别适用于处理具有网格状拓扑结构的数据，如图像，它通过使用卷积层来自动提取和学习空间特征。

Transformer 模型的核心思想是通过自注意力机制，允许输入序列中的每个元素直接交互，从而学习它们之间的关系。这一机制的引入，使得模型能够在并行处理时捕获序列内的复杂依赖关系，显著提高训练速度和效果。

模型主要由以下几个部分组成。

（1）输入（Input）：Transformer 模型接收的输入通常是一系列经过嵌入（Embedding）处理的词向量，这些词向量能够代表输入文本的语义信息。输入部分还包括位置编码（Positional Encoding），这是为了使模型能够理解单词在句子中的位置。

（2）编码器（Encoder）：编码器由多个相同的层堆叠而成，每一层包含两个主要的子层，分别为自注意力机制层和前馈神经网络（Feed-Forward Neural Network, FFNN）。自注意力机制层帮助编码器理解不同单词之间的关系，而前馈神经网络则负责在更高的抽象级别上处理每个单词。

（3）解码器（Decoder）：解码器的结构与编码器类似，但在自注意力机制和前馈神经网络之间引入了一个额外的注意力层（编码器–解码器注意力），它用于聚焦编码器的输出。这样设计是为了在生成文本时，解码器能够参考输入序列的每个部分，从而更精准地预测下一个词。

（4）输出（Output）：解码器的输出经过一个线性层和softmax层处理，转换成为最终的预测结果，通常是下一个词的概率分布。

Transformer模型通过其独特的自注意力机制和编解码器结构，在NLP任务中取得了巨大的成功。它的设计不仅优化了训练过程，还提高了模型处理长距离依赖和复杂序列模式的能力。如今，基于Transformer架构的模型（如BERT、GPT等）已经广泛应用于文本翻译、文本生成、情感分析等多个领域，极大地推动了AI技术的发展。

谷歌Transformer模型结构如图2.1所示。

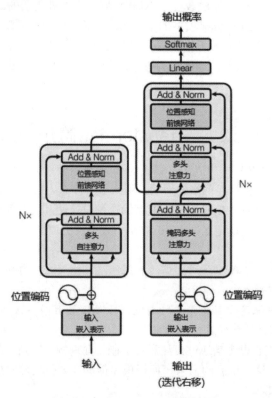

图2.1　谷歌Transformer模型结构

在后续章节中，将逐一深入探讨Transformer模型的各个组成部分，并解析它们是如何协同工作以处理复杂的语言理解和生成任务的。

2.2　输入预处理

本节将重点介绍输入预处理过程，这是确保数据能够被模型有效理解和处理的关键步骤。输入预处理涵盖了从原始文本到模型能够理解的数字化表示的转换过程，包括文本预处理、数据分词、嵌入矩阵构建、词元向量化以及位置编码等关键环节。

2.2.1 文本预处理

文本预处理是将原始文本转换成适合机器学习模型处理的格式的第一步，它对提高模型的性能和效果具有至关重要的作用。在处理自然语言数据时，可能面临着诸如噪声数据、不规则格式和语言多样性等挑战。有效的文本预处理不仅能够降低这些问题带来的影响，还能够增强模型对文本中信息的理解和捕捉能力。

以下是文本预处理的关键步骤。

（1）清洗文本。

1）去除无用字符：从文本中去除无意义的字符，如特殊符号、标点符号、数字（除非数字对上下文意义重大）以及其他非文本元素（如 HTML 标签）。

2）大小写统一：将所有字符转换为小写（或大写），以减少词汇的变体数量，这有助于模型更好地学习和理解文本。

3）空白字符处理：标准化空白字符，去除多余的空格、制表符和换行符，以保持文本的一致性。

（2）文本标准化。

1）词形还原（Lemmatization）：将单词还原为其词根形式（Lemma），以确保模型能够将不同形式的单词识别为相同的单词。例如, running、ran 和 runs 都会被还原为 run。

2）词干提取（Stemming）：通过去除单词后缀将单词简化到其词干形式，虽不如词形还原精确，但处理速度更快。如 fishing、fished 都归结为 fish。

3）停用词去除：去除那些在文本中频繁出现但对于理解文本主要意义贡献不大的单词，如"的""是""在"等，这有助于模型将注意力集中于更有意义的词汇。

（3）文本分割。将文本分割成单独的句子，这对于处理需要理解文本结构的任务尤为重要。

通过这些步骤，文本数据被清洗和标准化，转换为更适合深度学习模型处理的形式。文本预处理不仅有助于提高模型的训练效率和性能，也是确保模型能够理解和处理自然语言数据的关键。在接下来的小节中，将详细探讨如何对这些预处理后的文本进行分词。

2.2.2 数据分词

数据分词是将文本预处理的结果进一步细分为模型能够理解和处理的最小单元，称为"词元"（tokens）。这个步骤是 NLP 中的一个基本过程，它直接影响模型的学习效果和处理能力。Transformer 模型通过一种灵活而高效的分词机制来处理各种语言和文本，这种机制通常涉及基于词、子词或字符的分词方法。在本小节中，将探讨数据分词的不同策略及其对 Transformer 模型性能的影响。

1.基于词的分词

基于词的分词是最直观的方法，它将文本直接分割为独立的单词。这种方法简单直接，但面临词汇表大小膨胀和未知词汇（Out-Of-Vocabulary，OOV）问题。当遇到未见过的单词时，模型将难以处理，这限制了其泛化能力。

2. 基于子词的分词

基于子词的分词方法旨在克服基于词分词的局限性。它通过分解单词为更小的有意义的单元（如词根、前缀、后缀），来构建更加紧凑和高效的词汇表。这种方法能够有效处理未知词汇，并提高模型对新单词的泛化能力。Byte Pair Encoding（BPE）算法是实现子词分词的一种流行方法，它通过统计最频繁的字符或字符对并将它们合并为一个单一的词元来动态构建词汇表。

3. 基于字符的分词

基于字符的分词将文本分解为单个字符，这是最细粒度的分词方法。虽然这种方法产生的词汇表大小固定且较小，但它忽略了单词内部的语义结构，可能会导致模型需要更长的学习时间来理解字符组合的含义。

在实践中，Transformer 模型通常采用基于子词的分词方法，这种方法为处理自然语言的多样性和复杂性方面提供了最佳的平衡。通过细粒度的分词，模型能够更有效地捕捉语言的细微差别，并提高对新颖文本的处理能力。此外，子词分词减少了模型面临的 OOV 问题，使得模型能够更好地处理多语言环境下的文本数据。

数据分词作为输入预处理的一个关键步骤，直接影响 Transformer 模型的性能和效率。通过选择适当的分词策略，可以显著提高模型对文本的理解深度和处理灵活性。基于子词的分词方法，特别是 BPE 算法，在实践中被广泛应用，因为它结合了基于词和基于字符分词方法的优点，为 Transformer 模型处理复杂和多样的语言数据提供了坚实的基础。

2.2.3 嵌入矩阵构建

在完成文本的预处理和数据分词之后，下一步是将分词后的词元转换为模型可以理解的数值形式。这一转换过程通过构建嵌入矩阵（Embedding Matrix）完成，它是将离散的文本数据映射到连续的向量空间中的关键技术。嵌入矩阵不仅能够为每个词元提供一个唯一的数值表示，还能捕捉词元之间的复杂语义关系。本小节将探讨嵌入矩阵的构建过程及其在 Transformer 模型中的应用。

嵌入矩阵是一个高维空间中的向量集合，其中每个向量代表词汇表中的一个词元。这些向量通常是通过训练过程学习得到的，以便能够捕捉词元之间的语义相似度。例如，在嵌入空间中，语义相近的词元（如"国王"和"王后"）的向量表示会彼此接近。

嵌入向量的维度（即向量的长度）是一个重要的超参数，它决定了嵌入空间的复杂度和表达能力。维度过小可能无法充分捕捉词元之间的细微差别，而维度过大则可能导致计算效率降低和过拟合问题。

超参数是在开始学习过程之前设置的参数，它们控制着训练过程的行为，如学习率、隐藏层的数量，而不是通过训练数据在学习过程中学习得到的。

嵌入矩阵在训练开始前需要被初始化。常见的初始化方法包括随机初始化和预训练嵌入的使用。预训练嵌入，如 GloVe（Global Vectors for Word Representation）或 Word2Vec，可以为模型提供一个良好的起点，尤其在数据较少的情况下。

预训练嵌入是一种通过在大型文本数据集上预先训练得到的词向量，能够捕捉和表示单词之间的语义关系，可直接用于提高各种自然语言处理任务的模型性能。

在模型训练过程中，嵌入向量会根据任务（如文本分类、机器翻译）的目标函数进行调整，以更好地表示词元之间的语义关系。

（1）维度选择。在 Transformer 模型中，嵌入矩阵扮演着至关重要的角色。模型的输入是通过查找嵌入矩阵中对应的向量来实现的，这些向量随后会被送入模型的编码器和解码器结构中进行处理。

（2）初始化。Transformer 模型通过对嵌入向量进行细致的调整，能够捕捉词元之间的复杂语义关系，提高模型处理自然语言的能力。

（3）训练。Transformer 模型将位置编码添加到词元的嵌入向量中，以引入序列中词元的顺序信息。这一步骤对于模型理解文本结构和上下文关系至关重要。

下面通过一个简单的例子来展示这一过程。

一个词汇表（Vocabulary）包含五个词元：["国王""王后""男人""女人""孩子"]，将这些词元映射到一个二维向量空间中（即嵌入向量的维度为 2）。这意味着每个词元将由一个两个元素组成的向量表示。下面是构建嵌入矩阵的步骤。

1）初始化嵌入矩阵。初始化一个嵌入矩阵。通过随机初始化，得到的数据见表 2.1。

表2.1 初始化嵌入矩阵

词元	维度 1	维度 2
国王	0.2	0.8
王后	0.1	0.9
男人	−0.1	−0.2
女人	−0.2	−0.1
孩子	0.0	0.0

这个矩阵的每一行代表一个词元的嵌入向量。

2）训练嵌入向量。通过模型训练，嵌入向量将根据词元之间的语义相似度进行调整。例如，"国王"和"王后"在语义上更接近，而"男人"和"女人"也是如此，那么训练过程可能会使这些词元的嵌入向量在嵌入空间中彼此靠近。训练后的嵌入矩阵见表 2.2。

表2.2 训练后的嵌入矩阵

词元	维度 1	维度 2
国王	0.5	0.5
王后	0.6	0.4
男人	−0.4	−0.5
女人	−0.5	−0.4
孩子	0.1	0.1

在这个例子中，可以看到"国王"和"王后"的向量在嵌入空间中比较接近，反映了它们在语义上的相似性。同样，"男人"和"女人"的向量也彼此接近，而"孩子"的位置则相对独立，表明其语义与其他词元的区别。

比较接近通常是指在嵌入空间中，词向量之间的距离较短，这通过计算向量之间的余弦相似度、欧几里得距离或曼哈顿距离等数学方法来量化。

嵌入矩阵的构建是连接文本数据与 Transformer 模型的桥梁，它使模型能够以数学形式处理和理解自然语言。通过精心设计的嵌入层，Transformer 模型能够有效地捕捉和利用词元之间的语义关系，为实现复杂的语言处理任务提供坚实的基础。在嵌入向量的帮助下，Transformer 模型能够进行深入的语言理解和生成，展现出在多种 NLP 任务上的卓越性能。

2.2.4　词元向量化

在 NLP 中，将词元转换成数值表示是理解和处理文本数据的基础。词元向量化是这一转换过程的核心，它涉及将文本中的每个词元映射到高维空间中的向量。这些向量不仅代表了词元的身份，还能捕捉词元之间的语义关系。本小节将探讨词元向量化在 Transformer 模型中的实现和重要性。

词元向量化涉及以下几个关键步骤。

（1）词汇表构建：基于训练数据，构建一个包含所有唯一词元的词汇表。每个词元在词汇表中有一个唯一的索引。

（2）向量映射：使用嵌入矩阵，将每个词元映射到高维空间中的一个向量。这个过程通过查找词元在词汇表中的索引，然后从嵌入矩阵中选择对应的向量来完成。

（3）向量优化：在模型的训练过程中，不断调整嵌入矩阵中的向量，以更好地反映词元之间的语义和语法关系。

基于 2.2.3 小节的例子来进一步探讨词元向量化的过程。目标是将文本中的每个词元转换成对应的向量表示。这一过程包括以下几个关键步骤。

首先，需要根据训练数据构建一个词汇表。在 2.2.3 小节的例子中，词汇表已经给出，包含五个唯一词元：["国王""王后"男人""女人""孩子"]。在实际应用中，词汇表的构建通常是通过分析整个训练数据集来完成的，以确保覆盖所有的词元。每个词元在词汇表中拥有一个唯一的索引，例如：

```
1    国王：0
2    王后：1
3    男人：2
4    女人：3
5    孩子：4
```

接着，使用嵌入矩阵将每个词元映射到高维空间中的一个向量。这个过程通过查找词元在词汇表中的索引，然后从嵌入矩阵中选择对应的向量来完成。

如果要映射词元"国王"，首先找到它在词汇表中的索引（0），然后选择嵌入矩阵中对应索引的向量（[0.5，0.5]）作为它的向量表示。

在 Transformer 模型中，词元向量化是处理输入数据的第一步。模型通过将输入文本中的每个词元转换为向量，进而进行复杂的自注意力和前馈神经网络计算。这些向量化的词元能够有效地传递给模型丰富的语义信息，为后续的处理步骤提供基础。

通过将词元转换为向量，模型能够利用这些数值表示进行深入的语言理解和生成。这一过程不仅提高了模型的处理效率，还增强了模型对文本语义的捕捉能力。随着训练的进行，模型在这些向量上学习到的信息使得其在多种 NLP 任务上表现出色。

2.2.5　位置编码

在处理自然语言时，词序（即词在句子中的位置）提供了重要的上下文信息，有助于理解句子的意义。然而，传统的词元向量化过程仅关注词元本身的语义表示，却忽略了词元在文本中的位置关系。Transformer 模型通过引入位置编码（Positional Encoding）来解决这一问题，有效地将词序信息融入模型的输入表示中。

Transformer 模型的自注意力机制允许模型在处理每个词元时考虑到句子中的所有其他词元，但这种机制本身并不理解词元的顺序。如果没有位置信息，模型就会丧失处理词序相关任务的能力，如理解 "not good" 和 "good not" 的区别。位置编码的引入，使得模型能够学习到词元不仅仅基于其语义的关系，还包括它们在句子中的相对或绝对位置关系。

Transformer 模型通过为每个词元的向量添加一个位置向量来实现位置编码，这个位置向量有多种生成方式，最常见的是基于正弦和余弦函数的方法。

对于每个位置 pos 和每个维度 i，位置编码 $\text{PosEnc}(pos, 2i)$ 使用正弦函数，$\text{PosEnc}(pos, 2i+1)$ 使用余弦函数。这样做的目的是让每个位置的位置编码向量能够在多维空间中唯一表示，并且对于任意固定的偏移 k，$\text{PosEnc}(pos+k)$ 能够通过 $\text{PosEnc}(pos)$ 线性表示，这有助于模型理解位置间的相对关系。

为了更好地理解位置编码（Position Encoding）在 Transformer 模型中的应用，下面可通过一个具体的例子来展示这一过程。对一个简单的句子进行编码，该句子由四个词元组成，例如，"我爱自然语言"。在该例子中，将展示如何为这些词元生成位置编码向量，并将其添加到词元的嵌入向量中。

（1）词元嵌入。设定已经有每个词元的嵌入向量，且嵌入向量的维度为 4（为了简化示例）。这些嵌入向量是通过之前讨论的嵌入矩阵获得的。嵌入向量如下。

```
1    我：[0.1, 0.2, 0.3, 0.4]
2    爱：[0.5, 0.6, 0.7, 0.8]
3    自然：[0.9, 1.0, 1.1, 1.2]
4    语言：[1.3, 1.4, 1.5, 1.6]
```

（2）位置编码计算。位置编码使用基于正弦和余弦函数的方法生成。对于句子中的每个位置 pos（从 0 开始）和每个维度 i，可以按照以下公式计算位置编码。

对于偶数维度 $2i$: $\mathrm{PosEnc}(\mathrm{pos}, 2i) = \sin\left(\dfrac{\mathrm{pos}}{10000^{2i/d_{\mathrm{model}}}}\right)$

对于奇数维度 $2i+1$: $\mathrm{PosEnc}(\mathrm{pos}, 2i+1) = \cos\left(\dfrac{\mathrm{pos}}{10000^{2i/d_{\mathrm{model}}}}\right)$

其中，d_{model} 是嵌入向量的维度，这里为 4。

（3）计算。要为"我"（位置 0）和"爱"（位置 1）计算位置编码，可以根据上述公式进行计算，其中，$d_{\mathrm{model}} = 4$。

1）位置 0 的位置编码向量（根据公式计算）：[0.0, 1.0, 0.0, 1.0]。

2）位置 1 的位置编码向量类似，但会有所不同，以反映不同的位置。

（4）添加位置编码到词元嵌入。将位置编码向量添加到相应词元的嵌入向量中。例如，"我"的嵌入向量是 [0.1, 0.2, 0.3, 0.4]，且其位置编码是 [0.0, 1.0, 0.0, 1.0]，则最终向量将是这两个向量的和，即 [0.1, 1.2, 0.3, 1.4]。

通过这种方式，每个词元不仅携带了自己的语义信息，还包含了其在句子中位置的信息。将位置编码与词元向量相加后的结果作为 Transformer 模型的输入，使模型能够同时理解词元的内容和它们在句子中的排列顺序。

位置编码极大地增强了 Transformer 模型处理序列数据的能力，这使得模型不仅能够捕捉到词元之间的语义关系，还能理解这些关系如何随着词元在句子中位置的不同而改变。例如，在处理语言中的时态、语态、修饰语结构等方面，位置信息的引入提供了必要的上下文支持。

位置编码是 Transformer 模型的一个创新特点，它解决了模型在处理自然语言时对词序信息的需求。通过将位置信息与词元的语义表示相结合，模型能够更全面地理解文本，为进行更复杂的语言理解和生成任务提供了基础。位置编码的引入不仅提升了 Transformer 模型在多种 NLP 任务上的表现，也体现了在设计深度学习模型时考虑数据的内在结构的重要性。

2.3 编码器处理器

Transformer 模型的编码器构成了模型处理输入数据的基础部分。编码器的设计使其能够处理复杂的序列数据，捕获序列内部的细粒度依赖关系。它通过一系列的层来实现，每一层都包含自注意力机制、残差连接（Residual Connection）、层归一化（Layer Normalization）以及前馈神经网络等关键组件。

以下是编码器的执行步骤，详细解释了从自注意力机制开始的过程。

编码器的首要步骤是使用自注意力机制计算输入序列中所有单元之间的关系，这一机制允许模型在处理每个单元时，能够考虑到序列中的所有其他单元，从而捕获它们之间的上下文关系。实现自注意力机制涉及以下三个主要步骤。

（1）计算查询（Query）、键（Key）和值（Value）向量：这些向量是通过对输入向量应用不同的线性变换得到的。

（2）计算注意力分数：模型计算查询向量与所有键向量之间的点积，以得到注意力分数，表示各单元之间的关联度。

（3）加权值向量求和：使用这些注意力分数对值向量进行加权求和，得到最终的输出向量。

值得注意的是，编码器中采用多头注意力机制，即将查询、键、值向量分割为多个头，然后并行计算，最后将结果合并。这使得模型能够在不同的表示子空间中捕获信息，提高了处理效率和效果。

自注意力机制的输出首先通过残差连接，即直接将输入加到输出上，然后进行层归一化。这一设计帮助避免了在深层网络中常见的梯度消失问题，并有助于稳定训练过程。

自注意力机制和残差连接处理后的输出接着传递给前馈神经网络。该网络对每个位置的表示进行独立处理，但对不同位置使用相同的参数。这一步骤通常包含两次线性变换和一个激活函数。

再次应用残差连接和层归一化，步骤与自注意力机制相似，前馈神经网络的输出也会经过残差连接和层归一化处理。这进一步增强了模型的学习能力，确保了信息在编码器各层中的有效流动。

2.3.1　编码器自注意力机制

在 Transformer 模型的编码器中，自注意力机制发挥着核心作用。它允许编码器在处理每个输入词元时，考虑到整个输入序列的所有词元。这种机制的引入显著提高了模型处理复杂文本、理解长距离依赖关系的能力。本小节将探讨编码器的自注意力机制如何工作，以及它对于提升模型性能的重要性。

自注意力机制通过计算输入序列中每个词元对于其他所有词元的注意力分数来工作，这个过程可以分解为以下几个步骤。

（1）向量表示：首先，对于输入序列中的每个词元，模型通过嵌入层将其转换为向量表示。然后，对每个词元向量应用三组不同的权重矩阵，生成对应的查询、键和值向量。

权重矩阵是在神经网络中用于转换输入数据的参数集合，通过与输入向量进行矩阵乘法操作，生成特定于不同任务（如查询、键、值向量生成）的新向量表示。

（2）注意力分数计算：对于序列中的每个词元，计算其查询向量与其他所有词元键向量的点积，以得到注意力分数。这些分数表示每个词元对序列中其他词元的重要性。

（3）分数标准化：通过应用 Softmax 函数对注意力分数进行标准化，确保分数总和为1。这一步骤使得模型能够根据每个词元对序列中其他词元的相关性分配注意力。

（4）加权和计算：将标准化后的注意力分数与值向量相乘，对所有词元进行加权求和，以生成每个词元的输出向量。这一步骤产生的向量融合了整个序列的信息，反映了每个词元在序列中的上下文相关性。

自注意力机制的设计使得 Transformer 模型具有以下几个显著优势。

1）全局上下文理解：自注意力使模型能够在处理每个词元时，充分考虑到整个输入序列的信息，从而更好地理解词元间的上下文和关系。

2）并行计算：与基于循环的模型相比，自注意力机制的计算可以高度并行化，显著提高了处理效率。

3）长距离依赖：通过直接计算序列中任意两个词元间的关系，自注意力机制有效地解决了长距离依赖问题，这在传统的序列处理模型中是一个挑战。

编码器的自注意力机制允许模型在处理每个词元时，全面考虑整个序列的信息，显著提升了模型对文本的理解能力。这一机制不仅加深了模型对序列内部复杂关系的捕捉，还提高了处理速度和效率，使 Transformer 模型在多种 NLP 任务上都表现出色。

2.3.2 自注意力机制的查询、键、值向量

自注意力机制的核心在于通过查询、键和值向量的互动来实现对输入序列的编码，这一过程使得每个词元能够根据与其他词元的关系确定其上下文相关的表示。本小节将介绍查询、键和值向量的概念、生成方式，以及它们在自注意力机制中的作用。

在自注意力层中，输入序列中的每个词元首先被转换为一个固定大小的向量表示，通常是通过词嵌入得到的。接着，这些向量通过三个不同的线性变换生成对应的查询、键和值向量。

1）查询向量：代表了要评估的目标词元，用于与序列中其他词元的键向量进行匹配。

2）键向量：与查询向量配对，用于序列中每个词元的标识，对应查询时的匹配对象。

3）值向量：一旦查询和键的匹配程度（即注意力权重）被确定，值向量就用于计算最终的输出表示。

这三组向量是通过对输入向量应用不同的权重矩阵（这些矩阵是模型参数，通过训练学习得到）得到的，使得模型能够在不同的子空间中捕捉序列的不同特征。

为了更具体地说明如何从输入序列的词嵌入向量计算得到查询、键和值向量，下面通过一个具体示例进行说明。一个输入序列是"我爱"，并且已经通过词嵌入得到了这些词元的向量表示。这次，将引入不同的权重矩阵来生成查询、键和值向量。

（1）输入词嵌入向量。

```
1    "我"：[1, 0]
2    "爱"：[0, 1]
```

（2）权重矩阵。为了简化，设定每个权重矩阵是二维矩阵（实际应用中，这些矩阵是通过训练学习得到的）。

查询权重矩阵：$\begin{pmatrix} 1 & 2 \\ 3 & 4 \end{pmatrix}$。

键权重矩阵：$\begin{pmatrix} 2 & 3 \\ 4 & 5 \end{pmatrix}$。

值权重矩阵：$\begin{pmatrix} 5 & 6 \\ 7 & 8 \end{pmatrix}$。

（3）计算查询、键和值向量。对于每个词嵌入向量，将应用相应的权重矩阵来生成查询、键

和值向量。具体的计算方法是将每个词嵌入向量与每个权重矩阵相乘。例如，对于词元"我"的嵌入向量 $[1, 0]$，其查询、键和值向量分别为：

1）查询向量 $[1, 2]$。

2）键向量 $[2, 3]$。

3）值向量 $[5, 6]$。

对于"爱"的嵌入向量 $[0, 1]$，其查询、键和值向量分别为：

1）查询向量 $[3, 4]$。

2）键向量 $[4, 5]$。

3）值向量 $[7, 8]$。

查询、键和值向量共同工作，为模型提供了一种灵活的方式来编码和处理序列数据。查询、键和值向量使模型能够以高度灵活和效率的方式处理序列数据，捕捉词元之间的复杂关系。通过这种机制，每个词元能够获得一个丰富的上下文相关表示，极大地提升了模型对文本的理解能力。自注意力机制这一独特设计是 Transformer 模型在多种 NLP 任务中取得显著成绩的关键因素之一。

2.3.3　自注意力机制计算注意力分数

自注意力机制的核心环节之一是计算注意力分数，这一过程决定了序列中的每个词元在当前词元的表示中的相对重要性。这些分数反映了词元间的相互影响力度，是构建深度语言理解的基石。本小节将探讨如何用自注意力机制计算这些注意力分数，并分析其对模型性能的影响。

在自注意力机制中，每个词元的查询向量与序列中所有词元的键向量进行点积操作，以计算注意力分数。这一计算过程可以分解为以下几个步骤。

（1）向量准备：从输入序列生成查询、键和值向量，这是通过将输入词元的嵌入表示分别乘以查询、键、值的权重矩阵完成的。

（2）点积计算：对于序列中的每个词元，计算其查询向量与所有键向量的点积，从而得到一组原始的注意力分数。这些分数衡量了在特定查询下，序列中每个词元的相关性程度。

（3）缩放操作：点积结果通常会被缩放，具体是除以键向量维度的平方根。这一步骤有助于避免在 Softmax 归一化过程中出现梯度消失或爆炸的问题，从而提高模型的稳定性和训练效率。

梯度爆炸是指在神经网络的训练过程中，梯度的大小急剧增加至非常大的数值，导致权重更新过大。

接着使用前面的例子，其中包含两个词元，分别为"我"和"爱"，并已经计算出它们的查询、键和值向量。

（1）向量准备。每个词元的查询、键和值向量。

```
1    "我"的查询向量：[1, 2]，键向量：[2, 3]，值向量：[5, 6]
2    "爱"的查询向量：[3, 4]，键向量：[4, 5]，值向量：[7, 8]
```

（2）点积计算。对于序列中的每个词元，计算其查询向量与所有键向量的点积。这里有四个点积需要计算：

点积是通过将两个向量的对应元素相乘后再求和来计算的，即对于两个向量 a 和 b，点积为 $a \cdot b = a_1 b_1 + a_2 b_2 + \cdots + a_n b_n$。

1	"我"的查询向量与"我"的键向量的点积
2	"我"的查询向量与"爱"的键向量的点积
3	"爱"的查询向量与"我"的键向量的点积
4	"爱"的查询向量与"爱"的键向量的点积

（3）缩放操作。每个点积的结果将被缩放，具体操作是除以键向量维度的平方根（在这个例子中是 $\sqrt{2}$）。根据上述计算，得到了缩放后的点积结果如下。

1	"我"的查询向量与"我"的键向量的点积缩放结果：5.66
2	"我"的查询向量与"爱"的键向量的点积缩放结果：9.90
3	"爱"的查询向量与"我"的键向量的点积缩放结果：12.73
4	"爱"的查询向量与"爱"的键向量的点积缩放结果：22.63

通过这种方式计算得到的注意力分数使得模型在处理每个词元时，能够综合考虑整个序列的信息。这不仅增强了模型对于长距离依赖的捕捉能力，也使得模型能够更精准地理解和反映词元间的复杂关系。此外，这种计算方法的并行性质大大提高了处理效率，是 Transformer 模型在多项任务上表现出色的关键因素之一。

2.3.4 自注意力机制 Softmax 标准化

在 Transformer 模型的自注意力机制中，Softmax 标准化确保了模型能够根据每个词元对其他词元的相对重要性分配"注意力"。通过这一过程，模型生成的是一个概率分布，指示了在给定上下文中每个词元的重要程度。本小节将探讨 Softmax 标准化的作用、过程及其对于模型性能的影响。

Softmax 函数可以将自注意力机制中计算得到的原始注意力分数转换为概率分布，其满足以下两个条件：

● 非负性：每个元素的输出值在 0 到 1 之间，表示概率。

● 归一性：所有元素的输出值之和为 1，表示完整的概率分布。

这使得模型能够清晰地判断在处理每个词元时，序列中的其他词元相对于当前词元的重要性。

在自注意力机制中，Softmax 标准化应用于缩放后的注意力分数上，具体步骤如下。

（1）应用 Softmax 函数：对于给定词元的每个注意力分数，应用 Softmax 函数，计算方式为将 e 的指数应用于每个分数，然后除以所有 e 的指数之和。

$$\text{Softmax}(\text{score}_i) = \frac{e^{\text{score}_i}}{\sum_j e^{\text{scor}_j}}$$

其中，score_i 是词元 i 缩放后的注意力分数，分母是所有词元的缩放分数的 e 指数之和。

（2）生成概率分布：Softmax 函数的输出为一个概率分布，其中，每个值表示在给定查询词元的上下文中，对应键词元的相对重要性。

基于 2.3.3 小节例子的数据,可以得到通过 Softmax 标准化处理后的注意力权重如下。

对于"我"的查询:

- 对"我"的注意力权重: 0.014。
- 对"爱"的注意力权重: 0.986。

对于"爱"的查询:

- 对"我"的注意力权重: 0.00005。
- 对"爱"的注意力权重: 0.9999。

Softmax 标准化是自注意力机制中不可或缺的一环,它有几个关键作用。

- 区分重要性:通过转换为概率分布,模型能够更清晰地区分序列中哪些词元对当前词元更重要,哪些较不重要。这有助于模型构建更准确的上下文表示。
- 增强模型的泛化能力:Softmax 标准化使得模型在处理不同类型的输入时更加灵活,能够适应各种长度和结构的序列。
- 促进梯度流动:Softmax 函数的归一化特性有利于梯度在模型中的流动,避免了梯度消失或爆炸的问题,从而提高了模型的训练稳定性和效率。

Softmax 标准化通过将注意力分数转换为概率分布,使得模型能够在处理每个词元时做出更加细致和准确的判断。这一步骤不仅提高了模型对序列内部结构的理解能力,也增强了模型的训练稳定性和泛化性能,是实现高效深度语言理解的关键环节。

2.3.5 自注意力机制加权值向量

在 Transformer 模型的自注意力机制中,加权值向量的计算是生成最终输出表示的关键步骤。经过 Softmax 标准化的注意力分数指示了序列中各个词元对当前处理词元的重要性,基于这些分数进行的加权和操作产生了融合全局上下文信息的词元表示。本小节将探讨自注意力机制如何通过加权值向量来实现这一过程,以及其对模型性能的影响。

加权值向量的计算包含以下几个步骤。

(1)应用注意力权重:对于序列中的每个词元,将其对应的 Softmax 标准化后的注意力分数应用于所有值向量。这一步骤通过将每个值向量乘以其对应的注意力权重来完成,从而得到加权的值向量。

(2)求和得到输出:对于每个词元,将其所有加权的值向量求和,生成一个综合了整个输入序列信息的输出向量。这意味着每个词元的输出不仅包含自身的信息,还融入了序列中其他词元的上下文信息。

结合之前的数据进一步说明。首先,有两个词元"我"和"爱",以及它们对应的值向量。

```
1    "我"的值向量: [5, 6]
2    "爱"的值向量: [7, 8]
```

2.3.4 小节计算得到了每个词元对于序列中所有词元(包括自己)的 Softmax 标准化后的注意力权重。这些权重反映了在给定的查询词元上下文中,每个键词元的相对重要性。

1　对于"我"的查询，其对"我"和"爱"的注意力权重分别是：0.014 和 0.986
2　对于"爱"的查询，其对"我"和"爱"的注意力权重分别是：0.00005 和 0.9999

将每个值向量乘以对应的注意力权重，得到加权的值向量。这表示在计算输出向量时，每个词元的贡献将根据它们的注意力权重进行调整。

接下来，对于每个查询词元，将它针对序列中所有词元的加权值向量求和，以生成一个综合了整个输入序列信息的输出向量。

- 对于"我"，将加权的值向量 [5, 6] 和 [7, 8]（根据其注意力权重调整过的）进行求和，得到输出向量 [6.97，7.97]。

0.014*5 + 7*0.986 = 6.97，0.014*6 + 8*0.986 = 7.97

- 对于"爱"，同样地，将加权的值向量求和，得到输出向量 [7.00，8.00]。

这个过程允许模型在处理每个词元时考虑到序列中的所有其他词元，从而捕获语言数据中的复杂上下文关系。

2.3.6　多头注意力机制

每个注意力机制的执行被视为一个"头"，因为单一头的信息表达能力有限，所以通过并行运用多个头，可以捕获和表达数据的多维度信息。多头注意力机制是 Transformer 模型的一个创新点，允许模型在不同的表示子空间中并行捕捉信息。通过这种方式，模型能够从多个维度理解数据，增强了其捕捉复杂关系的能力。本小节将探讨多头注意力机制的工作原理、实现及其对 Transformer 模型性能的影响。

多头注意力机制通过将输入的查询、键和值向量分拆成多组向量，并分别应用自注意力机制，以实现对不同子空间的并行处理。具体步骤如下。

（1）分拆向量：对于每个输入向量（查询、键、值），模型将其分拆成多个较小的向量。例如，如果原始向量的维度是 512，而选择 8 个注意力"头"，则每个头处理的向量维度将是 64。

（2）独立应用自注意力：在每个表示子空间中，模型独立地计算注意力分数，应用 Softmax 标准化，并生成加权值向量。这一过程允许模型捕捉输入序列中不同类型的信息。

（3）合并输出：最后，模型将所有头的输出向量合并回一个单一的向量，以便进行进一步的处理。这通常通过连接（concatenation）所有头的输出向量，然后应用一个线性变换来完成。

下面结合示例进一步说明。

对于每个头，已经计算出其输出向量。合并这些不同头的输出，以获得一个综合的表示。合并的方法通常是将所有头的输出向量拼接起来，然后乘以另一个权重矩阵（有时称为输出权重矩阵），这个过程可以表示为

$$\text{MultiHead}(Q, K, V) = \text{Concat}(\text{head}_1, \text{head}_2, \ldots, \text{head}_n)\boldsymbol{W}^o$$

其中，head_i 是第 i 个头的输出向量，$\boldsymbol{W}^o$ 是输出权重矩阵，用于将拼接后的向量转换为最终的输出维度。

假设在一个两头注意力机制中，对于"我"和"爱"。

1　第一个头的输出向量分别是 `[0.5, 0.8]` 和 `[0.9, 0.1]`。
2　第二个头的输出向量分别是 `[0.2, 0.3]` 和 `[0.4, 0.5]`。

则拼接这两个头的输出如下。

1　对于"我"：`[0.5, 0.8, 0.2, 0.3]`
2　对于"爱"：`[0.9, 0.1, 0.4, 0.5]`

最后，输出权重矩阵 W^O 将这个拼接的向量转换为最终的输出向量，完成多头注意力的合并。

多头注意力机制的引入对 Transformer 模型具有以下几个重要意义。

- 提高表达能力：通过并行处理多个子空间，模型能够同时捕捉输入序列不同方面的信息，如不同级别的语义和语法关系，从而提高整体的表达能力。
- 增加灵活性：多头注意力机制使模型在处理各种复杂任务时更加灵活，因为它可以学习到在特定任务中哪些信息更为重要。
- 改善长距离依赖捕捉：每个"头"关注序列的不同部分，这有助于模型更好地处理长距离依赖问题，提升了对长序列数据的理解。

多头注意力机制通过并行处理多个表示子空间，显著提升了模型的信息处理能力和性能。这一机制不仅增强了模型的表达能力，也提高了其对复杂语言结构的理解，是模型在多种 NLP 任务中取得成功的重要因素。

2.3.7 编码器残差连接

在 Transformer 模型的编码器中，残差连接允许模型在加深网络层数时，防止性能退化，确保了信息的有效流动。本小节将介绍残差连接的概念、作用以及其如何在 Transformer 模型中被应用来增强模型的学习能力。

残差连接是一种网络结构设计，允许模型的输入直接跳过一些层而加到后面的层上。在数学上，如果将一个层的输入表示为 x，该层的输出为 $F(x)$，则残差连接的输出将是 $F(x)+x$。这种设计可以帮助模型学习到恒等映射（identity mapping），使得深层网络的训练变得更加容易。

恒等映射是指一种函数或操作，使得经过这个操作的输出与输入完全相同，即输出值等于输入值，这在帮助深层网络学习时保持信息流的完整性方面非常重要。

Transformer 模型中的每一个编码器层都包括残差连接，它们被应用于自注意力机制和前馈神经网络之后。具体而言，对于自注意力层和前馈神经网络，模型首先计算它们的输出，然后将这个输出与输入相加，最后通过层归一化处理。

（1）自注意力残差连接：自注意力层的输出与其输入直接相加，形成了一个残差连接。

（2）前馈神经网络残差连接：前馈神经网络层同样采用了输入与输出相加的方式，形成另一个残差连接。

残差连接在 Transformer 模型中有着多重作用。

- 促进深层网络训练：残差连接帮助解决了随着网络加深导致的梯度消失或爆炸问题，使得模型能够有效地训练更深层的网络结构。

- 增强学习能力：通过允许信息直接传递，残差连接使得模型在每一层都能接触到原始输入的信息，从而增强了模型对输入数据的学习能力。
- 保持信息流动：残差连接确保了即使在深层网络中，信息也能够有效地流动，防止信息在传递过程中的丢失。

引入残差连接极大地提高了 Transformer 模型的性能，特别是在处理复杂的 NLP 任务时。它使得模型能够深入学习到数据的细节，同时保持了训练过程的稳定性。这一设计是 Transformer 能够有效处理各种任务的关键因素之一，显著提升了模型的准确性和可靠性。

2.3.8 编码器层归一化

层归一化在 Transformer 模型的编码器中负责在每个子层的输出上进行归一化处理，以稳定训练过程并加速收敛。本小节将探讨层归一化的原理、在编码器中的应用，以及它对模型性能的影响。

层归一化是一种特殊的归一化技术，与批归一化（Batch Normalization）不同，层归一化是对单个样本的所有特征进行归一化。具体而言，对于每个样本，层归一化会计算所有特征的平均值和标准差，并使用这些统计量来归一化每个特征。数学上，对于给定的输入向量 x，层归一化的输出为

$$LN(x) = \frac{x - \mu}{\sigma} \cdot \gamma + \beta$$

其中，μ 和 σ 分别是向量 x 的均值和标准差，γ 和 β 是可学习的参数，用于调整归一化后数据的缩放和偏移。

下面以输入向量 $[1.0, 2.0, 3.0, 4.0, 5.0]$ 为例进一步说明。

（1）计算均值（μ）。计算输入向量的均值。均值是指所有特征值的平均值，计算公式是：

$$\mu = \frac{1}{N} \sum_{i=1}^{N} x_i$$

其中，x_i 是输入向量中的第 i 个元素，N 是向量中元素的总数。

（2）计算标准差（σ）。计算输入向量的标准差。标准差衡量的是每个特征值与均值的偏离程度，计算公式是：

$$\sigma = \sqrt{\frac{1}{N} \sum_{i=1}^{N} (x_i - \mu)^2}$$

（3）归一化处理。用每个特征值减去均值并除以标准差来归一化输入向量：

$$x_{norm} = \frac{x_i - \mu}{\sigma}$$

（4）应用可学习参数（γ 和 β）。使用可学习的参数（在该例子中，简化为 $\gamma = 1$ 和 $\beta = 0$）来调整归一化后数据的缩放和偏移：

$$x_{LN} = x_{norm} \cdot \gamma + \beta$$

最后进行计算得到如下结果：

1）均值：输入向量的均值是3.0。

2）标准差：输入向量的标准差约是1.41。

3）归一化处理：归一化后的向量是[−1.41, −0.71, 0.00, 0.71, 1.41]。

在该例子中，$\gamma = 1$ 和 $\beta = 0$，所以应用这些参数后的结果与归一化处理的结果相同。

在Transformer模型的编码器中，层归一化被应用在每个子层（自注意力层和前馈神经网络层）的输出上以及在残差连接之后。这样做的目的是为了增强训练过程的稳定性，并帮助模型更快地收敛。通过对每个子层的输出进行归一化，模型能够在训练过程中维持激活值分布的一致性，减少内部协变量偏移（Internal Covariate Shift）。

激活值是指神经网络中非线性激活函数的输出，这些值作为网络中下一层的输入，对模型的非线性表达能力至关重要。

协变量是指模型输入数据中的变量，在统计学和机器学习中通常用来表示影响因变量（实验或模型中被预测或研究的变量，通常作为输出结果）的独立变量或特征。

层归一化对Transformer模型性能的提升主要体现在以下几个方面。

- 训练稳定性：通过在每个子层后应用层归一化，模型的训练过程变得更加稳定，从而减少了训练过程中的梯度消失或爆炸问题。
- 加速收敛：归一化有助于将激活值保持在一个合理的范围内，这使得模型参数的学习更加有效，进而加速了收敛速度。
- 增强泛化能力：层归一化还被认为能够提升模型的泛化能力，虽然其具体机理仍在研究之中，但实践证明，包含层归一化的模型通常能够在多个任务上获得更好的性能。

2.3.9 编码器前馈神经网络

在Transformer模型的编码器中，除了自注意力机制和残差连接外，前馈神经网络也是其核心组成部分之一。每个编码器层都包含一个前馈神经网络，该网络对自注意力层的输出进行进一步处理。本小节将讨论前馈神经网络的结构、作用以及它对模型性能的贡献。

Transformer模型中的前馈神经网络是由两层线性变换组成的，这两层之间有一个ReLU（Rectified Linear Unit）激活函数。第一层线性变换在Transformer的前馈神经网络中起着将输入数据映射到一个更高维度空间的作用，它有助于模型捕获更复杂的特征和模式。通过这个变换，模型可以在更广泛的特征空间中探索数据的内在联系，为ReLU激活函数提供了丰富的输入，使其能够引入非线性，从而增强模型的表达能力。第二层线性变换的作用是将ReLU激活后的数据映射回原始数据的维度，或者是预定的输出维度，以便于与Transformer模型中的其他组件（如多头注意力机制的输出）进行整合。这一步骤是整个前馈神经网络的收尾，它确保了网络输出可以适应模型中后续处理的需求，如残差连接和层归一化，进一步促进了模型中不同层之间的有效信息流动。

具体而言，前馈神经网络可以表示为以下形式：

$$FFNN(x) = \max(0, xW_1 + b_1)W_2 + b_2$$

其中，W_1 和 W_2 是网络的权重矩阵，b_1 和 b_2 是偏置项，x 是自注意力层（或上一个前馈神经网络层）的输出。

下面以自注意力层的输出 x 是一个具有 3 个特征的向量 [0.5, –0.4, 0.3] 为例进行说明。

每一层的权重矩阵和偏置项都是模型的参数。

（1）第一层线性变换：将自注意力层的输出 x 与第一层的权重矩阵 W_1 相乘，再加上偏置项 b_1。这里为了说明直接设定如下。

```
1   W1 = [[0.2, 0.3, 0.5], [0.1, -0.3, 0.4], [0.5, 0.2, -0.1]]
2   b1 = [0.1, 0.2, 0.3]
```

计算得到的结果是：[0.31,0.53,0.36]。

（2）ReLU 激活函数：对第一层的输出应用 ReLU 激活函数。ReLU 激活函数定义为 max(0,x)，它将所有的负数转换为 0，而正数保持不变。

应用 ReLU 激活函数后的结果仍为 [0.31,0.53,0.36]。

（3）第二层线性变换：将 ReLU 的输出与第二层的权重矩阵 W_2 相乘，再加上偏置项 b_2，得到前馈网络的最终输出。权重和偏置直接设定如下。

```
1   W2 = [[0.4, -0.2, 0.1], [-0.1, 0.5, -0.3], [0.3, 0.1, 0.2]]
2   b2 = [-0.2, 0.1, 0.4]
```

最终的输出结果是 [–0.021,0.339,0.344]。

值得注意的是，尽管整个 Transformer 模型共享相同的前馈神经网络结构，但每个编码器层中的前馈神经网络都有自己的参数，这使得每层能够学习到不同的表示。

前馈神经网络在 Transformer 编码器中扮演着以下几个重要角色。

- 增加非线性：通过引入 ReLU 激活函数，前馈神经网络为模型增加了非线性变换，这对于学习复杂的数据表示至关重要。
- 提供额外的抽象层：前馈神经网络允许模型在自注意力层捕获的信息基础上进一步进行抽象和转换，增强了模型的表达能力。
- 独立处理每个位置：前馈神经网络在处理序列时对每个位置的词元独立操作，这增加了模型对每个词元独特性的处理能力，同时保持了操作的高效性。

前馈神经网络对于提升 Transformer 模型的性能起到了关键作用。

- 增强模型的复杂度和灵活性：前馈神经网络使模型能够捕获更加复杂的特征，并且通过参数的独立学习，为不同的编码器层提供了灵活性。
- 促进深度学习：前馈神经网络的加入，配合自注意力机制和残差连接，支持模型的深层结构，这对于处理复杂的自然语言任务是必要的。
- 提高准确性和泛化能力：通过在每个编码器层增加额外的非线性处理步骤，前馈神经网络有助于提高模型在各种任务上的准确性和泛化能力。

2.4　解码器处理器

Transformer模型的解码器是负责生成输出序列的部分，它采用与编码器相似但更复杂的结构，以适应序列生成的需求。解码器通过一系列的层来处理信息，每一层都执行特定的功能，包括输出嵌入、位置编码、掩蔽自注意力、编码器－解码器注意力、前馈神经网络以及残差连接和层归一化。

以下是解码器执行步骤的详细说明。

1. 输出嵌入（Output Embedding）

解码器的第一步是将其输入序列（即之前生成的输出序列）转换成高维空间中的向量表示。这一过程类似于编码器的输入嵌入，它为模型提供了丰富的表示以捕获词汇的语义信息。

2. 位置编码（Positional Encoding）

解码器同样引入位置编码来为序列中的每个元素提供位置信息，这对于保持序列的顺序关系至关重要。位置编码与输出嵌入向量相加，使模型能够利用位置信息。

3. 掩蔽自注意力（Masked Self-Attention）

为了维持自回归特性，即在生成当前位置的输出时只依赖于之前的输出，解码器中的自注意力机制被修改为掩蔽形式。这通过在计算注意力分数时引入一个掩码来实现，防止模型"看到"当前位置之后的任何位置。

4. 编码器－解码器注意力（Encoder-Decoder Attention）

这一步骤是解码器特有的，允许解码器使用当前已生成的序列（通过掩蔽自注意力处理过的）来"查询"编码器的输出。查询向量来自解码器，而键和值向量来自编码器。这一过程使解码器能够专注于输入序列中与当前生成步骤最相关的部分。

5. 前馈神经网络

解码器也包含一个前馈神经网络，该网络独立地处理每个位置的表示，但对不同位置使用相同的参数。这一步骤与编码器中的前馈网络相似，但参数是独立的。

6. 残差连接和层归一化

每个掩蔽自注意力和编码器－解码器注意力的输出都会通过残差连接，然后进行层归一化处理。前馈网络的输出同样经过残差连接和层归一化处理。这些步骤有助于避免深层网络中的梯度消失问题，同时提高训练的稳定性。

解码器是Transformer模型生成输出序列的核心。它通过综合考虑之前的输出、编码器的信息以及当前位置的上下文来逐步生成序列。解码器内部的多个机制，包括掩蔽自注意力和编码器－解码器注意力，确保了模型在每一步都能做出基于全局信息的决策。残差连接和层归一化进一步增强了模型的学习能力，使Transformer能够有效地处理复杂的序列到序列转换任务。

2.4.1 掩蔽自注意力机制

在 Transformer 模型中，注意力掩码机制（Attention Masking Mechanism）可以确保模型在生成当前词元时，只能使用之前的词元信息，从而防止信息的泄露。本小节将探讨注意力掩码机制的工作原理、应用场景以及它对模型性能的影响。

注意力掩码机制通过修改自注意力层的输入来实现。在计算注意力分数之前，模型会引入一个掩码（Mask），用于调整分数的大小，使得某些不应被当前词元"看到"的位置的分数变得极小（在实践中通常设置为一个非常大的负数），这样经过 Softmax 函数处理后，这些位置的注意力权重接近于零。

在解码器的自注意力层中，掩码防止了当前位置之后的词元对当前词元的生成产生影响。这意味着，对于序列中的第 i 个词元，掩码将确保只有在它之前的词元（包括自身）在计算注意力时被考虑。

下面以一个简单的序列的注意力分数矩阵（未经过掩码处理），序列长度为 4，即有 4 个词元为例进行说明。

（1）应用掩码前的注意力分数矩阵如下。

```
1    [
2        [1, 2, 3, 4],    # 词元 1 对其他所有词元的注意力分数
3        [2, 3, 4, 1],    # 词元 2 对其他所有词元的注意力分数
4        [3, 4, 1, 2],    # 词元 3 对其他所有词元的注意力分数
5        [4, 1, 2, 3]     # 词元 4 对其他所有词元的注意力分数
6    ]
```

上述矩阵表示每个词元对序列中其他所有词元的原始注意力分数。

（2）构造掩码矩阵。现在处理的是解码器的自注意力层，需要防止词元"看到"它之后的词元。为此，构造一个掩码矩阵，使得每个词元只能"看到"它之前和它自己的位置。

```
1    [
2        [0, -inf, -inf, -inf],    # 词元 1 只能看到自己
3        [0, 0, -inf, -inf],       # 词元 2 能看到词元 1 和自己
4        [0, 0, 0, -inf],          # 词元 3 能看到词元 1、2 和自己
5        [0, 0, 0, 0]              # 词元 4 能看到所有人
6    ]
```

（3）通过矩阵加法应用掩码到注意力分数。

```
1    [[ 1, -inf, -inf, -inf],
2     [ 2,    3, -inf, -inf],
3     [ 3,    4,    1, -inf],
4     [ 4,    1,    2,    3]]
```

通过掩码，将某些位置的分数设置为非常大的负数（这里用 –inf 表示），从而确保在计算 Softmax 时，这些位置的注意力权重接近于零。

（4）计算 Softmax 后的注意力权重矩阵。

```
1    [[1.        , 0.        , 0.        , 0.        ],
2     [0.26894142, 0.73105858, 0.        , 0.        ],
3     [0.25949646, 0.70538451, 0.03511903, 0.        ],
4     [0.64391426, 0.0320586 , 0.08714432, 0.23688282]]
```

在该矩阵中，每一行的值表示给定词元对序列中其他词元的注意力权重。由于掩码的作用，每个词元只能"看到"它之前的词元和自己，这反映在权重接近于零的位置。

在文本生成、机器翻译等任务中，解码器需要根据已生成的词元序列来预测下一个词元。注意力掩码机制确保模型在生成每个新词元时，只依赖于先前的词元，符合自回归生成的原则。

在训练阶段，由于整个目标序列是已知的，存在信息泄露的风险，因此，需要用注意力掩码机制防止这种情况，以确保模型的训练过程中不会使用未来的信息。

注意力掩码机制对提高 Transformer 模型在序列生成任务中的性能至关重要。

- 提升模型的准确性：通过防止信息的泄露，模型能够准确地学习序列之间的依赖关系，提高生成任务的准确性。
- 增强模型的可靠性：掩码机制确保了模型生成过程的合理性，使得模型在面对不同长度的序列时表现出更好的鲁棒性和可靠性。
- 促进学习效率：通过减少不必要的信息干扰，掩码机制有助于模型更高效地学习序列的内在规律，加快训练速度，提高收敛效率。

2.4.2　编码器 – 解码器注意力

编码器 – 解码器注意力机制允许解码器层访问整个编码器的输出，从而在生成序列时能够考虑到输入序列的全部信息。本小节将探讨编码器 – 解码器注意力的工作原理、实现以及对模型性能的影响。

编码器 – 解码器注意力机制的核心思想是让解码器能够"注意"到编码器输出的每个位置。具体实现时，解码器的每个层都会接收到编码器的最终输出，以此作为其注意力机制的键和值向量，而查询向量则来自于解码器前一层的输出。

具体实现过程如下。

（1）接收编码器输出：解码器的每个注意力层都会接收编码器输出的一个复制版本，这个复制的输出在解码器中被用作键和值向量。

（2）生成查询向量：查询向量来源于解码器当前层的前一层输出。在第一层解码器中，查询向量来源于目标序列的嵌入表示。

（3）计算注意力权重：通过计算解码器的查询向量与编码器输出的键向量之间的点积，然后应用 Softmax 函数来生成注意力权重。

（4）生成加权和输出：这些注意力权重被用于编码器输出的值向量，可以通过加权求和来生成当前解码器层的输出。

为了具体说明编码器 – 解码器注意力机制，下面以一个简化的例子进行演示。用户输入的是

"你好"，要计算如何得到回答的第一个预测字。这里跳过实际的嵌入和编码过程，直接使用编码器输出和解码器输入的示例向量来解释步骤。

（1）编码器输出向量（设定 2 个字的输出，每个字由二维向量表示）。

```
1    "你" -> [1.0, 2.0]
2    "好" -> [2.0, 3.0]
```

（2）解码器输入向量（设定开始生成回答，第一个字的嵌入表示）。

实际的 Transformer 模型中，解码器开始生成序列时，通常会使用一个特殊的开始标记（如 <start> 或类似的标记），它告诉模型开始生成回答或翻译的文本。

```
第一个预测字的嵌入表示 -> [0.5, 1.5]
```

（3）编码器的每个输出向量将被用作键和值向量。

键向量：

```
1    K1: [1.0, 2.0]
2    K2: [2.0, 3.0]
```

值向量：

```
1    V1: [1.0, 2.0]
2    V2: [2.0, 3.0]
```

（4）生成查询向量。解码器的查询向量来自于解码器当前层的前一层输出。在第一层解码器中，查询向量来源于目标序列的嵌入表示。

查询向量：

```
Q: [0.5, 1.5]
```

（5）计算注意力权重。注意力权重是通过计算解码器的查询向量与编码器输出的键向量之间的点积得到的，然后应用 Softmax 函数。

计算点积：

```
1    Score1 = Q · K1 = [0.5, 1.5] · [1.0, 2.0] = 3.5
2    Score2 = Q · K2 = [0.5, 1.5] · [2.0, 3.0] = 6.0
```

对分数应用 Softmax 函数，将分数转换为总和为 1 的概率。Softmax 的计算包括对每个分数取指数，然后除以所有指数的总和。应用 Softmax：

```
1    exp(Score1) = e^3.5
2    exp(Score2) = e^6.0
3    总和 = exp(Score1) + exp(Score2)
4    Softmax(Score1) = exp(Score1) / 总和 = 0.07585818002124355
5    Softmax(Score2) = exp(Score2) / 总和 = 0.9241418199787566
```

（6）计算加权和。使用注意力权重对值向量进行加权求和，这个加权和形成了这一解码步骤的注意力机制的输出。

```
输出 = Softmax(Score1) * V1 + Softmax(Score2) * V2 = [1.92414182, 2.92414182]
```

最终的输出向量 [1.92414182, 2.92414182] 是通过将每个编码器输出的值向量与它们相对应的注意力权重相乘，并将这些乘积相加得到的。该输出向量捕捉了解码器在特定解码步骤中，基于注意力权重对编码器输出的综合表示。

编码器 – 解码器注意力机制极大地增强了 Transformer 模型处理序列到序列任务（如机器翻译、文本摘要等）的能力，主要有以下几个好处。

- 提高翻译准确性：通过利用编码器的全部输出信息，解码器能够更准确地理解源序列的语义，从而生成更准确的目标序列。
- 增强上下文理解：这种注意力机制确保了解码器在生成每个词元时都能充分考虑输入序列的上下文信息，提高了生成文本的连贯性和一致性。
- 促进模型泛化：编码器 – 解码器注意力使得模型能够在训练和推理时有效地处理不同长度的输入序列，增强了模型的泛化能力。

编码器 – 解码器注意力机制通过解码器能够访问编码器的全部输出，极大地提升了模型的性能，使其在多种复杂任务中取得了卓越成绩。

2.5　输　出　生　成

在 Transformer 模型中，输出生成阶段是整个模型生成预测结果的最后一步，直接关系到模型的最终性能和应用效果。这一阶段主要通过线性层和 Softmax 层的协同工作来完成，将解码器的复杂表示转换为对词汇表中每个词的具体预测。

2.5.1　Transformer 线性层

在 Transformer 模型的输出阶段，线性层（Linear Layer）起到了将解码器的输出转换为最终预测结果的关键作用。每个解码器层的输出首先通过线性层，然后通过 Softmax 层来生成对词汇表中每个词的概率分布。本小节将探讨线性层的作用、结构以及它对模型性能的影响。

线性层，也被称为全连接层，是深度学习中最基本的组件之一。在 Transformer 模型中，线性层的主要作用是对解码器层的输出进行变换，并将其映射到一个与词汇表大小相同的空间中，为生成最终的输出序列做准备。

一个线性层简单地由一个权重矩阵 W 和一个偏置向量 b 组成。给定解码器输出向量 x，线性层的计算公式为

$$y = xW + b$$

其中，y 是映射后的向量，其维度与模型的词汇表大小相同。这使得每个元素可以对应词汇表中的一个词。

为了进一步说明，下面将使用上个例子中的输出向量 [1.92414182, 2.92414182] 作为输入。为了简化，设定模型的词汇表大小为 3，即希望线性层的输出是一个三维向量，每个维度对应词汇表中的一个词。

在大语言模型中，实际的词汇表大小通常是非常大的，可能包含数万到数百万不同的词汇，以覆盖广泛的语言用途和领域。

（1）线性层参数。

1）权重矩阵：设定为一个 2×3 的矩阵，因为输入是二维的，而输出是三维的（与词汇表大小相匹配）。

2）偏置向量：设定为一个三维向量。

设定权重矩阵和偏置向量如下。

```
1   W = [[0.1, 0.2, 0.3], [0.4, 0.5, 0.6]]
2   b = [0.1, 0.2, 0.3]
```

（2）线性层计算。线性层的输出 y 可以通过 $xW + b$ 计算得到，其中，xW 是向量 x 与矩阵 W 的点积。具体计算如下。

```
1   xW的第一个元素是 1.92414182 × 0.1+2.92414182 × 0.4
2   xW的第二个元素是 1.92414182 × 0.2+2.92414182 × 0.5
3   xW的第三个元素是 1.92414182 × 0.3+2.92414182 × 0.6
```

然后将 xW 的每个元素分别加上偏置向量 b 的相应元素得到最终的输出向量 y。

这个输出向量 y 表示在给定解码器输出的条件下，经过线性层处理后得到的新向量，其维度与模型的词汇表大小相同，最终的输出向量 y 是：

```
y = [1.46207091,2.04689927,2.63172764]
```

线性层对 Transformer 模型的性能有直接影响，从以下三个方面进行分析。

- 精确度：通过精细的权重调整，线性层可以帮助 Transformer 模型准确地预测下一个词元。它的参数在训练过程中被优化，以最小化预测错误。
- 灵活性：线性层的简单性使得 Transformer 模型易于调整和优化。它可以根据不同任务的需要调整输出空间的维度，提供了模型设计的灵活性。
- 效率：尽管简单，线性层在处理大规模词汇表时非常高效。配合模型的其他部分，能够快速地处理和生成文本。

Transformer 模型中的线性层虽然结构简单，但在将解码器输出转换为最终预测结果的过程中扮演了不可或缺的角色。它直接影响到模型的预测精度和效率，是模型输出阶段的关键组件。通过在模型训练过程中学习到的权重和偏置，线性层能够有效地将解码器的复杂表示映射到具体的词汇预测上，从而完成文本生成任务。

2.5.2　Transformer Softmax 层

在 Transformer 模型的输出生成阶段，Softmax 层负责将线性层的输出转换为最终的概率分布，从而确定每个可能词元的预测概率。本小节将详细探讨 Softmax 层的作用、原理以及它对模型性能的影响。

Softmax 层的主要作用是将线性层的输出（即对每个词元的未规范化分数，也称为 logits）转换成一个概率分布，表明了在给定的上下文中，下一个词元是词汇表中每个词的概率。这一步是生成文本过程中的关键步骤，因为它直接关系到模型预测的准确性。

给定一个向量 z，其中每个元素 z_i 代表模型对词汇表中第 i 个词作为下一个词的预测分数，Softmax 函数按如下公式计算每个词的概率：

$$\text{Softmax}(z_i) = \frac{e^{z_i}}{\sum_j e^{z_j}}$$

其中，分子是当前词元的预测分数的指数，分母是词汇表中所有预测分数的指数之和。这样，Softmax 层的输出是一个概率分布，所有元素的和为 1。

下面结合上一节线性层的输出 [1.46207091,2.04689927,2.63172764] 进一步说明。

（1）设定线性层输出 z。

```
z=[1.46207091,2.04689927,2.63172764]
```

（2）计算。

计算指数：对向量 z 中的每个元素计算指数 e^{z_i}。

计算指数之和：将所有指数值相加，得到分母 $\sum_j e^{z_j}$。

计算概率分布：将每个元素的指数除以指数之和，得到每个词的概率。

最后计算概率分布如下。

```
[0.16623529,0.29833964,0.53542506]
```

第一个词的概率是 0.16623529。

第二个词的概率是 0.29833964。

第三个词的概率是 0.53542506。

这些概率表明模型预测下一个词为词汇表中第三个词的可能性最高，其次是第二个词，最不可能的是第一个词。在生成文本或进行序列预测时，模型会根据这个概率分布来选择下一个最可能的词元，这里就是选择概率最高的第三个词。

Softmax 层对 Transformer 模型性能的提升主要体现在以下几个方面。

● 提高预测准确性：通过转换为概率分布，模型能够清晰地表达对下一个词元的预测置信度，从而提高预测的准确性。

● 支持多类分类：Softmax 层天然支持多类分类问题，非常适合处理词汇预测任务，因为它可以同时考虑所有可能的输出词元。

● 增强模型的解释性：输出的概率分布使得模型的决策过程更加透明，有助于理解模型是如何基于当前上下文来生成下一个词元的。

Transformer 模型中的 Softmax 层将线性层的输出转换为一个概率分布，指导模型生成下一个最可能的词元。通过精确计算每个词元的预测概率，Softmax 层极大地提高了模型在文本生成任务中的性能。

2.6 本 章 小 结

本章详细介绍了 Transformer 模型的核心架构及其各个组成部分的功能和作用。从输入数据的预处理开始，到编码器和解码器的详细工作流程，再到最终的输出生成，逐步深入介绍了 Transformer 模型如何处理和理解自然语言数据。

首先，探讨了文本数据的预处理步骤，包括文本清洗、分词、嵌入矩阵构建、词元向量化以及位置编码的重要性。这些步骤为模型提供了规范化和丰富的输入表示，是模型能够有效理解和处理自然语言的基础。

其次，详细讲解了编码器的构成，包括自注意力机制、多头注意力、残差连接、层归一化以及前馈神经网络。这些组件共同工作，使得编码器能够捕获输入序列中的复杂依赖关系，并将这些信息编码到一个高维空间的向量中。

在解码器部分，解释了掩蔽自注意力机制的重要性，它保证了模型在生成每个词元时只能依赖于之前的输出，保持了自回归特性。编码器 – 解码器注意力机制则允许解码器关注输入序列中与当前生成步骤最相关的部分，增强了模型生成输出序列的能力。

最后，探讨了输出生成过程，包括线性层和 Softmax 层的作用。这一阶段是将解码器的输出转化为对每个可能词元的具体预测概率，从而完成从深度模型表示到最终文本输出的转换。

Transformer 模型通过其独特的自注意力机制和前馈神经网络设计，在 NLP 领域取得了革命性的成果。它不仅在机器翻译、文本摘要等序列到序列的任务中表现卓越，也为后续的模型创新提供了基础。

第3章　百度千帆大模型API调用实战

本章旨在为用户提供一个实用指南，探讨如何有效地利用百度千帆大模型平台的强大功能。从基础的账号注册和密钥申请入手，逐步引领用户通过案例，理解并掌握如何调用文本和图像处理的大模型API，包括但不限于NLP、对话生成、文本续写以及图像生成等领域。

3.1　千帆大模型平台简介

在AI蓬勃发展的时代，大模型平台作为支撑大规模数据处理和复杂模型训练的基石，正逐渐成为推动科技创新和产业升级的重要力量。千帆大模型平台，凭借其卓越的性能、灵活的应用和强大的生态系统，已成为众多企业和研究机构首选的大模型解决方案。

千帆大模型平台是一个集数据处理、模型训练、推理部署于一体的综合性平台，它提供了丰富的算法库和工具集，支持多种深度学习框架，能够轻松应对各种复杂的数据处理和模型训练任务。平台采用分布式计算架构，能够充分利用多节点计算资源，以实现高效的大规模数据训练和推理。

千帆大模型平台具备以下核心特性。

（1）高效性：平台采用先进的算法优化和并行计算技术，能够显著提升模型训练速度和推理性能。

（2）灵活性：平台支持自定义模型开发和训练，用户可以根据具体需求选择合适的算法和参数进行模型调优。

（3）易用性：平台提供了简洁直观的图形化界面和友好的API接口，降低了用户的使用门槛。同时，平台还提供了详细的文档和教程，可帮助用户快速上手并充分利用平台功能。

（4）安全性：平台采用了严格的数据加密和访问控制机制，可确保用户数据的安全性和隐私性。

千帆大模型平台广泛应用于NLP、计算机视觉、语音识别等领域，为众多行业提供了强大的智能支持。例如，在NLP领域，千帆大模型平台可以帮助企业构建智能客服、机器翻译等应用；在计算机视觉领域，千帆大模型平台可以用于图像识别、目标检测等任务；在语音识别领域，千帆大模型平台可以实现高精度的语音转写和识别功能。

3.2 第一个大模型调用

本节将引导用户完成使用百度千帆大模型平台的第一个大模型调用。从注册平台账号并申请必要的密钥开始，步入 AI 大模型的世界。

3.2.1 注册并申请密钥

注册并申请密钥通常涉及以下步骤，请注意，具体步骤可能会因平台或服务的更新而有所变化。

（1）访问官方网站。访问百度文心（ERNIE Bot）的官方网站，这里使用的网址是百度智能云，首页如图 3.1 所示。

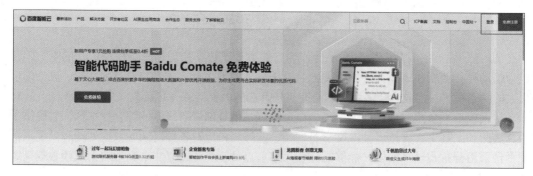

图3.1　官方首页

（2）登录或者注册账号。如果没有注册过直接注册就行，注册过的直接登录账号。成功登录界面如图 3.2 所示。

图3.2　成功登录界面

（3）进入控制台。单击账号旁边的"控制台"按钮进入控制台，控制台首页如图 3.3 所示。

图3.3　控制台首页

（4）进入控制台详情页。单击左侧三横杠链接进入控制台侧边详情页，如图 3.4 所示。

图3.4　控制台侧边详情页

（5）进入百度智能云千帆大模型平台。单击左侧"百度智能云千帆大模型平台"链接进入百度智能云千帆大模型平台。平台界面如图 3.5 所示。

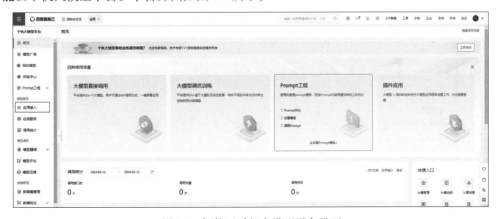

图3.5　智能云千帆大模型平台界面

（6）进入创建应用界面。单击左侧的"应用接入"链接进入创建应用界面，如图 3.6 所示。

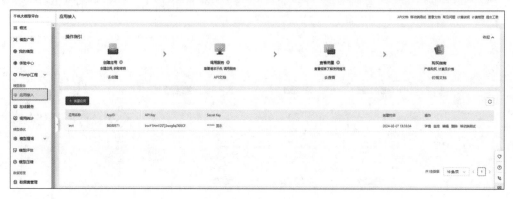

图 3.6　创建应用界面

（7）应用配置。单击操作指引下面的"去创建"链接进入应用配置界面，如图 3.7 所示。填写基本应用名称和应用描述等信息后，单击"确定"按钮，如图 3.8 所示，可以看到创建成功的 testAi 应用。

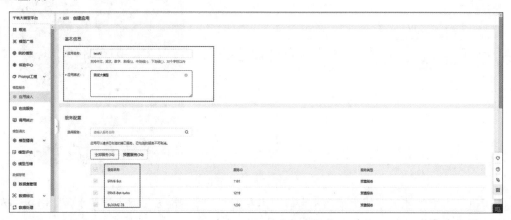

图 3.7　应用配置界面

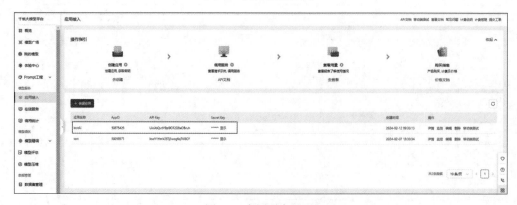

图 3.8　应用列表界面

3.2.2　开启第一个千帆大模型 API 调用

百度智能云千帆平台提供了丰富的 API，包括对话 Chat、续写 Completions、向量 Embeddings、插件应用、提示工程、模型服务、管理、调优及数据管理等 API 能力。本小节以调用一个对话 Chat 流程进行说明。

（1）创建应用。创建应用的操作已经在 3.2.1 小节中完成，无须再次操作。

（2）API 授权。创建应用的时候平台自动授权，无须操作。

（3）获取接口访问凭证 access_token。使用在 3.2.1 小节获取的 API Key 和 Secret Key，调用获取 access_token 接口获取 access_token，通过 access_token 鉴权调用者身份。

获取 access_token 接口的 Python 版本代码如下。

```
1   # 填充 API Key 与 Secret Key
2   import requests
3   import json
4
5
6   def main():
7
8       url = "https://aip.baidubce.com/oauth/2.0/token?client_id=【API
        Key】&client_secret=【Secret Key】&grant_type=client_credentials"
9
10      payload = json.dumps("")
11      headers = {
12          'Content-Type': 'application/json',
13          'Accept': 'application/json'
14      }
15
16      response = requests.request("POST", url, headers=headers, data=payload)
17
18      return response.json().get("access_token")
19
20
21  if __name__ == '__main__':
22      access_token = main()
23      print(access_token)
24
```

如果上述代码提示 ModuleNotFoundError: No module named 'requests' 错误，表示需要激活自己的 Anaconda 环境并安装 requests 模块，后续需要导入新的模块时也是同样的操作。

（4）调用 API 接口。ERNIE-Bot-4 是百度自行研发的大语言模型，覆盖海量中文数据，具有更强的对话问答、内容创作生成等能力。本文以调用 ERNIE-Bot-4 模型接口为例进行说明。调用接口代码如下。

```
1    import requests
2    import json
3
4    def main():
5        url = "https://aip.baidubce.com/rpc/2.0/ai_custom/v1/wenxin-
         workshop/chat/completions_pro?access_token=" + access_token
6
7        payload = json.dumps({
8            "messages": [
9                {
10                   "role": "user",
11                   "content": "介绍一下你自己"
12               }
13           ]
14       })
15       headers = {
16           'Content-Type': 'application/json'
17       }
18
19       response = requests.request("POST", url, headers=headers, data=payload)
20
21       print(response.text)
22
23
24   if _name_ == '_main_':
25       main()
```

（5）获取返回结果。如果成功调用这个接口，就可以得到一个 json 格式的返回信息，如图 3.9 所示。

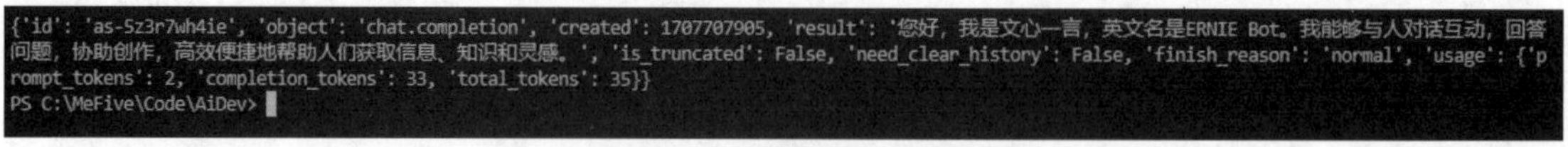

```
{'id': 'as-5z3r7wh4ie', 'object': 'chat.completion', 'created': 1707707905, 'result': '您好，我是文心一言，英文名是ERNIE Bot。我能够与人对话互动，回答问题，协助创作，高效便捷地帮助人们获取信息、知识和灵感。', 'is_truncated': False, 'need_clear_history': False, 'finish_reason': 'normal', 'usage': {'prompt_tokens': 2, 'completion_tokens': 33, 'total_tokens': 35}}
PS C:\MeFive\Code\AiDev>
```

图3.9　接口返回结果

图 3.9 中 result 字段包含的信息就是对问题的回答内容。

通过以上步骤就可以成功调用一个大模型 API 了。

3.2.3　开启第一个千帆大模型 SDK 调用

SDK 调用是使用软件开发工具包（Software Development Kit）中提供的函数或对象来访问服务，通常提供更简洁、更高级的编程接口，可简化开发过程。API 调用是直接通过网络请求与应用程序编程接口（Application Programming Interface）交互，需要手动构建请求和处理响应，适用于没有 SDK 或特定语言支持的情况。

通常情况下，一般使用 SDK 调用，这里演示如何使用 SDK 调用百度大模型。

SDK 调用主要包括三个步骤：首先是安装 SDK，然后进行认证，最后通过调用 SDK 提供的接口来实现特定功能。

（1）安装 SDK。

```
pip install qianfan
```

注意：目前支持 Python 3.7 及以上的版本。

（2）应用 AK/SK 鉴权。千帆平台提供了两种鉴权方式。调用的 API 不同，使用的鉴权方式也可能不同。开发者可以根据实际使用，选择合适的方式进行调用。

推荐使用安全认证 AK/SK 鉴权调用流程。

1）登录百度智能云千帆控制台。登录百度智能云千帆控制台，单击"用户账号"→"安全认证"按钮进入 Access Key 管理界面。

2）查看安全认证 Access Key/Secret Key。在安全认证 /Access Key 界面，查看 Access Key、Secret Key，如图 3.10 所示。

图 3.10　查看认证AK/SK

（3）调用大模型 ERNIE-Bot-turbo。

```
1    import os
2    import qianfan
3
4    # 使用安全认证 AK/SK 鉴权，通过环境变量方式初始化；替换下列示例中的参数，安全认证
     Access Key 替换 your_iam_ak, Secret Key 替换 your_iam_sk
5    os.environ["QIANFAN_ACCESS_KEY"] = "your_iam_ak"
6    os.environ["QIANFAN_SECRET_KEY"] = "your_iam_sk"
```

```
 7
 8   chat_comp = qianfan.ChatCompletion()
 9
10   # 调用默认模型，即 ERNIE-Bot-turbo
11   resp = chat_comp.do(messages=[{
12       "role": "user",
13       "content": " 你好 "
14   }])
15
16   print(resp.body)
```

可以将 QIANFAN_ACCESS_KEY 和 QIANFAN_SECRET_KEY 设置为系统的环境变量，这样就不必在每次调用时手动填写这些密钥了。

上述代码输出如下所示。

```
 1   {
 2    'id': 'as-qkqt8bxiih',
 3    'object': 'chat.completion',
 4    'created': 1711110423,
 5    'result': ' 你好，有什么我可以帮助你的吗？ ',
 6    'is_truncated': False,
 7    'need_clear_history': False,
 8    'usage': {
 9        'prompt_tokens': 1,
10        'completion_tokens': 8,
11        'total_tokens': 9
12    }
13   }
```

其中，result 部分代表大模型的回答内容。

3.3   百度文本大模型 API

本节将探索百度千帆大模型平台提供的文本大模型 API，这些 API 为开发者打开了利用先进 NLP 技术的大门。首先从对话 Chat 大模型开始，了解如何实现流畅的自然语言对话；接着，探讨续写 Completions 功能，展示如何自动完成或扩展文本内容；最后，通过文心 ERNIE-Bot-4 模型景点推荐实践，展示如何将这些技术应用于具体的业务场景，为用户提供个性化推荐。

3.3.1   对话 Chat 大模型

百度智能云千帆大模型平台提供了对话 Chat 相关模型 API SDK，它支持单轮对话、多轮对话、流式等调用方式。

下面分别介绍三种调用方式。

1. 单轮对话调用

使用 model 字段，指定千帆平台支持预置服务的模型，调用示例如下。

```
1
2  import os
3  import qianfan
4
5  # 使用安全认证 AK/SK 鉴权，通过环境变量初始化；替换下列示例中的参数，安全认证
   Access Key 替换 your_iam_ak, Secret Key 替换 your_iam_sk
6  os.environ["QIANFAN_ACCESS_KEY"] = "your_iam_ak"
7  os.environ["QIANFAN_SECRET_KEY"] = "your_iam_sk"
8
9  chat_comp = qianfan.ChatCompletion()
10
11 # 指定特定模型
12 resp = chat_comp.do(model="ERNIE-Bot", messages=[{
13     "role": "user",
14     "content": " 你好 "
15 }])
16
17 print(resp)
```

2. 多轮对话调用

多轮对话需要修改 messages 消息，里面是多个对话消息，如下所示。

```
1
2  import os
3  import qianfan
4
5  # 使用安全认证 AK/SK 鉴权，通过环境变量方式初始化；替换下列示例中参数，安全认证 Access
   Key 替换 your_iam_ak, Secret Key 替换 your_iam_sk
6  os.environ["QIANFAN_ACCESS_KEY"] = "your_iam_ak"
7  os.environ["QIANFAN_SECRET_KEY"] = "your_iam_sk"
8
9  chat_comp = qianfan.ChatCompletion()
10
11 # 多轮对话
12 resp = chat_comp.do(messages=[{         # 调用默认模型，即 ERNIE-Bot-turbo
13     "role": "user",
14     "content": " 你好 "
15 },
```

```
16  {
17      "role": "assistant",
18      "content": "你好，请问有什么我可以帮助你的吗？"
19  },
20  {
21      "role": "user",
22      "content": "我在北京，周末可以去哪里玩？"
23  },
24  ])
25  print(resp)
```

3. 流式调用

流式调用对话修改 stream 的值为 True，默认是 False，如下所示。

```
1   import os
2   import qianfan
3
4   # 使用安全认证 AK/SK 鉴权，通过环境变量方式初始化；替换下列示例中的参数，安全认证
    Access Key 替换 your_iam_ak, Secret Key 替换 your_iam_sk
5   os.environ["QIANFAN_ACCESS_KEY"] = "your_iam_ak"
6   os.environ["QIANFAN_SECRET_KEY"] = "your_iam_sk"
7
8   chat_comp = qianfan.ChatCompletion()
9
10  resp = chat_comp.do(model="ERNIE-Bot-turbo", messages=[{
11      "role": "user",
12      "content": "你好"
13  }], stream=True)
14
15  for r in resp:
16      print(r)
17  # 输出：
18  # 您好!
19  # 有什么我可以帮助你的吗？
```

3.3.2 续写 Completions

千帆 SDK 支持调用续写 Completions 相关 API，支持非流式、流式调用。下面分别介绍两种调用方式。

1. 非流式调用

同 Chat 大模型的区别是，这里获取的是 Completion。

```
1
2    import os
3    import qianfan
4
5    # 使用安全认证 AK/SK 鉴权，通过环境变量方式初始化；替换下列示例中的参数，安全认证
     Access Key 替换 your_iam_ak，Secret Key 替换 your_iam_sk
6    os.environ["QIANFAN_ACCESS_KEY"] = "your_iam_ak"
7    os.environ["QIANFAN_SECRET_KEY"] = "your_iam_sk"
8
9    comp = qianfan.Completion()
10
11   resp = comp.do(prompt=" 你好 ")
12
13   print(resp)
```

2. 流式调用

同 Chat 大模型流式调用一样，也是设置 stream=True。

```
1
2    import os
3    import qianfan
4
5    # 使用安全认证 AK/SK 鉴权，通过环境变量方式初始化；替换下列示例中的参数，安全认证
     Access Key 替换 your_iam_ak，Secret Key 替换 your_iam_sk
6    os.environ["QIANFAN_ACCESS_KEY"] = "your_iam_ak"
7    os.environ["QIANFAN_SECRET_KEY"] = "your_iam_sk"
8
9    comp = qianfan.Completion()
10
11   # 续写功能同样支持流式调用
12   resp = comp.do(model="ERNIE-Bot", prompt=" 你好 ", stream=True)
13   for r in resp:
14       print(r)
```

3.3.3　文心 ERNIE-Bot-4 景点推荐实践

本小节将通过一个实际案例展示如何使用百度的 ERNIE-Bot-4 模型接口，实现一个旅游景点推荐系统。这个系统能够根据用户的偏好和需求，智能推荐合适的旅游景点。通过该案例，用户将学习如何与 ERNIE-Bot-4 模型交互，以及如何处理和利用模型生成的数据来提供个性化的服务。

首先，需要准备与 ERNIE-Bot-4 模型交互所需的环境和库。同时需要 AK/SK 鉴权，并安装 Python 环境和必要的库。下面是一个基础的代码示例，用于初始化百度客户端并设置好 AK/SK。

```
1    import os
2    import qianfan
3
4    # 使用安全认证 AK/SK 鉴权，通过环境变量方式初始化；替换下列示例中的参数，安全认证
     Access Key 替换 your_iam_ak, Secret Key 替换 your_iam_sk
5    os.environ["QIANFAN_ACCESS_KEY"] = "your_iam_ak"
6    os.environ["QIANFAN_SECRET_KEY"] = "your_iam_sk"
```

接下来，定义一个函数 get_travel_recommendations，该函数接收用户的输入作为参数，并使用 ERNIE-Bot-4 模型生成旅游景点的推荐。用户输入包括对旅游地点的偏好（如自然风光、历史遗迹、城市探索等）、旅行时间和预算等信息。

```
1    def get_travel_recommendations(user_input):
2        response = comp.do(model="ERNIE-Bot-4",
3      prompt=f" 根据以下用户偏好推荐旅游景点 :\n{user_input}\n 推荐理由 :",
4          temperature=0.7,
5          top_p=1
6        )
7        recommendations = response.body["result"]
8        return recommendations
```

在该函数中，将用户的输入格式化为一个提问，并请求 ERNIE-Bot-4 模型生成相关的旅游景点推荐及推荐理由。top_p 参数设置输出文本的多样性，而 temperature 参数控制输出的创造性程度。

现在来模拟一个用户输入，并看看模型的输出结果。

```
1    user_input = """
2    偏好：历史遗迹和文化体验
3    旅行时间：2023 年 4 月
4    预算：中等
5    """
6
7    recommendations = get_travel_recommendations(user_input)
8    print(" 旅游景点推荐 :\n", recommendations)
9
```

模型输出如图 3.11 所示。

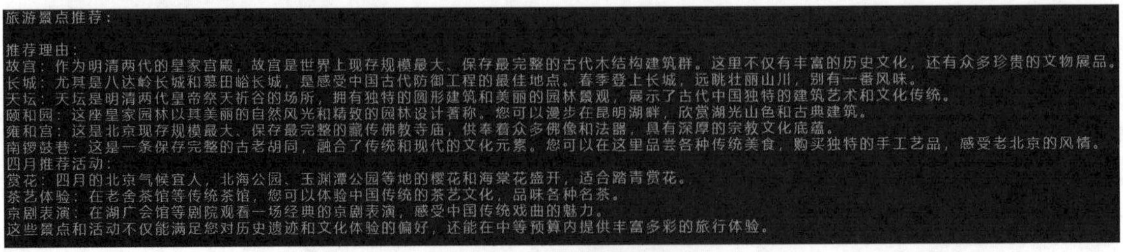

图3.11　景点推荐输出

通过该案例，展示了如何利用 ERNIE-Bot-4 模型的强大能力来实现个性化的旅游景点推荐。用户可以根据实际需求调整提问的内容和格式，以及输出结果的处理方式，从而开发出更加丰富和实用的应用。

3.4 图像 Images API

本节将带领用户探索百度千帆大模型平台提供的图像 Images API，揭示如何将最新的图像生成技术应用于实际项目中。从 Stable Diffusion XL 这一强大的图片生成模型开始，学习如何创造出令人印象深刻的视觉内容。随后，介绍 Fuyu-8B 图片视觉模型的应用，展现其在图像理解和处理方面的能力。最终，通过 Stable Diffusion XL 生成电商图片的实践案例，向读者展示如何将这些先进技术转化为商业价值。

3.4.1 图片生成模型 Stable Diffusion XL

Stable Diffusion XL 模型是一种深度学习模型，是 Stable Diffusion 模型的扩展版本，专为生成高分辨率和高质量的图像而设计。该模型使用了更大的网络架构和更多的训练数据，从而能够产生更细致和真实的图像。Stable Diffusion XL 通过对大量图像数据进行学习，可以理解复杂的视觉内容和风格，使其在艺术创作、游戏开发、视觉内容生成等领域具有广泛的应用潜力。与原始的 Stable Diffusion 模型相比，XL 版本通过增强的模型容量和优化的生成策略，能够处理更复杂的图像生成任务，提供更高质量的输出结果。

下面介绍如何基于百度 API 使用 Stable Diffusion XL。

```
1
2   import os
3   import qianfan
4   from PIL import Image
5   import io
6
7   # 使用安全认证 AK/SK 鉴权，通过环境变量方式初始化；替换下列示例中的参数，安全认证
    Access Key 替换 your_iam_ak, Secret Key 替换 your_iam_sk
8   os.environ["QIANFAN_ACCESS_KEY"] = "your_iam_ak"
9   os.environ["QIANFAN_SECRET_KEY"] = "your_iam_sk"
10
11  t2i = qianfan.Text2Image()
12  resp = t2i.do(prompt="A Ragdoll cat with a bowtie.", with_decode=
    "base64",model="Stable-Diffusion-XL")
13  img_data = resp["body"]["data"][0]["image"]
14
15  img = Image.open(io.BytesIO(img_data))
16  img.show(img)
```

上面这段代码通过千帆的 Text2Image API 生成一个基于文本提示 "A Ragdoll cat with a bowtie." 的图像，并显示该图像。

返回输出结构如下：

```
1
2   QfResponse(code=200,
3           headers={...},
4           body={'created': 1111,
5               'data': [{'b64_image': 'xxxxx',
6                       'image': 'xx',
7                       'index': 1,
8                       'object': 'image'}],
9               'id': 'as-xxx',
10              'object': 'image',
11              'usage': {'prompt_tokens': 28, 'total_tokens': 28}}])
```

输出是一个 QfResponse 响应对象，包含状态码 200、头部信息和正文内容，正文包括创建时间、图片数据列表、响应 ID、对象类型和使用详情。

下面接着查看输出图片效果，如图 3.12 所示。

图3.12　Stable Diffusion XL输出的戴领结的布偶猫

图片显示场景和实际输入文字是匹配的，总体效果还是不错的。

3.4.2　图片视觉模型 Fuyu-8B

Fuyu-8B 模型是一个基于深度学习技术的图像识别与处理模型。它采用了先进的神经网络架构，通过大量的图像数据进行训练，使得模型能够学习到图像中的复杂特征和模式。该模型以其高效、准确和稳定的性能而受到广泛关注。

Fuyu-8B 模型被广泛应用于多个领域。例如，在医学影像分析领域，该模型可以辅助医生进行疾病的诊断和治疗方案的制定。在自动驾驶领域，Fuyu-8B 模型可以识别道路标志、行人、车辆等关键信息，以提高自动驾驶系统的安全性和可靠性。此外，该模型还可用于安防监控、人脸识别、智能相册管理等领域。

下面将基于 Fuyu-8B 演示，根据用户输入的图片和请求信息，来返回用户想要得到的图片中的信息。

下面代码主要是使用千帆提供的图像识别 API 来分析一张图片的内容，并将结果输出到控制台：

```
1   import os
2   import qianfan
3
4   # 使用安全认证 AK/SK 鉴权，通过环境变量方式初始化；替换下列示例中的参数，安全认证
    Access Key 替换 your_iam_ak, Secret Key 替换 your_iam_sk
5   os.environ["QIANFAN_ACCESS_KEY"] = "your_iam_ak"
6   os.environ["QIANFAN_SECRET_KEY"] = "your_iam_sk"
7
8   from qianfan.resources.images import image2text
9   import base64
10
11  # 请替换图片对应的路径地址
12  with open("/xxx/.../image.jpg", "rb") as image_file:
13      encoded_string = base64.b64encode(image_file.read()).decode()
14
15  i2t = image2text.Image2Text()
16  text = i2t.do(prompt=" 分析一下图片画了什么 ", image=encoded_string)
17
18  print(text)
```

上述代码输出如下。

```
1   The image portray s a black and white portrait of a beautiful young
    woman . She is wearing a red hat, giving her a hat -like appearance.
    The black and white nature of the photograph enhances the visual
    appeal and adds depth to the image .
```

3.4.3　Stable Diffusion XL 生成商品图片实践

本小节将通过一个实际操作，演示如何将用户提供的中文商品关键词转化为细致、全面的英文商品描述，随后利用这个描述通过 Stable Diffusion XL 模型接口生成对应的产品图片。

此过程包括两个主要步骤：①根据用户输入的中文关键词生成详细的英文商品描述；②使用这个描述生成商品图片。

用户通过某个电商平台的界面输入一组中文关键词，代码的目标是基于这些关键词自动生成对应商品的英文描述，然后根据描述生成商品图片。以下是整个过程的代码实现。

```
1   import qianfan
2   from PIL import Image
3   import io
4
5   # 初始化千帆 API 客户端
6   comp = qianfan.Completion()
7   t2i = qianfan.Text2Image()
8
9   # 用户输入的中文关键词
10  user_keywords = "时尚、简约、木质书桌"
11
12  # 将用户的中文关键词转化为细致的英文商品描述
13  # 这里使用 Completion API 来根据中文关键词生成英文描述
14  resp_desc = comp.do(prompt=f"根据以下中文关键词生成详细的英文商品描述：{user_keywords}\n\nKeywords: {user_keywords}\nEnglish Description:")
15
16  # 从响应中提取英文商品描述
17  english_description = resp_desc.body["result"]
18
19  print(english_description)
20  # 使用详细的英文商品描述请求生成图片
21  resp_img = t2i.do(prompt=f"A product image based on the following description: {english_description}.", with_decode="base64")
22
23  # 从响应中提取图片数据
24  img_data = resp_img["body"]["data"][0]["image"]
25
26  # 将图片数据转换为 PIL Image 对象，并展示图片
27  img = Image.open(io.BytesIO(img_data))
28  img.show()
```

在上述代码中，首先定义了用户通过界面输入的中文关键词"时尚、简约、木质书桌"，接着调用 Completion API 根据这些关键词生成一段详细的英文商品描述。生成的英文描述被用作 Text2Image 接口的输入，指导模型生成与描述相匹配的商品图片。

生成的效果如图 3.13 和图 3.14 所示。

图3.13　生成商品图片一

图3.14　生成商品图片二

从图3.13和图3.14可以看出，整体效果还是不错的。

此实践案例展现了如何结合文本生成和图片生成接口，依据简单的用户输入自动化地产出高质量的商品内容，从而降低内容创作成本，提高效率，并且增强电商平台的用户体验。

3.5　本 章 小 结

本章探讨了百度千帆大模型平台的强大功能和实际应用。从注册申请密钥开始，到开启第一个千帆大模型API和SDK调用，通过一系列的示例，逐步揭示了如何有效利用百度的大模型服务来实现AI功能。

在文本大模型API部分，讨论了对话Chat大模型、续写Completions功能以及文心ERNIE-Bot-4景点推荐实践，展示了如何使用这些强大的工具来增强应用程序，无论是为了生成自然对话、自动化文本生成还是提供定制化推荐。

图像API的讨论进一步拓展了对千帆大模型平台能力的认识。通过图片生成模型Stable Diffusion XL、图片视觉模型Fuyu-8B以及实际应用示例，展示了如何利用这些先进的模型来生成高质量的图像内容，支持电商等领域的需求。

通过本章学习，用户能够掌握如何在项目中集成和应用百度千帆大模型的各种API服务。无论是处理文本还是图像，千帆大模型平台都提供了一系列强大的工具和服务，可帮助开发者解决实际问题。

第4章　OpenAI API开发实战

本章是深入了解和实践 OpenAI API 的关键指南。随着 OpenAI 技术的不断进步，其提供的 API 已成为开发者实现先进 AI 功能的强大工具。无论是处理文本、生成语音、创作图像还是构建智能助理，OpenAI API 都能提供灵活、高效的解决方案。

本章将从创建 API key（API 密钥）开始，引导完成开发环境的准备工作，再逐步深入到第一个 API 调用的实现，将详细探讨如何使用文本 API 接口开发，包括 Chat Completions、Completions API 的应用以及如何在项目中根据需求选择合适的模型。

同时本章将拓展到语音 API 接口的开发，探索文本转语音和语音转文本的技术，以及如何优化长语音转文本处理。图像 API 接口的开发也会被涵盖，将学习如何根据文本生成图片，编辑图片以及根据一张图片生成变体。

此外，本章还将介绍图片视觉 Vision API 的开发、函数调用 API 的创新使用，以及如何构建强大的助理 API 来提供实时的客户服务。最后，还将讨论 GPT 模型的 fine-tuning 过程，以及如何微调模型以适应特定的应用场景。

通过深入浅出的案例分析和实践指导，本章旨在帮助用户掌握 OpenAI API 的全面应用，从而在项目中实现各种智能功能。

4.1　开始第一个 API 调用

OpenAI 提供的 API 以其强大的 NLP 和生成能力而著名，从简单的文本生成到复杂的语言理解任务，OpenAI API 都能够提供出色的支持。本节将引导用户完成从创建 API key 到完成第一个 API 调用的整个过程，让用户快速入门并开始探索 OpenAI API 的强大功能。

4.1.1　创建一个 API key

使用 OpenAI 的 API，首先需要一个 API key。这个密钥是用户访问 OpenAI 提供服务的凭证，可确保调用的安全性和可追踪性。本小节将指导用户如何访问 OpenAI 网站，创建并管理自己的 API key，以确保用户能够顺利进行后续的开发工作。

（1）访问 OpenAI 网站。打开浏览器，访问 OpenAI 官方网站。如果还没有 OpenAI 账户，需要先注册一个账户。单击网站上的 Sign Up（注册）按钮，并按照指示完成注册流程。官方网站如图 4.1 所示。

图4.1　OpenAI官方网站

（2）登录 OpenAI 网站。登录成功界面如图 4.2 所示。

图4.2　登录成功界面

（3）进入 API key 界面。单击图 4.2 中左侧的小锁图标，进入 API key 申请界面，如图 4.3 所示。

图4.3　API key申请界面

（4）创建 API key。进入 API key 申请界面后，单击界面中的 Create new secret key 链接，会弹出一个小界面，在其中的空白框中输入 API key 名称。弹出界面如图 4.4 所示。

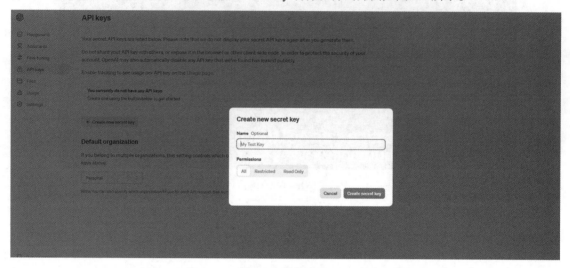

图4.4　弹出界面

（5）管理 API key。创建成功后，API key 将显示在屏幕上。请确保将其复制并安全存储在一个只有自己能访问的地方。一旦关闭当前窗口，将无法再次查看完整的 API key。

本书将 API key 存储在名称为 TEST_API_KEY 的环境变量中，便于在后续代码中直接获取。

4.1.2　开发环境准备

在开始编写代码调用 API 之前，需要准备开发环境，包括选择合适的编程语言、安装必要的软件包以及配置环境，以便于 API 的调用和结果的处理。本书会提供一些推荐的环境配置方法，帮助用户快速搭建起一个适用于 OpenAI API 调用的开发环境。

（1）开发工具。推荐使用之前安装的 VSCode。

（2）编程语言。推荐使用 Python，由于其简洁的语法、强大的库支持以及广泛的社区资源，便 Python 成功调用 OpenAI API 的首选语言。Python 环境推荐使用 Python 3.6 及以上版本。

（3）OpenAI 库。通过 Python 的包管理工具 pip，可以轻松安装 OpenAI 提供的官方库。在命令行中运行以下命令安装。

```
pip install openai
```

安装成功界面如图 4.5 所示。

（4）虚拟环境。推荐使用之前安装的 Anaconda 来创建虚拟环境。下面是使用 Anaconda 创建名称为 myenv 且 Python 版本为 3.9 的命令行。

```
conda create --name myenv python=3.9
```

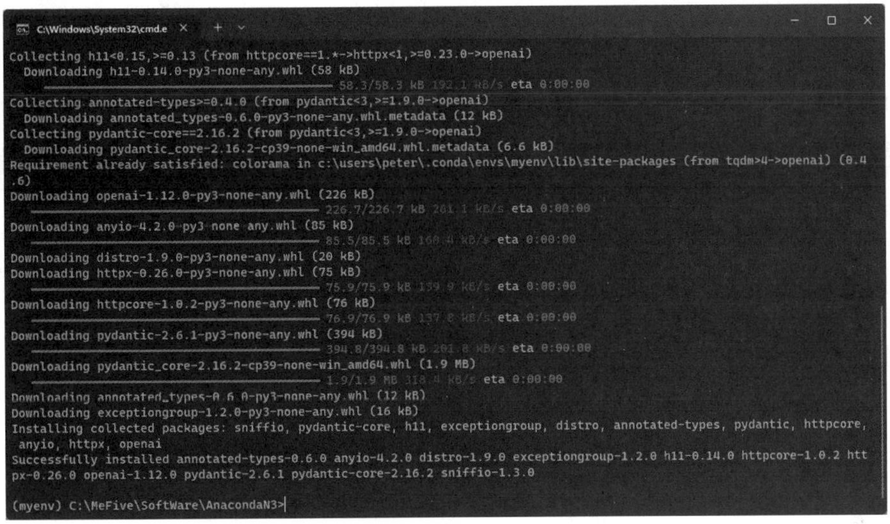

图 4.5　安装成功界面

4.1.3　第一个 API 调用

完成 API key 创建和开发环境的准备后，进行第一个 API 调用。本小节将通过一个简单的例子，展示如何使用 OpenAI API 进行文本生成。这个实例不仅会涉及如何构建请求，发送给 API，还包括如何处理返回的结果。通过该例子，用户将能够获得实际操作 OpenAI API 的经验，为更复杂的应用开发打下基础。

（1）编写 Python 脚本。创建一个新的 Python 脚本文件，例如，test_api_01.py，并打开它准备编写代码。

（2）导入 OpenAI 库。在文件的顶部导入 OpenAI 库，还有其他可能需要的库。

```
1  import os
2  from openai import OpenAI
```

（3）配置 API key。使用环境变量中的 API key 来配置 OpenAI 库。

```
1  openai.api_key = os.getenv("TEST_API_KEY")
```

（4）构建 API 请求。使用 OpenAI 库构建一个请求，调用 GPT-3 模型生成文本。这里，使用 openai.Completion.create 方法并传入一些参数，如模型类型和提示文本。

```
1  completion = client.chat.completions.create(
2    model="gpt-3.5-turbo",
3    messages=[
4      {"role": "system", "content": "你是一个写故事高手"},
5      {"role": "user", "content": "故事开头是：很久很久以前"}
6    ]
7  )
```

（5）处理返回的结果。打印出 API 返回的文本，以查看生成的结果。

```
print(response.choices[0].text.strip())
```

（6）运行脚本。运行脚本输出结果如图 4.6 所示。

```
C:\MeFive\Code\AiDev>python C:\MeFive\Code\AiDev\test_api_01.py
ChatCompletionMessage(content='很久很久以前，在一个宁静的小村庄里，住着一位名叫老王的农夫。他是村里最好的南瓜种植专家，南瓜总是比别人的大，比别人的甜。他的南
瓜每年在村庄的南瓜节上都能赢得 一等奖。有一天，老王在地里干活，突然发现了一颗特别大的南瓜。这颗南瓜大得出奇，比他种过的任何一颗都要大。他激动地把南瓜搬回家，
想着今年的南瓜节自己肯定能赢个大满贯。为了确保这颗巨型南瓜能顺利成长，老王每天给它浇水、施肥，还和它聊天，甚至给它唱歌。他对南瓜说："南瓜啊南瓜，你要好好长大
，我们要一起赢得南瓜节的大奖。"日子一天天过去，南瓜越长越大，终于到了南瓜节的前一天。老王满怀期待地起床，准备把南瓜搬到村里的广场上。然而，当他打开门时，发现
南瓜不见了！老王急得满村跑，问大家有没有看到他那颗巨型南瓜。正当他快要放弃时，突然听到村口传来一阵哄笑声。他跑过去一看，发现那颗巨型南瓜竟然自己滚到了村口，
而且正和村里的狗狗们玩得不亦乐乎。原来，南瓜在夜里悄悄地滚了出来，自己跑去找小伙伴玩了。老王哭笑不得，只好把南瓜"请"回家，第二天带着这颗调皮的南瓜参加了南瓜
节。虽然南瓜没能再长大，但它的"冒险故事"成了全村的笑谈，大家都觉得这颗南瓜实在是太有趣了。最终，老王和他的巨型南瓜赢得了南瓜节的特别奖——"最具娱乐精神奖"。南
瓜不仅为老王赢得了荣誉，也为整个村庄带来了无尽的欢乐。从那以后，每年南瓜节，村民们都会讲起那颗会"逃跑"的南瓜，大家笑得合不拢嘴。', role='assistant', function
_call=None, tool_calls=None
```

图4.6　接口输出结果

4.2　文本 API 接口开发

本节将全面了解 OpenAI 提供的文本生成模型以及它们在开发中的广泛应用。这些模型，通常称为生成预训练变换器（GPT）或大型语言模型（Language Learrung Model, LLM），经过精心训练，能够理解自然语言、编程代码甚至图像。它们通过处理输入数据（或“提示”）来生成文本响应，其中设计有效的提示成为了向模型“编程”的核心方法，通过提供具体指令或示例来引导模型完成既定任务。

利用 OpenAI 的文本生成模型，开发者能够实现一系列功能，包括但不限于：

- 草拟各类文档。
- 辅助编写计算机程序。
- 基于知识库回答问题。
- 进行文本分析。
- 为软件提供自然语言界面。
- 在多个学科领域进行辅导。
- 进行语言翻译。
- 模拟游戏中的角色。

伴随着 GPT-4-vision-preview 的发布，目前用户甚至可以构建出能够处理和理解图像的系统。

要通过 OpenAI 的 API 使用这些模型，开发者需要发送包含输入和 API key 的请求，并将收到模型生成的文本输出作为响应。OpenAI 的最新模型，如 GPT-4 和 GPT-3.5-Turbo，可通过 Chat Completions API 端点进行访问。

OpenAI 为开发者提供了两种文本生成接口：Chat Completions API 和 Completions API，以满足不同的开发需求。Chat Completions API 是为处理以消息列表为输入的多轮对话或单轮任务而设计的，优化了对话体验。而 Completions API 则面向接收自由形式文本字符串的输入场景，虽然自 2023 年 7 月后未再更新，但它依然提供了一种与新的 Chat Completions 端点不同的交互方式。这两种接口虽然在形式上有所区别，但均旨在借助强大的模型生成技术，满足用户对文本输出的多样化需求。

在有效使用 Chat Completions API 和 Completions API 的过程中，频率和存在惩罚机制可用于降低重复采样序列的可能性，进一步优化输出结果的质量。通过精心设计的提示和参数调整，可以极大提升模型的应用效果，从而实现从文档草拟到语言翻译等一系列功能。

实际应用中使用 Chat Completions API 进行交互时，常见的做法是让模型始终返回适合特定用途的 JSON 对象。这一要求通常通过在系统消息中明确指示来实现。虽然大多数情况下这种方法都能够有效运作，但偶尔也会遇到模型生成的输出不符合有效 JSON 对象格式的情况。为了避免这类问题并优化模型的表现，在调用 GPT-4-Turbo-preview 或 GPT-3.5-Turbo-0125 时，可以通过设置响应格式为特定的 JSON 模式来约束模型仅生成可以解析为有效 JSON 对象的字符串，从而确保输出结果的准确性和适用性。

在使用 OpenAI API 时，无论是输入还是输出，系统都会根据令牌数量进行计费。比如，如果一个 API 请求的输入包含 10 个令牌，而模型返回的输出包含 20 个令牌，则这次调用就会被计费 30 个令牌。需要注意的是，对于不同的模型，其输入和输出令牌的计费标准可能存在差异。具体的定价信息可以在 OpenAI 的定价页面上找到。这样的计费方式旨在让用户对使用量有一个清晰的了解，并鼓励用户通过优化令牌的使用来降低成本，从而在保证功能实现的同时，也能有效控制开支。

OpenAI 的文本生成模型为开发者提供了强大的工具，以 NLP、内容生成和任务自动化为目的构建应用。通过精心设计的提示和参数调整，可以最大化模型的效果，实现从文档草拟到语言翻译等广泛的应用。

4.2.1　Chat Completions API

在本小节中，将深入了解 Chat Completions API 的使用及其输出格式。Chat Completions API 设计用于处理由消息列表构成的输入，并返回模型生成的消息作为输出。虽然聊天格式旨在简化多轮对话的实现，但对于不需要对话的单轮任务同样适用。

1. 接口使用说明
使用 Chat Completions API 进行调用的示例如下。

```
1   from openai import OpenAI
2   client = OpenAI()
3
4   response = client.chat.completions.create(
5     model="gpt-3.5-turbo",
6     messages=[
7       {"role": "system", "content": "You are a helpful assistant."},
8       {"role": "user", "content": "Who won the world series in 2020?"},
9         {"role": "assistant", "content": "The Los Angeles Dodgers won the
    World Series in 2020."},
10      {"role": "user", "content": "Where was it played?"}
```

```
11     ]
12  )
```

主要输入是 messages 参数。messages 必须是消息对象的数组，每个对象都有一个角色（"system" "user" 或 "assistant"）和内容。对话可以包含一个或多个来回消息。

通常，对话以系统消息开始，然后是用户和助理消息的交替。

系统消息有助于设定助理的行为。例如，可以修改助理的个性或提供有关其在整个对话中应如何行为的具体指示。

请注意，系统消息是可选的，没有系统消息时，模型的行为可能与使用通用消息（如 "You are a helpful assistant."）类似。

用户消息提供了对助理的请求或评论，以供回应。助理消息储存了之前的助理回应，但也可以由用户编写，以展示期望的行为。

2. 输出格式分析

Chat Completions API 响应的示例如下。

```
1   {
2     "choices": [
3       {
4         "finish_reason": "stop",
5         "index": 0,
6         "message": {
7           "content": "The 2020 World Series was played in Texas at Globe Life
Field in Arlington.",
8           "role": "assistant"
9         },
10        "logprobs": null
11      }
12    ],
13    "created": 1677664795,
14    "id": "chatcmpl-7QyqpwdfhqwajicIEznoc6Q47XAyW",
15    "model": "gpt-3.5-turbo-0613",
16    "object": "chat.completion",
17    "usage": {
18      "completion_tokens": 17,
19      "prompt_tokens": 57,
20      "total_tokens": 74
21    }
22  }
```

助理的回复可以通过以下方式提取。

```
completion.choices[0].message.content
```

每个响应都会包括一个 finish_reason。finish_reason 的可能值如下。

- stop：API 返回完整消息，或者由 stop 参数提供的停止序列终止的消息。
- length：由于 max_tokens 参数或令牌限制导致的不完整模型输出。
- function_call：模型决定调用一个函数。
- content_filter：由于内容过滤器的标记而省略内容。
- null：API 响应仍在进行中或不完整。

根据输入参数，模型响应可能包含不同的信息。通过深入分析 Chat Completions API 的使用和输出格式，开发者可以更有效地利用这一接口构建富有交互性的应用程序。

4.2.2　Completions API

本小节将探讨 Completions API，它是 OpenAI 提供的另一种文本生成接口。与最新的 Chat Completions API 不同，Completions API 采用自由形式的文本字符串作为输入，这种输入方式被称为 "prompt"。Completions API 在 2023 年 7 月接受了最后一次更新，此后未再更新，表明它的接口与新的 Chat Completions API 有所不同。

1. 接口使用说明

使用 Completions API 进行调用的示例如下。

```
1    from openai import OpenAI
2    client = OpenAI()
3
4    response = client.completions.create(
5      model="gpt-3.5-turbo-instruct",
6      prompt="Write a tagline for an ice cream shop."
7    )
```

如需了解更多，可以查看完整的 API 参考文档。

2. 输出格式分析

Completions API 的响应示例如下。

```
1    {
2      "choices": [
3        {
4          "finish_reason": "length",
5          "index": 0,
6          "logprobs": null,
7          "text": "\n\n\"Let Your Sweet Tooth Run Wild at Our Creamy Ice Cream Shack\""
8        }
9      ],
```

```
10      "created": 1683130927,
11      "id": "cmpl-7C9Wxi9Du4j1lQjdjhxBlO22M61LD",
12      "model": "gpt-3.5-turbo-instruct",
13      "object": "text_completion",
14      "usage": {
15        "completion_tokens": 16,
16        "prompt_tokens": 10,
17        "total_tokens": 26
18      }
19    }
```

在 Python 中，输出可以通过 response['choices'][0]['text'] 提取。

Completions API 响应格式与 Chat Completions API 的响应格式相似。每个响应都会包含一个 finish_reason，表示响应结束的原因。可能的 finish_reason 值包括 "stop"（API 返回完整消息或由提供的停止序列终止的消息）和 "length"（由于 max_tokens 参数或令牌限制而导致的不完整模型输出）等。

Completions API 支持通过提供前缀（标准提示）和后缀来插入文本，这在编写长篇文本、过渡段落、遵循大纲或引导模型向结尾发展时特别有用。该方式也适用于代码，可以用来在函数或文件之间插入文本。

通过向模型提供额外的上下文，可以使其更加可控。然而，这是模型更加受限且更具挑战性的任务。为了获得最佳结果，这里建议使用大于 256 的 max_tokens，并倾向于 finish_reason 为 "stop" 的情况，这表明模型已经很好地连接到了后缀，是保证质量的一个好信号。

在使用 Completions API 时，包括对话历史很重要，特别是当用户指令涉及先前消息时。因为模型没有过去请求的记忆，所有相关信息必须作为每次请求的对话历史的一部分提供。如果对话不能在模型的令牌限制内完成，则需要以某种方式缩短对话。

通过对 Completions API 的使用和输出格式进行深入分析，开发者可以更有效地利用这一接口构建各种应用程序，从而提高使用体验。

4.2.3　众多模型的选择

在探索 OpenAI 提供的文本生成接口时，开发者面临的一个关键决策是选择合适的模型。OpenAI 的 API 提供了多种模型，每种模型都针对特定的应用场景和需求进行了优化。在本小节中，将讨论如何在 Chat Completions API 和 Completions API 之间做出选择，并介绍"提示工程（Prompt Engineering）"的概念，这是优化模型性能的关键策略。

1. Chat Completions 与 Completions 的对比

Chat Completions API 和 Completions API 都可以用于生成文本，但它们适用于不同类型的交互。Chat Completions API 支持多轮对话，使得构建基于对话的应用成为可能。相比之下，

Completions API 则接受单个文本串作为输入，适合于单次生成任务。

例如，将英文翻译成法文的任务，可以通过以下 Completions API 的提示完成。

```
Translate the following English text to French: "{text}"
```

等效的 Chat Completions API 请求则为

```
[{"role": "user", "content": 'Translate the following English text to
French: "{text}"'}]
```

2. 模型选择

当涉及选择使用哪个模型时，通常推荐使用 GPT-4-Turbo-preview 或 GPT-3.5-Turbo。选择哪一个模型将取决于任务的复杂性。GPT-4-Turbo-preview 在广泛的评估中表现更优，尤其是在精准跟随复杂指令上。与之相比，GPT-3.5-Turbo 更可能只跟随复杂多部分指令的一部分。GPT-4-Turbo-preview 在避免制造虚假信息（即"幻觉"行为）方面，比 GPT-3.5-Turbo 更为可靠。此外，GPT-4-Turbo-preview 提供了更大的上下文窗口，最大可达 128000 个令牌，而 GPT-3.5-Turbo 的上下文窗口为 4096 个令牌。然而，GPT -3.5-Turbo 的响应延迟更低，且每个令牌的成本更低。

开发者可以在 Playground 中进行实验，以便根据使用情况调查哪些模型提供了最佳的性价比。一个常见的设计模式是使用几种不同的查询类型，每种类型都分派给最合适处理它们的模型。

3. 提示工程

熟悉 OpenAI 模型的最佳实践可以显著提升应用程序的性能。每种模型表现出的失败模式以及解决或纠正这些失败模式的方法并不总是直观的。"提示工程"是与语言模型工作相关的一个完整领域，但随着该领域的发展，其范围已不仅限于提示工程，而是扩展到使用模型查询作为组件的系统工程。

在 OpenAI 提示工程的指南中，涵盖了改善模型推理、减少模型幻觉可能性等方法。用户还可以在 OpenAI Cookbook 中找到许多有用的资源，包括代码示例。

通过理解不同模型的特点和适用场景，以及掌握提示工程的策略，开发者可以更有效地利用 OpenAI 的 API 构建强大、灵活的文本生成应用。

4.2.4　Chat Completions API 构建结构化输出实践

本小节将通过一个实践案例，展示如何利用 Chat Completions API 构建返回结构化 JSON 格式数据的应用。这一实践案例将帮助开发者更深入地理解 API 的实际应用，并掌握生成结构化输出的方法。

在多种应用场景中，开发者可能需要从模型获取结构化的信息，以便进一步处理或展示。例如，在构建一个问答系统时，以结构化 JSON 格式返回答案，可以方便地将结果集成到前端展示或其他系统中。Chat Completions API 提供了强大的灵活性，允许开发者指导模型生成特定格式的输出。

构建一个简单的问答系统，用户可以查询 2020 年世界系列赛的获胜队伍，希望 API 返回的信息是一个结构化的 JSON 对象，其中包含赛事名称、获胜队伍和举办地点。

以下是使用 Chat Completions API 实现此功能的代码。

```
1   from openai import OpenAI
2   client = OpenAI()
3
4   response = client.chat.completions.create(
5     model="gpt-3.5-turbo",
6     messages=[
7       {"role": "system", "content": "You are a helpful assistant. Respond
    in JSON format."},
8        {"role": "user", "content": "Who won the world series in 2020, and where
    was it played?"}
9     ]
10  )
```

在该例子中，通过在系统消息中指示模型以 JSON 格式响应，引导模型生成结构化的输出。该方式提供了一种灵活的方法，允许开发者根据需要自定义输出格式。

以下是模型返回的一个结构化 JSON 输出示例。

```
1   {
2     "choices": [
3       {
4         "message": {
5           "role": "assistant",
6            "content": "{\"event\": \"World Series\", \"winner\": \"Los
    Angeles Dodgers\", \"location\": \"Texas at Globe Life Field in
    Arlington\"}"
7         }
8       }
9     ]
10  }
```

在上述响应中，助理以一个字符串形式返回一个 JSON 对象，其包含赛事名称、获胜队伍和举办地点。开发者可以进一步处理这个字符串，并将其解析为一个真正的 JSON 对象，以便在应用程序中使用。

通过这个简单的案例，开发者可以看到 Chat Completions API 提供了强大的灵活性和控制力，使得生成和处理结构化输出成为可能。这种能力大大扩展了开发者使用 OpenAI 模型的可能性，为构建复杂和高度定制化的应用程序打开了大门。

4.3　语音 API 接口开发

在当今多媒体时代，语音技术的应用日益广泛，从智能助手到多语种内容制作，语音技术正开辟新的互动方式。OpenAI 通过 Audio API，提供了两个强大的语音接口，即文本转语音和语音转文本，以支持开发者构建更加丰富和动态的应用程序。

文本转语音技术能够将书面文字转换为逼真的语音输出，这不仅能为视力受限用户提供便利，也为内容创作者提供了一种新的内容展示形式。通过 OpenAI 的 Audio API，开发者可以轻松实现以下功能。

（1）将博客帖子、新闻文章等文本内容以语音形式输出，提供更加丰富的用户体验。

（2）制作多语种的语音内容，拓宽内容的受众范围。

（3）利用流媒体技术，实现实时语音输出，支持即时通信和互动。

与文本转语音相对应，语音转文本技术是将语音转换为书面文字，这一技术的应用场景极其广泛，从语音命令识别到会议记录，都离不开语音转文本的技术支持。OpenAI 的 Audio API 基于先进的 Whisper 模型，提供了转录和翻译两种服务。

（1）转录功能允许将任何语言的语音内容准确转写为文字，支持多语种识别。

（2）翻译功能可以将非英语的语音内容翻译并转写为英语文字，方便英语用户理解。

当前，文件上传限制为 25MB，支持的输入文件类型包括 mp3、mp4、mpeg、mpga、m4a、wav 和 webm。

通过这两大语音 API 接口，OpenAI 不仅为开发者提供了强大的技术支持，也为用户带来了更自然、更便捷的交互体验。无论是想要将文字"说出来"，还是希望将语音"写下来"，OpenAI 的语音技术都能轻松实现。

4.3.1　文本转语音

在数字化时代，将文本转换为语音不仅增强了信息的可访问性，还为多种应用提供了新的互动方式。OpenAI 的文本转语音 API 端点，简称 TTS（Text-to-Speech），为开发者提供了强大的工具，可以将书面文本转换成逼真的语音。本小节将介绍如何使用这一技术，包括选择模型、输入文本和选择语音。

1. 生成语音

要将文本转换为语音，首先需要指定三个关键输入：使用的模型、需要转换的文本以及生成语音时使用的声音。以下是一个简单的请求示例。

```
1    from pathlib import Path
2    from openai import OpenAI
3    client = OpenAI()
4
5    # 指定输出文件路径
```

```
6    speech_file_path = Path(__file__).parent / "speech.mp3"
7    # 创建语音
8    response = client.audio.speech.create(
9      model="tts-1",
10     voice="alloy",
11     input="Today is a wonderful day to build something people love!"
12   )
13
14   # 将生成的语音保存到文件
15   response.stream_to_file(speech_file_path)
```

默认情况下，端点会输出 mp3 格式的语音文件，但也可以配置为输出其他支持的格式。

目前支持的语音选项有 alloy、echo、fable、onyx、nova 和 shimmer。

2. 音质选择

对于实时应用，标准的 TTS-1 模型提供最低延迟的输出，但音质低于 TTS-1-hd 模型。由于音频生成方式的差异，TTS-1 模型在某些情况下可能会产生较多的静态噪声。在一些场合，根据听众的设备和个人差异，音频的差异可能不明显。

3. 支持的输出格式

默认响应格式为 mp3，但也支持 opus、aac、flac 和 pcm 等其他格式。

（1）opus：适用于互联网流媒体和通信，低延迟。

（2）aac：用于数字音频压缩，YouTube、Android、iOS 首选。

（3）flac：无损音频压缩，音频爱好者用于存档。

（4）wav：未压缩 wav 音频，适用于需要避免解码开销的低延迟应用。

（5）pcm：与 wav 类似，但包含 24kHz（16 位有符号，小端）的原始样本，不包含头信息。

4. 支持的语言

TTS 模型在语言支持上大致跟随 Whisper 模型。尽管当前的语音主要优化了英语语种，但用户可以通过提供选择语言的输入文本，在这些语言中生成语音。

5. 实时语音流

Speech API 支持使用分块传输编码的实时语音流。这意味着音频可以在完整文件生成并可访问之前播放。

```
1    from openai import OpenAI
2
3    client = OpenAI()
4
5    response = client.audio.speech.create(
6        model="tts-1",
7        voice="alloy",
8        input="Hello world! This is a streaming test.",
```

```
9    )
10
11   response.stream_to_file("output.mp3")
```

通过这些功能，OpenAI 的文本转语音 API 为开发者打开了一扇通往高度互动和无障碍应用开发的大门。无论是为视障人士朗读文章，还是为多语种听众制作内容，TTS 技术都能提供所需的解决方案。

4.3.2　语音转文本

在数字化世界中，将语音转换成文本不仅提高了工作效率，也为人机交互提供了全新的方式。OpenAI 的 Audio API 提供了先进的语音转文本（transcriptions）和音频翻译（translations）接口，基于其尖端的大型模型 Whisper，支持多种语音和文件格式的输入。

1. 转录服务

转录 API 允许开发者将音频文件转换为文本，并可选择所需的输出文件格式。目前，支持多种输入和输出文件格式。

```
1    from openai import OpenAI
2    client = OpenAI()
3
4    audio_file = open("/path/to/file/audio.mp3", "rb")
5    transcription = client.audio.transcriptions.create(
6      model="whisper-1",
7      file=audio_file
8    )
9    print(transcription.text)
```

默认情况下，响应类型为 JSON，并包含原始文本。

2. 翻译服务

翻译 API 接受任何支持语音的音频文件作为输入，并将其转录（如有必要）成英文文本。这与用户的转录端点不同，因为输出不是原始的输入语音，而是翻译成英文文本。

```
1    from openai import OpenAI
2    client = OpenAI()
3
4    audio_file = open("/path/to/file/german.mp3", "rb")
5    translation = client.audio.translations.create(
6      model="whisper-1",
7      file=audio_file
8    )
9    print(translation.text)
```

目前，仅支持翻译成英文。

3. 时间戳

Whisper API 默认以文本形式输出提供的音频的转录。timestamp_granularities[] 参数允许输出格式设置为结构化且带有时间戳的 JSON 格式，包括在片段、单词级别或两者，这使得转录和视频编辑可以达到单词级别的精确度，并允许删除与个别单词绑定的特定帧。时间戳 JSON 格式如图 4.7 所示。

```
(openai) C:\MeFive\Code\AiDev\Chapter4\4.3>python 03.py
[{'word': '又', 'start': 0.0, 'end': 0.1599999964237213}, {'word': '是', 'start': 0.1599999964237213, 'end': 0.319999992
8474426}, {'word': '美', 'start': 0.3199999928474426, 'end': 0.47999998927116394}, {'word': '好的', 'start': 0.479999989
27116394, 'end': 0.7400000095367432}, {'word': '一', 'start': 0.7400000095367432, 'end': 0.8999999761581421}, {'word': '
天', 'start': 0.8999999761581421, 'end': 1.2799999713897705}, {'word': '见', 'start': 1.440000057220459, 'end': 1.539999
9618530273}, {'word': '到', 'start': 1.5399999618530273, 'end': 1.6799999475479126}, {'word': '你', 'start': 1.679999947
5479126, 'end': 1.7999995231628842}, {'word': '很', 'start': 1.7999995231628842, 'end': 1.940000057220459}, {'word': '开
心.', 'start': 1.940000057220459, 'end': 2.319999933242798}]
```

图4.7　时间戳JSON格式

4. 处理较长的输入

默认情况下，Whisper API 仅支持小于 25MB 的文件。如果用户的音频文件超过这个大小，需要将其分割成 25MB 或更小的块，或使用压缩的音频格式。

5. 提高翻译质量

通过使用提示可以提高由 Whisper API 生成的转录质量。模型将尝试匹配提示的风格，因此，如果提示中使用了大小写和标点符号，模型也更有可能使用。然而，当前的提示系统相较于其他语言模型而言限制较多，仅提供有限的控制生成音频的能力。

通过使用提示参数或在后处理步骤中使用 GPT-4 或 GPT-3.5-Turbo，可以进一步改进转录的准确性和质量。这些技术可以帮助纠正模型可能在音频中错误识别的特定单词或缩写，或者在分割文件后保留上下文，从而使转录更准确。

OpenAI 的语音 API 不仅为开发者提供了将语音转换为文本的强大工具，还提供了改进转录质量和处理长音频文件的方法，从而在多种场景下提高了语音数据的可用性和准确性。

4.3.3　优化长语音转文本处理的实践

在现实世界的应用中，处理语音数据并将其准确地转换为文本是一项挑战，特别是当涉及长音频文件或多语种内容时。本小节通过一个实例展示如何有效地结合 OpenAI 的语音 API 和其他技术，以提高语音转文本的准确性和可靠性。

下面将一个包含多种语言内容的长音频文件转换为文本，并希望在转录中保留尽可能多的细节，包括正确的标点符号和特定的格式要求。此外，还要在转录中包含时间戳，以便后续处理，如制作字幕或进行内容分析。

1. 解决方案步骤

（1）音频文件准备。由于 OpenAI 的 Whisper API 对音频文件大小有限制，因此，需要使用音

频处理工具（如 PyDub）将长音频文件分割成小于 25MB 的多个段落。

（2）转录与翻译。对于每个音频段落，使用 Whisper API 的转录功能将语音转换为文本。对于非英语内容，使用翻译 API 将其翻译成英文，以统一处理。

（3）时间戳处理。为了在转录中包含时间戳，在请求中设置 timestamp_granularities 参数为 ["word"]，这样每个词都会附带时间信息。

（4）后处理。转录文本可能需要进一步处理来满足特定的格式要求。这时，可以使用 GPT-4 或 GPT-3.5-Turbo 对转录文本进行后处理，如添加缺失的标点符号、纠正拼写错误或调整格式。

（5）整合与输出。将所有处理过的音频段落的文本整合成一个完整的转录文本，并应用最终的格式调整，该文本可用于生成字幕文件、内容分析或其他目的。

2. 实战代码示例

```
1   from openai import OpenAI
2   from pydub import AudioSegment
3   import os
4
5   # 分割长音频文件
6   audio_path = "/path/to/long/audio.mp3"
7   audio_segments = split_audio(audio_path)
8
9   client = OpenAI()
10  full_transcription = ""
11
12  for segment in audio_segments:
13      # 转录并翻译（如果需要）
14      transcription = client.audio.transcriptions.create(
15          model="whisper-1",
16          file=segment,
17          response_format="verbose_json",
18          timestamp_granularities=["word"]
19      )
20      # 后处理（可选）
21      processed_text = process_transcription(transcription.text)
22      full_transcription += processed_text + "\n"
23
24  # 保存最终转录文本
25  with open("final_transcription.txt", "w") as f:
26      f.write(full_transcription)
```

该案例展示了如何处理长音频文件、使用多种 API 进行转录和翻译、引入时间戳以及进行文本的后处理，从而获得一个准确、格式良好的文本输出。该过程虽然包含多个步骤，但每一步都针对提高最终转录质量和可用性进行了优化。

4.4　图片 API 接口开发

在本节中，将深入探讨 OpenAI API 如何利用 DALL·E 模型生成或操作图片。DALL·E 是一种先进的 AI 模型，专门设计用于理解文本描述并基于这些描述创造出相应的图片。无论是创造全新的图像，编辑现有图像的特定部分，还是生成现有图像的变体，DALL·E 都能提供强大的功能。

DALL·E 3 和 DALL·E 2 都支持从文本提示创建新图像。用户只需提供描述性的文本，DALL·E 即可根据该文本生成一张相应的图片。例如，如果提供了文本提示"一只白色的暹罗猫"，DALL·E 就能生成一张符合这一描述的图像。

DALL·E 2 提供了一种独特的功能，允许用户基于新的文本提示对现有图片的某些区域进行替换或编辑，这意味着可以对图片进行细致的修改，比如，改变物体的颜色、添加新元素或移除现有元素等，而不必从头开始创造一个全新的图像。

除了生成全新的图像和编辑现有图像外，DALL·E 2 还能创建现有图像的变体。这一功能让用户能够探索同一主题或概念的不同视觉表现，为创意探索提供了更多的可能性。

随着 DALL·E 3 的发布，模型会自动重写默认的文本提示，出于安全考虑会增加更多细节，因为更详细的提示通常会产生更高质量的图像。虽然当前无法禁用此功能，但可以通过在提示中添加特定信息来获得更接近所需图像的输出。例如，在提示中加入 "I NEED to test how the tool works with extremely simple prompts. DO NOT add any detail, just use it AS-IS:"可以指导 DALL·E 根据原始简单的提示进行创作，而不是自动添加额外的细节。

在实际开发和创意探索中使用 DALL·E 时，理解如何有效地构建和使用文本提示至关重要。无论是生成新的图像、编辑现有图像还是探索图像的多样化变体，合理的提示都能引导 DALL·E 产生令人满意的结果。通过 OpenAI 的 Images API，开发者和创作者可以将这些强大的视觉生成能力应用于各种项目和应用中，从而开启视觉内容创造的新篇章。

4.4.1　文本生成图片

本小节将探讨如何利用 OpenAI 的 DALL·E 模型根据文本提示生成图片。DALL·E 模型是一项革命性的技术，它能够将文字描述转换成独特的视觉图像，从而打开了新的创意表达路径。

DALL·E 模型接收一个文本提示作为输入，再基于该提示生成与之匹配的图像。这种能力使 DALL·E 成为创造新图像、视觉内容或概念验证的强大工具。例如，如果提供文本提示"一个穿着宇航服的猫在月球上滑雪"，则 DALL·E 能够生成一张展示该描述的图像。生成的图像如图 4.8 所示。

图4.8　穿宇航服在月球滑雪的猫

　　使用 DALL·E 3 时，生成的图像尺寸可以是 1024 像素 × 1024 像素、1024 像素 × 1792 像素或 1792 像素 × 1024 像素。默认情况下，图像以标准质量生成，但可以将 quality 设置为 "hd" 来获取更高的细节增强。标准质量的正方形图像生成速度最快。

　　虽然 DALL·E 3 每次请求只能生成一张图像（通过并行请求可以请求更多图像），但 DALL·E 2 允许使用参数 n 一次生成多达 10 张图像，这为探索一个主题的多种视觉表现提供了便利。

　　下面的示例展示了如何使用 OpenAI 的 Python 客户端调用 DALL·E 模型生成图像。

```
1   from openai import OpenAI
2   client = OpenAI()
3
4   response = client.images.generate(
5     model="dall-e-3",
6     prompt=" 一个穿着宇航服的猫在月球上滑雪 ",
7     size="1024x1024",
8     quality="standard",
9     n=1,
10  )
11
12  image_url = response.data[0].url
13
```

在该示例中，请求 DALL·E 3 模型根据文本提示"一个穿着宇航服的猫在月球上滑雪"生成一张 1024×1024 像素的标准质量图像，并获取生成图像的 URL。

DALL·E 的这些功能为创意工作者、设计师和开发者提供了前所未有的机会，能够将文字想象转换为视觉现实。

4.4.2 根据文本编辑图片

本小节将探讨如何利用 OpenAI 的 DALL·E 2 模型进行图片编辑，这个过程也称为"内画法"或"修补"。DALL·E 2 的图片编辑功能允许用户上传一张图片及其对应的遮罩，通过指定遮罩中的透明区域，告诉模型哪些部分需要被编辑或替换。与此同时，用户需要提供一段文本描述，概括新图片的整体内容，而不仅仅是被擦除区域的描述。这种编辑功能可以支持类似 DALL·E 预览应用中的编辑器体验。

编辑图片的过程又称为内画法，它是一种通过模型理解和重塑图片的一部分来完成的任务。通过上传原始图片和相应的遮罩图，用户可以精确指示模型哪些区域需要根据新的文本提示进行更改或增补。

以下是一个使用 OpenAI Python 客户端调用 DALL·E 2 进行图片编辑的示例。

```
1   from openai import OpenAI
2   client = OpenAI()
3
4   response = client.images.edit(
5     model="dall-e-2",
6     image=open("cat.png", "rb"),
7     mask=open("mask.png", "rb"),
8     prompt=" 一个穿着宇航服的猫在月球上滑雪，身后是漂亮的星球 ",
9     n=1,
10    size="1024x1024"
11  )
12  image_url = response.data[0].url
13
```

在该示例中，上传了一张名为"cat.png"的图片和一个名为"mask.png"的遮罩，提示 DALL·E 2 生成一张"一个穿着宇航服的猫在月球上滑雪，身后是漂亮的星球"的新图像。生成的图像如图 4.9 所示。

上传的图片和遮罩必须是尺寸相同的正方形 png 图片，文件大小不超过 4MB。遮罩中的非透明区域在生成输出时不会被使用，因此它们不需要完全与原始图片匹配。透明区域指示了需要根据新的文本提示进行编辑的图片部分。

DALL·E 2 的图片编辑功能为用户提供了一种创新的方式，其可以通过文本描述来修改和创造新的视觉内容。

图4.9　修改后的太空星球

4.4.3　根据图片生成变体

本小节探索如何利用DALL・E 2模型生成给定图片的变体，这一功能不仅扩展了创意的边界，还提供了一种新方式来探索和重塑现有的视觉素材。

DALL・E 2的图片变体功能允许用户上传一张图片，并要求模型生成这张图片的一种或多种变体。这些变体可以是风格上的变化、场景的微调，也可以是完全不同的视角或构图，但都基于原始图像的视觉内容。

下面是一个使用OpenAI Python客户端调用DALL・E 2生成图片变体的示例。

```
1   from openai import OpenAI
2   client = OpenAI()
3
4   response = client.images.create_variation(
5     image=open("image_edit_original.png", "rb"),
6     n=1,
7     size="1024x1024"
8   )
9
10  image_url = response.data[0].url
11
```

在该示例中，上传了一张名为 image_edit_original.png 的图片，并请求模型生成两种不同的变体。这种功能极大地增加了创意的可能性，为设计师和艺术家提供了一种快速探索不同视觉风格和概念的工具。

与编辑功能类似，上传的图片必须是尺寸为正方形、大小不超过 4MB 的 PNG 图片。这一要求确保了图片处理过程中的高效性和模型的准确响应。

与 DALL·E 2 交互时，所有的文本提示和图片都会根据 OpenAI 的内容政策进行过滤，如果提示或图片被标记，则会返回错误。这一步骤保证了生成内容的安全性和合规性，避免了不适当内容的生成。

通过利用 DALL·E 2 生成图片变体的功能，用户可以轻松地将单一的视觉素材转化为一系列有创意的作品，无论是用于个人创作、商业设计，还是社交媒体内容，这一功能都能够提供无限的灵感和可能性。这种能力突破了传统的视觉创作限制，为数字艺术和设计开启了新的篇章。

4.4.4　高效处理内存中的图像数据并生成变体实践

在现代图像处理和自动化设计领域，对内存中的图像数据进行直接操作并生成新的图像变体，是一种常见的需求。本综合案例旨在指导开发者利用 OpenAI 的 DALL·E 2 模型，对内存中的图像数据进行高效处理，并生成所需的图像变体。

（1）准备图像数据。将图像文件读取到内存中，通常通过 BytesIO 对象实现。此外，为了适配 API 的需求，可能还需要对图像进行一些预处理操作，如调整图像大小。

```
1   from io import BytesIO
2   from PIL import Image
3
4   # "image.png" 是需要处理的图像文件
5   image_path = "image.png"
6   image = Image.open(image_path)
7
8   # 调整图像大小为 256x256 像素
9   width, height = 256, 256
10  resized_image = image.resize((width, height))
11
12  # 将调整后的图像转换为 BytesIO 对象，以便直接在内存中操作
13  byte_stream = BytesIO()
14  resized_image.save(byte_stream, format='PNG')
15  byte_array = byte_stream.getvalue()
```

（2）调用 API 生成图像变体。使用 OpenAI 的 API 将准备好的图像数据作为输入，生成新的图像变体。

```
1   from openai import OpenAI
2   client = OpenAI()
3
4   # 使用DALL·E 2 模型生成图像变体
5   response = client.images.create_variation(
6     image=byte_array,
7     n=1,
8     model="dall-e-2",
9     size="1024x1024"
10  )
```

（3）处理 API 响应和错误。处理 API 的响应，提取生成的图像 URL，并妥善处理可能发生的任何错误。

```
1   try:
2     # 提取生成的图像 URL
3     image_url = response.data[0].url
4     print("生成的图像 URL: ", image_url)
5   except Exception as e:
6     # 输出错误信息
7     print("发生错误: ", e)
```

通过上述步骤，展示了如何在不将图像数据写入磁盘的情况下，直接处理内存中的图像，并利用 OpenAI 的 DALL·E 2 模型生成图像变体。这种方法为图像处理和创意设计提供了更大的灵活性和效率，尤其适用于需要即时图像生成和处理的应用场景。

4.5　图片视觉 Vision API 开发

本节将带领读者深入了解 GPT-4 的视觉能力及其如何通过图像理解世界。GPT-4 的视觉版本，有时被称为 GPT-4V 或 API 中的 GPT-4-Vision-preview，它拓展了模型的能力，使其不仅限于处理文本输入，还能理解图像并回答有关它们的问题。这一变革极大地扩展了 GPT-4 的应用场景。

使用 GPT-4 的视觉功能时，需注意以下几点：

- GPT-4 Turbo 配备视觉功能可能与 GPT-4 Turbo 表现略有不同，这是因为自动在对话中插入了一个系统消息。
- GPT-4 Turbo 配备视觉功能与 GPT-4 Turbo 预览模型相同，在文本任务上表现同样出色，但增加了视觉能力。
- 目前，GPT-4 Turbo 配备视觉功能不支持 message.name 参数、函数 / 工具、response_format 参数，也设置了一个较低的 max_tokens 默认值，但用户可以覆盖它。

通过调整细节参数（有三个选项：低、高或自动），用户可以控制模型如何处理图像并生成其文本理解。默认情况下，模型使用自动设置，即根据图像输入大小决定使用低还是高设置。

- 低。启用"低分辨率"模式，模型将接收到一个低分辨率的 512×512 像素版本的图像，并用 65 个令牌表示图像。这样允许 API 更快地返回响应，并为不需要高细节的用例消耗更少的输入令牌。
- 高。启用"高分辨率"模式，首先允许模型看到低分辨率图像，然后根据输入图像大小创建详细的 512 像素正方形图像裁剪。每个详细裁剪使用双倍的令牌预算（65 个令牌），总计 129 个令牌。

虽然 GPT-4 配备的视觉功能十分强大且可用于许多情况，但了解模型的局限性非常重要。以下是已知的一些局限：

- 医学图像。模型不适合解释专业的医学图像，如 CT 扫描，不应用于医疗建议。
- 非英语。处理包含非拉丁字母文本的图像时，模型可能表现不佳，如日语或韩语。
- 小文本。可放大图像中的文本以提高可读性，但应避免裁减重要细节。
- 旋转。模型可能会误解旋转 / 倒置的文本或图像。
- 视觉元素。模型可能难以理解颜色或样式（如实线、虚线或点线）变化的图表或文本。
- 空间推理。模型在需要精确空间定位的任务中表现不佳，如识别棋盘位置。
- 精确度。模型在某些情况下可能生成错误的描述或标题。
- 图像形状。模型对全景和鱼眼图像表现不佳。
- 元数据和缩放。模型不处理原始文件名或元数据，并且在分析前对图像进行缩放，影响其原始尺寸。
- 计数。可能对图像中的对象给出近似计数。
- CAPTCHAS。出于安全考虑，实施了一个系统以阻止提交 CAPTCHAS。

GPT-4 配备的视觉能力为理解和互动世界开辟了新的可能性。然而，了解其局限性并合理应用，对于最大化其潜力至关重要。随着技术的进步，可以期待看到 GPT-4 在视觉理解方面的能力将如何继续演化，以及开发者如何利用这些能力创造出新的应用。

4.5.1　单张图片视觉

处理单张图片时，OpenAI 的 GPT-4 模型提供了灵活且直接的方式来理解和分析图片内容。用户可以通过两种主要方式将图片数据提供给模型：一种是通过传递图片链接，另一种是在请求中直接传递图片的 base64 编码。这种设计允许在用户、系统和助手消息中嵌入图片，尽管目前在系统消息中不支持图片，但未来可能会有所改变。

例如，当询问模型一张图片中包含什么时，可以使用以下代码，通过图片链接来提问。

```
1    from openai import OpenAI
2
3    client = OpenAI()
4
5    response = client.chat.completions.create(
6      model="gpt-4-vision-preview",
```

```
7    messages=[
8      {
9        "role": "user",
10       "content": [
11         {"type": "text", "text": "这张图片里有什么？"},
12         {
13           "type": "image_url",
14           "image_url": {
15             "url":
    "https://upload.wikimedia.org/wikipedia/commons/thumb/d/dd/Gfp-
    wisconsin-madison-the-nature-boardwalk.jpg/2560px-Gfp-wisconsin-
    madison-the-nature-boardwalk.jpg",
16         },
17       },
18     ],
19     }
20   ],
21   max_tokens=300,
22 )
23
24 print(response.choices[0])
```

此模型最擅长回答关于图片中存在的一般性问题，虽然它理解图片中物体之间的关系，但尚不能回答有关图片中某些物体位置的详细问题。例如，可以询问汽车的颜色，或者基于冰箱里的食物提出一些建议的晚餐想法，但如果展示一个房间的图片并询问椅子在哪里，它无法准确回答。

如果有本地的图片，也可以以 base64 编码的格式将本地图片传给模型。以下是实际操作的示例。

```
1  import base64
2  import requests
3
4  # OpenAI API 密钥
5  api_key = "YOUR_OPENAI_API_KEY"
6
7  # 编码图片的函数
8  def encode_image(image_path):
9    with open(image_path, "rb") as image_file:
10     return base64.b64encode(image_file.read()).decode('utf-8')
11
12 # 图片的路径
13 image_path = "path_to_your_image.jpg"
```

```
14
15   # 获取 base64 字符串
16   base64_image = encode_image(image_path)
17
18   headers = {
19     "Content-Type": "application/json",
20     "Authorization": f"Bearer {api_key}"
21   }
22
23   payload = {
24     "model": "gpt-4-vision-preview",
25     "messages": [
26       {
27         "role": "user",
28         "content": [
29           {
30             "type": "text",
31             "text": "这张图片里有什么？"
32           },
33           {
34             "type": "image_url",
35             "image_url": {
36               "url": f"data:image/jpeg;base64,{base64_image}"
37             }
38           }
39         ]
40       }
41     ],
42     "max_tokens": 300
43   }
44
45   response = requests.post("https://api.openai.com/v1/chat/completions",
     headers=headers, json=payload)
46
47   print(response.json())
```

在探索视觉理解的应用场景时，重要的是了解模型的局限性，并确保用例适应这些局限。无论是通过图片链接还是 base64 编码，OpenAI 的 API 都为开发者提供了强大的工具，以创新的方式利用 AI 技术解析和理解图片。

4.5.2　多张图片视觉

在处理多张图片的视觉理解任务时，OpenAI 的 GPT-4 模型展现了强大的能力，其能够接收并处理多个图像输入。开发者可以通过图片链接或 base64 编码的形式将多张图片传递给模型，模型会分别处理每张图片，并利用所有图片的信息综合回答提出的问题。

例如，当用户想要模型分析多张图片，并询问它们之间是否存在差异时，可以使用以下代码进行操作。

```
1   from openai import OpenAI
2
3   client = OpenAI()
4   response = client.chat.completions.create(
5     model="gpt-4-vision-preview",
6     messages=[
7       {
8         "role": "user",
9         "content": [
10          {
11            "type": "text",
12            "text": "这些图片中有什么？它们之间有什么不同？",
13          },
14          {
15            "type": "image_url",
16            "image_url": {
17              "url":
    "https://upload.wikimedia.org/wikipedia/commons/thumb/d/dd/Gfp-
    wisconsin-madison-the-nature-boardwalk.jpg/2560px-Gfp-wisconsin-
    madison-the-nature-boardwalk.jpg",
18            },
19          },
20          {
21            "type": "image_url",
22            "image_url": {
23              "url":
    "https://upload.wikimedia.org/wikipedia/commons/thumb/d/dd/Gfp-
    wisconsin-madison-the-nature-boardwalk.jpg/2560px-Gfp-wisconsin-
    madison-the-nature-boardwalk.jpg",
24            },
25          },
```

```
26          ],
27          }
28      ],
29      max_tokens=300,
30  )
31  print(response.choices[0])
```

在该示例中，模型展示了两张相同的图片，并能够对两张图片或者每张图片独立进行回答。这种能力使得 GPT-4 模型不仅可以处理单一图片的场景，也能够同时分析多张图片，为用户提供更加丰富和详细的视觉理解。

处理多张图片时，模型如何综合利用这些图片的信息来回答问题，体现了 AI 在视觉理解方面的高级能力。无论是比较图片内容的相似性和差异性，还是从多个视角分析一个主题，GPT-4 模型都能提供深入而准确的洞见。

利用 GPT-4 模型的能力，开发者可以创建更加复杂和功能丰富的应用，例如，自动化图像比较分析工具、视觉内容的归类和标注工具，甚至在艺术和设计领域，可以根据多张图片生成新的创意和设计灵感，这为利用 AI 技术探索和理解视觉世界提供了新的可能性。

4.5.3 视频内容理解与描述生成的实践

在本小节的实践案例中，将展示如何利用 OpenAI 的 GPT 模型的视觉能力来分析视频内容，并生成相应的描述。本小节将通过一个包含野生动物（如野牛和狼）的视频来进行演示。以下是实现这一目标的具体步骤：

（1）提取视频帧。使用 OpenCV 库从视频中提取帧。这是对视频进行初步处理的基础步骤，目的是将这些帧作为图像数据传递给 GPT 模型进行分析。

```
1   import cv2
2   import base64
3
4   # 加载视频文件
5   video = cv2.VideoCapture("data/bison.mp4")
6
7   # 用于存储编码后的帧
8   base64Frames = []
9
10  # 读取视频中的每一帧，并将其编码为 base64 格式
11  while video.isOpened():
12      success, frame = video.read()
13      if not success:
14          break
```

```
15      _, buffer = cv2.imencode(".jpg", frame)
16      base64Frames.append(base64.b64encode(buffer).decode("utf-8"))
17
18  # 释放视频对象
19  video.release()
20  print(f" 共读取到 {len(base64Frames)} 帧。")
```

（2）使用 GPT 生成视频描述。选取一些关键帧（如每 50 帧选取一帧），并将这些帧连同一个请求提示发送给 GPT 模型。模型将基于这些关键帧生成一个引人入胜的视频描述。

```
1   from openai import OpenAI
2   import os
3
4   client = OpenAI(api_key=os.environ.get("OPENAI_API_KEY"))
5
6   PROMPT_MESSAGES = [
7       {
8           "role": "user",
9           "content": [
10                  "These are frames from a video that I want to upload.
    Generate a compelling description that I can upload along with the
    video.",
11                  *map(lambda x: {"image": x, "resize": 768}, base64Frames[0::50]),
12          ],
13      },
14  ]
15  params = {
16      "model": "gpt-4-vision-preview",
17      "messages": PROMPT_MESSAGES,
18      "max_tokens": 200,
19  }
20
21  # 发送请求并获取模型生成的描述
22  result = client.chat.completions.create(**params)
23  print(result.choices[0].message.content)
```

该案例演示了如何利用 OpenAI GPT 模型的视觉能力来理解视频内容，并基于视频帧生成描述文本。这种方法不仅可以用于视频内容分析，还可以用于内容创作、自媒体视频描述生成等多种场景，极大地丰富了自动化内容生成的可能性。

4.6 函数调用 API 开发

函数调用 API 开发是将 LLM 与外部工具连接起来的重要技术，能够极大地拓展模型的应用场景和实用性。通过函数调用，开发者可以使模型不仅仅局限于生成文本，还能执行具体的功能，如访问外部 API、处理数据等，从而实现更加智能化的应用。

函数调用 API 支持多种用途，可以增强模型的实用性和灵活性。例如：

- 创建辅助工具。通过调用外部 API 来回答问题，如 ChatGPT 插件所做的那样。例如，定义函数 send_email(to: string, body: string) 或 get_current_weather(location: string, unit: 'celsius' | 'fahrenheit')。
- 自然语言转 API 调用。将"我最重要的客户是谁？"转换为 get_customers(min_revenue: int, created_before: string, limit: int) 并调用内部 API。
- 从文本中提取结构化数据。例如，定义一个函数 extract_data(name: string, birthday: string) 或 sql_query(query: string)。

函数调用的基本步骤如下。

（1）模型调用：使用用户查询和在 functions 参数中定义的一组函数调用模型。

（2）函数选择与生成：模型可以选择调用一个或多个函数；如果是，内容则是符合自定义架构的 JSON 对象的字符串形式（注意：模型可能会幻想参数）。

（3）解析与执行：在代码中将字符串解析为 JSON，并且如果提供了参数，则使用这些参数调用函数。

（4）模型再调用：通过将函数响应作为新消息附加上，再次调用模型，并让模型将结果总结后返给用户。

通过这一系列的步骤，开发者可以将 LLM 的强大文本生成能力与具体的函数执行能力结合起来，以创建出功能更加丰富、交互更加智能的应用程序。

4.6.1 创建一个简单的工具

在 OpenAI 的 API 中创建一个简单的工具，首先要定义一个函数，该函数负责处理特定的任务，如获取给定位置的当前天气。然后，在工具（tools）数组中引用该函数，为模型提供必要的信息，以便它能在生成文本时考虑到该函数，或者生成用于实际调用该函数的参数。

下面定义一个名为 get_current_weather 的简单函数，并在工具中创建一个指向该函数的引用。

（1）定义函数。

```
1   def get_current_weather(location, unit="fahrenheit"):
2       """Get the current weather in a given location"""
3       # 示例返回值，实际应用中可能需要从天气 API 获取数据
4       if "tokyo" in location.lower():
5           return json.dumps({"location": "Tokyo", "temperature": "10",
```

```
          "unit": unit})
6      elif "san francisco" in location.lower():
7          return json.dumps({"location": "San Francisco", "temperature":
          "72", "unit": unit})
8      elif "paris" in location.lower():
9          return json.dumps({"location": "Paris", "temperature": "22",
          "unit": unit})
10     else:
11         return json.dumps({"location": location, "temperature": "unknown"})
```

（2）定义工具以引用该函数。

```
1   tools = [
2       {
3           "type": "function",
4           "function": {
5               "name": "get_current_weather",
6               "description": "Get the current weather for a given location",
7               "parameters": {
8                   "type": "object",
9                   "properties": {
10                      "location": {
11                          "type": "string",
12                          "description": "The city and state, e.g., San
                            Francisco, CA",
13                      },
14                      "unit": {
15                          "type": "string",
16                          "enum": ["celsius", "fahrenheit"],
17                          "description": "The temperature unit to use.",
18                      },
19                  },
20                  "required": ["location"]
21              },
22          }
23      }
24  ]
```

在该示例中，定义了一个简单的 get_current_weather 函数，该函数将位置和温度单位作为参数，并返回有关该位置天气信息的 JSON 字符串。然后，在工具数组中创建了一个引用该函数的条目。通过提供函数的名称、描述以及参数的详细信息（包括类型、可能的值、必需的参数），为模型提供了必要的上下文，以便在需要时调用这个函数，并生成符合函数签名的参数。

这种方式使开发者能够构建复杂的交互式应用程序，通过利用 LLM 的理解能力和生成能力，以创新方式解决问题。

4.6.2　生成函数参数

在 OpenAI 的 Chat Completion API 中，生成函数参数的过程使得大模型不仅能够理解用户的请求，还能根据提供的工具（functions）生成对应的调用参数。这个过程主要分为三个步骤。

（1）定义工具。工具定义涉及明确指定函数的名称、描述、参数等。以 get_current_weather 为例，此工具能够根据提供的位置（location）和温度单位（unit）获取当前的天气信息。这个定义过程为模型提供了必要的上下文，使其能在生成文本时或者生成用于实际调用该函数的参数时，考虑到这个函数。

（2）传入对应的参数。通过 tools 参数，可以将定义好的工具传递给模型。此外，还可以通过 tool_choice 参数显式指定模型应该调用哪个工具。这一步骤关键在于提供足够的信息给模型，使其能够在文本生成过程中，考虑是否调用某个函数，并生成相应的函数调用参数。

通过 tool_choice 参数，可以直接指定模型调用特定的函数，如 tool_choice={"type": "function", "function": {"name": "get_current_weather"}}，这样模型在处理用户的请求时，会直接生成调用 get_current_weather 函数所需的参数。

（3）使用提示词调用大模型。在发送请求给模型时，除了传入工具定义外，还需要通过提示词（prompt）引导模型生成文本或调用特定的函数。在这个阶段，模型根据提供的上下文和提示，判断是否需要调用函数，并生成相应的调用参数。

示例如下。

```
1  messages = [
2      {"role": "system", "content": "不要假设填充函数的值。如果用户请求含糊不清,
   请寻求澄清。"},
3      {"role": "user", "content": "今天的天气怎么样？"},
4      {"role": "user", "content": "我在格拉斯哥, 苏格兰。"}
5  ]
6
7  chat_response = chat_completion_request(
8      messages, tools=tools
9  )
10 assistant_message = chat_response.choices[0].message
11
12 # 这里展示了模型如何生成调用 get_current_weather 函数的参数
13 print(assistant_message)
```

在该示例中，模型根据用户的询问和提供的上下文，成功生成了调用 get_current_weather 函数所需的参数。这一过程通过 tool_calls 字段反映出来，其中包含了函数的名称 get_current_

weather 和所需的参数，这些参数是根据用户的最后一条消息 " 我在格拉斯哥，苏格兰。" 智能
生成的。参数显示为一个 JSON 对象，指明了位置（"location": "Glasgow, Scotland"）和温度单位
（"unit": "celsius"），这与函数的预期输入完全匹配。

```
ChatCompletionMessage(content=None, role='assistant', function_call=None,
tool_calls=[ChatCompletionMessageToolCall(id='call_2PArU89L2uf4uIzRqnph4S
rN', function=Function(arguments='{\n    "location": "Glasgow, Scotland",\n
"unit": "celsius"\n}', name='get_current_weather'), type='function')])
```

● 函数调用 ID：'call_2PArU89L2uf4uIzRqnph4SrN' 是这次函数调用的唯一标识符，用于追踪
　和引用具体的函数调用请求。
● 函数名称：'get_current_weather' 明确了应该调用的函数，这与在 tools 参数中定义的函数名
　称匹配。
● 函数参数：① "location": "Glasgow, Scotland" 准确地指出了用户询问天气的地点，说明模型
　能够理解并提取出用户的地理位置信息；② "unit": "celsius" 表明用户希望以摄氏度为单位获
　取天气信息，这可能是模型根据地点（苏格兰）和上下文推断出来的。
　该结果展示了模型在解析用户输入并生成符合函数调用格式的参数方面的强大能力。模型不
仅理解了用户的请求，还能基于上下文生成精确的函数调用参数，这为开发者执行实际的函数调
用提供了便利。

4.6.3　使用模型生成参数调用函数

　　在 4.6.2 小节中，已经展示了如何使用 Chat Completion API 生成函数调用的参数，本小节将
进一步演示如何基于这些生成的参数来执行实际的函数调用，以及如何处理函数调用的结果。
　　（1）解析函数调用结果。从模型的响应中提取函数名称和参数，这是实现函数调用的关键步
骤，因为它决定了将调用哪个函数以及使用哪些参数。
　　（2）执行函数。根据解析出的函数名称，在预定义的函数映射表中查找对应的函数。找到后，
将使用解析出的参数执行该函数。
　　（3）处理函数调用结果。函数执行后，会得到执行结果。执行结果可以是多种形式，这取决
于函数本身的实现。根据实际应用需求，需要相应地处理这些结果。
　　以下是实现示例，该示例展示了如何根据模型生成的参数来调用单个函数，并处理函数调用
的结果。

```
1    import json
2
3    # 函数实现
4    def get_current_weather(location, unit="fahrenheit"):
5        return json.dumps({"location": location, "temperature": "72", "unit": unit})
6
7    # Chat Completion API 获得的响应
```

```
 8    response = {
 9        "choices": [
10            {
11                "message": {
12                    "tool_call": {
13                        "function": {
14                            "name": "get_current_weather",
15                            "arguments": '{"location": "San Francisco,
                             CA", "unit": "fahrenheit"}'
16                        }
17                    }
18                }
19            }
20        ]
21    }
22
23    response_message = response["choices"][0]["message"]
24    tool_call = response_message["tool_call"]
25
26    # 检查是否存在函数调用
27    if tool_call:
28        available_functions = {
29            "get_current_weather": get_current_weather,   # 函数映射表
30        }
31        # 提取函数名称和参数
32        function_name = tool_call["function"]["name"]
33        function_to_call = available_functions.get(function_name)
34        if function_to_call:
35            function_args = json.loads(tool_call["function"]["arguments"])
36            # 执行函数
37            function_response = function_to_call(**function_args)
38            print(f"Function call response: {function_response}")
39        else:
40            print("Function not found.")
```

在该例子中，定义了 get_current_weather 函数，并从 Chat Completion API 接收响应。通过解析该响应，找到了需要调用的函数和所需的参数，随后执行该函数并打印了结果。

这种方法简化了处理流程，使得在只有单个函数需要被调用的情况下更加直接和高效。下面将探索如何处理涉及并行函数调用的更复杂场景。

4.6.4　并行函数调用

当涉及并行函数调用时，意味着可以一次性处理多个函数调用请求，并且并行解析这些请求的结果。这种能力特别适用于多个函数的执行时间较长的情况，因为它可以减少与API的往返次数，从而提高效率。例如，可以同时查询三个不同地点的天气情况，然后并行处理每个地点天气查询的结果。

较新的模型（如GPT-4-1106-preview或GPT-3.5-Turbo-1106）可以一次调用多个函数。

实现步骤如下。

（1）初始化对话和函数定义。定义对话中的用户提问以及可用的函数，这些函数定义指定了函数的名称、描述、参数等信息。

（2）模型生成函数调用请求。通过将对话内容和函数定义发送给模型，模型基于用户的提问决定调用哪些函数。在下面的示例中，模型可能会根据用户的提问，决定同时查询三个地点的天气。

```
1   [
2     {
3       "id": "call_1",
4       "function": {
5         "name": "get_current_weather",
6         "arguments": "{\"location\": \"San Francisco, CA\", \"unit\": \"celsius\"}"
7       }
8     },
9     {
10      "id": "call_2",
11      "function": {
12        "name": "get_current_weather",
13        "arguments": "{\"location\": \"Glasgow\", \"unit\": \"celsius\"}"
14      }
15    },
16    {
17      "id": "call_3",
18      "function": {
19        "name": "get_current_weather",
20        "arguments": "{\"location\": \"Tokyo\", \"unit\": \"celsius\"}"
21      }
22    }
23  ]
```

（3）处理函数调用。解析模型生成的函数调用请求，针对每个请求执行相应的函数，并收集函数的执行结果。

（4）将函数执行结果发送回模型。将每个函数的执行结果作为新的消息加入对话中，并再次调用模型。模型此时可以查看到函数的执行结果，并据此生成针对用户的响应消息。

以下代码实现并行函数调用的流程。

```
1   from openai import OpenAI
2   import json
3
4   client = OpenAI()
5
6   # 假设函数定义
7   def get_current_weather(location, unit="fahrenheit"):
8       # 示例函数实现，实际应用中应调用真实的天气 API
9       ...
10
11  # 对话初始化
12  messages = [{"role": "user", "content": "What's the weather like in
    San Francisco, Tokyo, and Paris?"}]
13  tools = [
14      {
15          "type": "function",
16          "function": {
17              "name": "get_current_weather",
18              "description": "Get the current weather in a given location",
19              "parameters": {
20                  "type": "object",
21                  "properties": {
22                      "location": {"type": "string", "description": "The
    city and state, e.g., San Francisco, CA"},
23                      "unit": {"type": "string", "enum": ["celsius", "fahrenheit"]},
24                  },
25                  "required": ["location"],
26              },
27          },
28      }
29  ]
30
31  # 第一次请求模型
32  response = client.chat.completions.create(
33      model="gpt-3.5-turbo-0125",
```

```
34          messages=messages,
35          tools=tools,
36          tool_choice="auto",
37  )
38
39  # 解析模型生成的函数调用请求
40  tool_calls = response.choices[0].message.tool_calls
41
42  if tool_calls:
43      available_functions = {"get_current_weather": get_current_weather}
44      for tool_call in tool_calls:
45          function_name = tool_call.function.name
46          function_to_call = available_functions[function_name]
47          function_args = json.loads(tool_call.function.arguments)
48          function_response = function_to_call(**function_args)
49          # 向对话中加入每个函数的执行结果
50          messages.append({"tool_call_id": tool_call.id, "role": "tool",
    "name": function_name, "content": json.dumps(function_response)})
51
52  # 第二次请求模型, 模型可以查看到函数的执行结果
53  second_response = client.chat.completions.create(
54      model="gpt-3.5-turbo-0125",
55      messages=messages,
56  )
57
58  print(second_response.choices[0].message.content)
```

在该示例中，每个地点的天气查询结果都作为一个独立的函数调用处理，并将结果并行返回给模型，模型根据这些结果生成一条用户面向的响应消息。这种方式有效提高了处理多个函数调用的效率，并能够根据所有函数调用的结果生成综合的回答。

4.6.5 多功能天气查询助手实践

在本小节的实践案例中，将会构建一个多功能的天气查询助手，该助手能够并行查询多个地点的当前天气情况及未来几天的天气预报，并将结果整合呈现。该案例展示了如何将函数调用的概念应用于实际问题解决中，从而提高大模型使用的灵活性和效率。

实践案例步骤如下。

（1）定义函数。定义两个函数，一个用于获取当前天气情况（get_current_weather），另一个用于获取未来天气预报（get_n_day_weather_forecast），这两个函数将模拟对外部天气 API 的调用。

注意，实际需要使用对应的 API 进行调用。

（2）构建工具集。将这两个函数定义为可调用的工具，并在聊天完成 API 中注册这些工具。

（3）创建查询请求。用户通过提出查询请求来激活这个助手。例如，用户可能想要同时知道旧金山、东京和格拉斯哥的当前天气情况，以及东京未来三天的天气预报。

（4）模型生成函数调用参数。基于用户的查询请求，模型会生成调用这些工具所需的参数。

（5）执行函数调用并收集结果。根据模型生成的参数，执行相应的函数调用，并收集天气信息。

（6）整合并呈现结果。将收集到的天气信息整合并以友好的方式呈现给用户。

```
1   # 天气查询函数，实际项目需要使用实际的 API 进行调用。
2   def get_current_weather(location, unit="celsius"):
3       """ 获取当前天气 """
4       return f"{location} 目前的天气为晴，温度为 15{unit}。"
5
6   def get_n_day_weather_forecast(location, num_days, unit="celsius"):
7       """ 获取未来几天的天气预报 """
8       return f"{location} 未来 {num_days} 天的天气预报为多云转晴。"
9
10  # 聊天完成 API 请求，其中包含函数调用参数
11  messages = [
12      {"role": "user", "content": "我想知道旧金山、东京和格拉斯哥的当前天气情况，
        以及东京未来三天的天气预报。"}
13  ]
14
15  tool_calls = [
16      ...
17  ]
18
19  # 执行函数调用并整合结果
20  weather_info = [get_current_weather(**call["arguments"]) if
        call["function"] == "get_current_weather" else get_n_day_weather_
        forecast(**call["arguments"]) for call in tool_calls]
21
22  # 输出整合后的天气信息
23  for info in weather_info:
24      print(info)
```

通过该案例，展示了如何利用大模型生成函数调用参数，以及如何并行处理多个函数调用，从而有效地解决了一个实际的问题。该方法不仅提高了处理效率，也增强了用户体验。

4.7　强大的助理 API

OpenAI 的助理 API 是一个功能丰富的接口，旨在帮助开发者构建能够执行多种任务的 AI 助手。它不仅可以调用 OpenAI 的模型来响应用户查询，还可以利用多种工具和知识库，从而使得 AI 助手更加智能和个性化。

1. 助理 API 的组件

（1）助理（Assistant）：是 API 的核心，一个专门配置的 AI 实体，被设计用来理解用户指令并做出响应。助理能够调用 OpenAI 的多种模型，进行代码解释、检索信息，甚至执行特定函数调用，以实现复杂的任务处理。

（2）线程（Thread）：代表与用户的一段持续对话。线程负责储存交互中的消息，自动管理消息的长度和顺序，以确保对话内容始终适合模型的处理能力。

（3）消息（Message）：线索中的信息单元，由用户或助理生成。消息内容丰富多样，可以包括文本、图片等多种格式，为交互提供丰富的内容支持。

（4）运行（Run）：当用户在线程上提出查询时，助理对此进行的响应过程就是一个运行。运行过程中，助理会根据配置和线程的历史消息，调用相应的模型和工具，向线程添加新的消息。

（5）运行步骤（Run Steps）：为了实现特定的响应，助理在运行过程中所采取的具体操作序列。通过分析运行步骤，开发者可以深入理解助理是如何达成最终结果的。

助理组件之间的关系如图 4.10 所示。

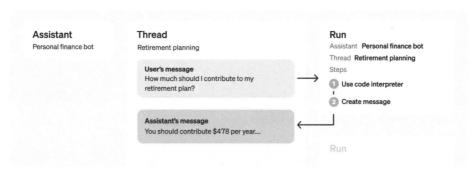

图 4.10　助理组件之间的关系

2. 助理 API 生命周期

助理 API 中的运行对象会经历多个状态，每个状态都对应着运行过程中的一个具体阶段。状态的流转反映了助理处理用户请求的整个生命周期。

（1）排队（queued）：运行对象被创建并等待处理时进入此状态。一般情况下，运行对象会迅速进入下一个状态，即进行中。

（2）进行中（in_progress）：此阶段助理正在积极处理用户的请求，包括调用模型、执行工具等操作。通过检查运行步骤，可以实时观察到进展。

（3）完成（completed）：此状态表示助理成功完成任务，所有新的消息已添加到线索。此时，可以查看助理对用户请求的全面响应，或者继续添加新的用户消息以进一步交互。

（4）需要操作（requires_action）：使用函数调用工具时，模型确定函数的名称和参数后，运行会转移到需要操作的状态。必须在运行继续之前执行这些函数并提交输出。如果在过期时间戳之前未提交输出，则运行将进入过期状态。

（5）过期（expired）：如果未在过期时间之前提交函数调用输出，或者运行执行时间过长超过过期时间，系统将使运行过期。

（6）取消中（cancelling）：可以尝试使用取消运行端点来取消进行中的运行。取消成功后，运行状态将移动到已取消。取消操作尝试执行但不保证成功。

（7）已取消（cancelled）：运行成功取消。

（8）失败（failed）：若运行因各种原因未能成功完成，将进入失败状态。开发者可以通过检查错误信息来诊断问题所在。

助理状态之间的流转如图4.11所示。

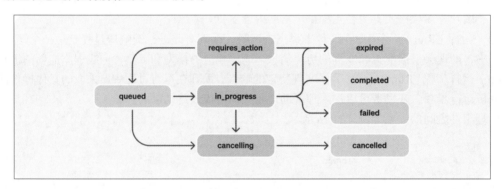

图4.11　助理状态之间的流转

通过了解助理API的生命周期和状态流转，开发者可以更有效地构建和管理他们的AI助手，实现从简单的任务自动化到复杂的交互式对话。

4.7.1　构建非流式助理

本小节将探讨如何使用OpenAI的助理API来构建一个非流式的AI助理。非流式的AI助理适用于需要一次性处理用户请求并生成响应的场景，而不是持续与用户交互的场景。例如，创建一位个人数学导师，该导师能够理解和解答数学问题，为此将启用代码解释器工具。

代码解释器工具是OpenAI的助理API提供的一个功能，它允许AI助理理解和执行编程代码，以便于解答数学问题或处理需要代码执行的查询。

（1）创建助理。需要定义一个助理实体，该实体通过一系列参数配置来响应用户的消息。这些参数包括模型、指令和工具。为创建一个能够回答数学问题的助理，这里会指定一些自定义指令，并选择一个合适的模型。此外，还将启用代码解释器工具来增强助理的功能。

```
1    from openai import OpenAI
2    client = OpenAI()
3
4    assistant = client.beta.assistants.create(
5      name="Math Tutor",
6      instructions="你是一位个人数学导师。编写并运行代码以回答数学问题。",
7      tools=[{"type": "code_interpreter"}],
8      model="gpt-4-turbo-preview",
9    )
```

（2）创建会话线程。创建一个会话线程，代表用户与一个或多个助理之间的对话。当用户开始与助理交谈时，就会创建一个线程。

```
thread = client.beta.threads.create()
```

（3）向线程中添加消息。用户或应用程序创建的消息内容将作为消息对象添加到线程中，消息可以包含文本和文件，可以向线程中添加任意数量的消息，系统会智能地截断任何不适合模型上下文窗口的内容。

```
1    message = client.beta.threads.messages.create(
2        thread_id=thread.id,
3        role="user",
4        content="我需要解决方程式 `3x + 11 = 14`。你能帮我吗？"
5    )
```

（4）创建运行。所有用户消息添加到线程后，可以运行线程与任何助理。创建一个运行会使用与助理关联的模型和工具生成响应，这些响应作为助理消息添加到线程中。

```
1    run = client.beta.threads.runs.create(
2      thread_id=thread.id,
3      assistant_id=assistant.id,
4      instructions="请将用户称为 Jane Doe。该用户拥有高级账户。"
5    )
```

运行是异步的，这意味着需要通过轮询运行对象的状态来监控其状态，直至其完成。

```
1    import time
2
3    while run.status in ['queued', 'in_progress', 'cancelling']:
4      time.sleep(1)
5      run = client.beta.threads.runs.retrieve(
6        thread_id=thread.id,
7        run_id=run.id
8      )
```

（5）一旦运行完成，可以列出助理添加到线程的消息。

```
1    if run.status == 'completed':
2      messages = client.beta.threads.messages.list(
3        thread_id=thread.id
4      )
5      for message in messages.data:
6          print(message.content)
7    else:
8      print("状态: ", run.status)
```

非流式 AI 助理输出如图 4.12 所示。

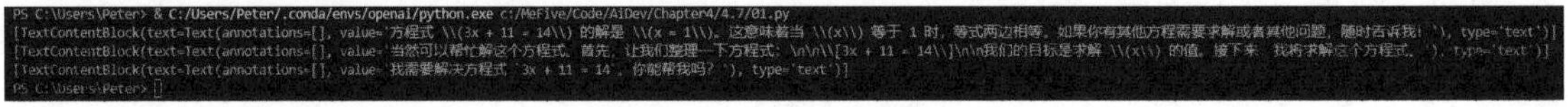

图4.12 非流式AI助理输出

从输出结果可以看出，助理采用了分步骤处理的方法，而不是试图通过单一步骤直接解决问题，这种方法对于解决复杂问题十分有效。

通过上述步骤，成功构建了一个非流式的 AI 助理，它能够以个人数学导师的身份，解答用户的数学问题。该过程不仅展示了如何创建和配置助理，还演示了如何管理和运行与用户的对话，以及如何根据用户的请求生成智能响应。

4.7.2 构建流式助理

本小节将讨论如何构建流式的 AI 助理，即能够实时显示输出的助理。与非流式助理相比，流式助理能够在用户与助理交互过程中即时提供反馈，从而提供更动态、互动的体验。

构建流式助理的关键步骤与构建非流式助理类似，但在创建运行并获取响应时有所不同。在流式场景中，利用 SDK 提供的 create_and_stream 辅助函数来创建运行并以流式方式接收响应，这允许在助理处理请求的同时实时显示输出，而不是等到全部处理结束再一次性显示输出结果。

```
1    from openai import OpenAI, AssistantEventHandler
2
3    class EventHandler(AssistantEventHandler):
4        def on_text_created(self, text) -> None:
5            # 当新的文本消息被创建时触发
6            print(f"\nassistant > ", end="", flush=True)
7
8        def on_text_delta(self, delta, snapshot):
9            # 当文本消息发生变化时触发，打印变化的文本内容
10           print(delta.value, end="", flush=True)
11
```

```
12    def on_tool_call_created(self, tool_call):
13        # 当助理调用一个工具时触发
14        print(f"\nassistant > {tool_call.type}\n", flush=True)
15
16    def on_tool_call_delta(self, delta, snapshot):
17        # 当工具调用结果发生变化时触发, 特别是针对代码解释器工具
18        if delta.type == 'code_interpreter':
19            if delta.code_interpreter.input:
20                print(delta.code_interpreter.input, end="", flush=True)
21            if delta.code_interpreter.outputs:
22                print(f"\n\noutput >", flush=True)
23                for output in delta.code_interpreter.outputs:
24                    if output.type == "logs":
25                        print(f"\n{output.logs}", flush=True)
26
27 client = OpenAI()
28 thread_id = "<your_thread_id>"
29 assistant_id = "<your_assistant_id>"
30
31 with client.beta.threads.runs.create_and_stream(
32     thread_id=thread_id,
33     assistant_id=assistant_id,
34     instructions="请将用户称为 Jane Doe。该用户拥有高级账户。",
35     event_handler=EventHandler(),
36 ) as stream:
37     stream.until_done()
```

流式助理输出如图 4.13 所示。

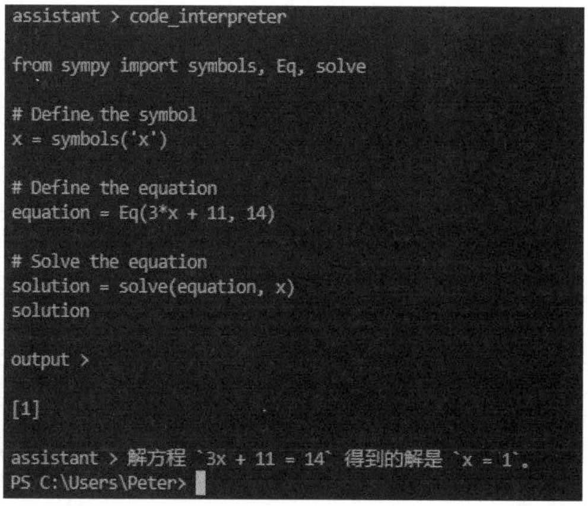

图4.13 流式助理输出

从输出结果可以看出，流式助理输出不仅给出了最终的答案，还给出了执行的代码，可以让用户看到代码是如何执行的，此外该输出结果不是一次性输出的，而是随着程序运行就开始逐个字符输出。

在该示例中，首先通过继承 AssistantEventHandler 类自定义一个事件处理器 EventHandler，该处理器将决定如何处理响应流中的不同事件，比如，当文本消息被创建或发生变化时，以及当助理调用工具时。

使用 create_and_stream 方法时，将助理 ID、线程 ID 和指令作为参数传递，并指定自定义的事件处理器 EventHandler 作为事件处理参数。这样设置后，流式助理便可以在用户与之交互的同时，实时地响应，从而提供更为丰富和互动的用户体验。

通过这种方式，流式助理能够在处理长期运行的任务或需要实时反馈的场景中，为用户提供即时的反馈和指导，从而增强用户的体验和互动性。

4.7.3 实时客户服务助理实践

本小节将通过一个案例展示如何利用流式助理 API 构建一个实时客户服务助理，这个助理能够在用户提问时即时回答，并提供高效、动态的客户支持体验。

（1）定义助理的能力和指令。

```
1   from openai import OpenAI
2   client = OpenAI()
3
4   assistant = client.beta.assistants.create(
5     name=" 客户服务助理 ",
6     instructions=" 您是客户服务助理机器人。及时、准确地回答客户服务相关问题。使用提
        供的工具检索订单状态和账户信息。",
7     tools=[{"type": "retrieval"},{"type": "code_interpreter"}],
8     model="gpt-4-turbo-preview",
9   )
```

（2）创建对话线程。创建一个对话线程来保存用户与助理之间的对话历史。每当有新的用户请求时，就创建一个新的线程。

```
1   thread = client.beta.threads.create()
```

（3）流式处理用户请求。在用户发起请求时，通过流式 API 处理这些请求，并实时返回助理的回复。下面代码是一个客户想要查询他们的订单状态。

```
1   class RealTimeResponseHandler(AssistantEventHandler):
2       def on_text_created(self, text) -> None:
3           print("\nAssistant says: ", end="")
4
5       def on_text_delta(self, delta, snapshot):
```

```
 6              print(delta.value, end="", flush=True)
 7  with client.beta.threads.runs.create_and_stream(
 8    thread_id=thread.id,
 9    assistant_id=assistant.id,
10    instructions=" 这是一位客户询问他们最近的订单状态。这个客户的账号是 18800000000",
11    event_handler=RealTimeResponseHandler(),
12  ) as stream:
13    stream.until_done()
```

上述代码定义了 RealTimeResponseHandler 类，它继承自 AssistantEventHandler。该处理器负责处理流式响应中的事件，并实时将助理的回复显示给用户。

实际项目中需要调用相关后台代码进行查询，同时将查询结果返回给助理，助理基于后台查询订单信息给出客户准确的回复。

通过这种方式，助理能够即时回答客户的问题，从而提高客户满意度并优化客户支持体验。流式助理 API 的实时特性让助理能够更加动态和互动，为用户提供即时的支持和反馈。

4.8　GPT 模型 fine-tuning

微调（fine-tuning）是一种定制化模型以适应特定应用的方法。通过微调，用户可以让 OpenAI 提供的模型产生更高质量的结果，训练比在提示符中可以容纳的更多示例，由于提示符更短而节省令牌，以及降低请求延迟。

OpenAI 的文本生成模型已经在大量文本上进行了预训练。为了有效使用这些模型，通常在提示符中包含指令和一些示例，使用示例来展示如何执行任务通常被称为"少量样本学习"。

微调通过比提示符可以容纳的更多示例上训练模型，改善了少量样本学习的效果，可以让用户在广泛的任务上实现更好的结果。一旦模型被微调，就不需要在提示符中提供那么多示例了，这不仅节省了成本，还可以使请求的延迟更低。

微调涉及以下步骤。

（1）准备并上传训练数据。

（2）训练一个新的微调模型。

（3）评估结果，如果需要，则返回步骤（1）重复操作。

（4）使用微调模型。

目前，微调可用于以下模型：GPT-3.5-Turbo-0125（推荐）、GPT-3.5-Turbo-1106、GPT-3.5-Turbo-0613、babbage-002、davinci-002 和 GPT-4-0613（实验性）。

目前 GPT-4 只对符合资格的用户开放，就结果和易用性来说，GPT-3.5-Turbo 将是大多数用户的最佳选择。

用户还可以对已经微调的模型再进行微调，这在获得额外数据且不想重复之前的训练步骤时非常有用。

4.8.1 微调简介

微调 OpenAI 的文本生成模型可以使它们更适合特定的应用场景，但这需要投入相当多的时间和努力。

首先建议尝试通过提示工程、提示链（将复杂任务分解为多个提示）和函数调用来获得良好的结果，主要原因如下：

（1）许多任务在初始时可能看起来表现不佳，但正确的提示可以改善结果，因此可能不需要微调。

（2）与微调相比，迭代提示和其他策略的反馈循环要快得多，微调需要创建数据集和运行训练作业。

（3）在需要微调的情况下，最初的提示工程工作并不白做，这是因为有些用户在微调数据中使用好的提示（或将提示链 / 工具与微调使用结合）时可以获得最佳结果。

当然有些情况确实需要微调。以下是一些微调可以改善结果的常见用例：

（1）设定风格、语气、格式或其他定性方面。

（2）提高产生期望输出的可靠性。

（3）纠正未能遵循复杂提示的失败。

（4）以特定方式处理许多边缘情况。

（5）执行难以在提示中表达的新技能或任务。

微调有效的另一个场景是在减少成本和 / 或延迟方面，通过替换 GPT-4 或使用更短的提示，而不牺牲质量。如果用户能够通过 GPT-4 获得良好的结果，则通常可以通过在 GPT-4 完成的基础上进行微调，使用 GPT-3.5-Turbo 模型可以达到类似的质量，可能还会缩短指令提示。

GPT-4 完成的基础上是指用户会收集 GPT-4 生成的回答或完成任务的实例，并将它们作为微调过程中的训练数据。

下面将探讨如何为微调设置数据和通过微调来改善基线模型的性能。

4.8.2 微调数据处理

确定微调是合适的解决方案后（即已经将提示优化到极致并且识别出模型仍然存在的问题），需要准备训练模型的数据。此时应该创建一个多样化的示范对话集，这些对话与希望模型在生产环境中推理时回应的对话类似。

数据集中的每个示例都是与 Chat Completions API 相同格式的对话，具体来说，它是一个消息列表，每个消息都有角色、内容和可选的名称。数据集中应包含一些专门针对那些模型在之前的实践中未能按预期做出响应的情况的示例。这意味着，如果模型在某些特定提示或问题上未能提供合适的回答，则训练数据集中应该包含这类情况的示例，并提供模型应该给出的理想回应。这样做的目的是直接训练模型改正这些不足，使其能够在类似的情况下提供更准确、更符合预期的回答。数据中提供的助理消息应该是希望模型提供的理想回应。

在该示例中，目标是创建一个偶尔给出讽刺回应的聊天机器人，可以为数据集创建一个训练示例（对话）：

```
{"messages": [{"role": "system", "content": "Marv 是一个事实性的聊天机器人，也会讽刺。"}, {"role": "user", "content": "法国的首都是什么？"}, {"role": "assistant", "content": "巴黎，好像每个人都已经知道了。"}]]
```

实际准备的数据集是将所有的待训练数据或者测试数据分别放在 .jsonl 文件中。

为了微调 GPT-3.5-Turbo，这里需要使用对话式聊天格式。对于 babbage-002 和 davinci-002，可以遵循以下示例的提示完成对话格式。

```
{"prompt": "< 提示文本 >", "completion": "< 理想生成文本 >"}
```

在微调过程中，聊天格式的示例可以包含多条扮演助理角色的消息。默认情况下，微调会训练单个示例中的所有助理消息。为了在特定的助理消息上跳过微调，可以添加一个 weight 键来禁用该消息的微调，从而允许控制哪些助理消息被学习。weight 的允许值当前是 0（禁用）或 1（启用）。

通常建议取用发现对模型最有效的一套指令和提示，并将它们包含在每个训练示例中，这应该能让用户达到最佳且最通用的结果，特别是用户的训练示例相对较少（如少于一百个）的情况下。

如果用户希望缩短在每个示例中重复的指令或提示以节省成本，请记住，模型可能会表现得如同这些指令被包含在内，而在推理时让模型忽略这些"内置"的指令可能会比较困难。

要微调模型，用户需要提供至少 10 个示例。有些用户在 50 ~ 100 个训练示例上微调 GPT-3.5-Turbo 时会看到明显的改进，但确切的数字在很大程度上基于具体的用例而有所不同。

通常建议从 50 个精心制作的示例开始，查看模型在微调后是否显示出改进的迹象。在某些情况下，这可能就足够了，但即使模型尚未达到生产质量，明显的改进也是一个好信号，它表明提供更多数据将继续改进模型。如果没有改进，则表明可能需要重新思考如何为模型设置任务或在扩展有限示例集之前重新组织数据。

在收集初始数据集后，建议将其分成训练和测试部分。在提交一个包含训练和测试文件的微调作业时，将在训练过程中提供两者的统计数据，这些统计数据将是模型改进程度的初始信号。此外，早期构建测试集对于训练后评估模型非常有用，通过在测试集上生成样本来进行评估，这一过程不仅可以帮助量化模型的改进，还能确保有一个稳定的基准来对比未来的微调成果。

通过仔细准备训练和测试数据，可以最大化微调的效益，以获得更高质量的模型输出。

4.8.3 微调数据验证

微调数据验证是微调流程中的一个重要步骤，可以确保用户的数据集格式正确，且符合 API 的预期，此过程可以帮助用户发现并修正数据中的问题，从而提高微调的效率和质量。

验证可以检测多种问题，比如：

● 数据类型是否正确。

● 每个示例是否包含消息列表。

- 消息是否包含所有必需的键。
- 消息中是否存在未识别的键。
- 角色值是否有效。
- 内容是否存在且为字符串类型。
- 是否至少包含一个助理消息。

以下步骤展示了如何使用 Python 代码验证微调数据集。

（1）加载数据集：从 JSONL 文件中加载数据集，其中每一行代表一个训练示例。

```
1    import json
2    from collections import defaultdict
3    data_path = "path/to/your/toy_chat_fine_tuning.jsonl"
4    # 加载数据集
5    with open(data_path, 'r', encoding='utf-8') as f:
6        dataset = [json.loads(line) for line in f]
```

（2）初始化错误统计：使用字典或 defaultdict 记录不同类型的错误及其出现次数。

```
format_errors = defaultdict(int)
```

（3）遍历数据集进行检查。

```
1    for ex in dataset:
2        if not isinstance(ex, dict):
3            format_errors["data_type"] += 1
4            continue
5
6        messages = ex.get("messages", None)
7        if not messages:
8            format_errors["missing_messages_list"] += 1
9            continue
10
11       for message in messages:
12           if "role" not in message or "content" not in message:
13               format_errors["message_missing_key"] += 1
14
15           if any(k not in ("role", "content", "name", "function_call", "weight") for
     k in message):
16               format_errors["message_unrecognized_key"] += 1
17
18               if message.get("role", None) not in ("system", "user",
     "assistant", "function"):
19               format_errors["unrecognized_role"] += 1
20
21           content = message.get("content", None)
```

```
22              function_call = message.get("function_call", None)
23
24              if (not content and not function_call) or not isinstance(content, str):
25                  format_errors["missing_content"] += 1
26
27          if not any(message.get("role", None) == "assistant" for message in messages):
28              format_errors["example_missing_assistant_message"] += 1
```

（4）打印错误统计：遍历完成后，如果发现错误，则打印每种错误的类型及其计数。如果没有发现错误，则打印 No errors found 消息。

```
1   if format_errors:
2       print("Found errors:")
3       for k, v in format_errors.items():
4           print(f"{k}: {v}")
5   else:
6       print("No errors found")
```

有效的数据验证可以显著减少微调中遇到的问题，使模型训练更加顺利。

4.8.4　创建微调模型

验证完数据集以后就可以创建微调模型了，以下是详细步骤。

（1）提交训练数据。确保用户的训练数据集已经经过验证并准备好，这里使用 OpenAI 的 Files API 上传经过验证的 JSONL 格式的训练数据文件。

注意，上传的文件需要明确标注用途为 fine-tune。

```
1   from openai import OpenAI
2   client = OpenAI()
3
4   train_set=client.files.create(
5     file=open("train.jsonl", "rb"),
6     purpose="fine-tune"
7   )
```

文件上传后，可能需要一些时间进行处理。

（2）提交验证数据。提交验证数据集和训练数据集是一样的，验证数据集的提交不是必需的。

```
1   test_set=client.files.create(
2     file=open("test.jsonl", "rb"),
3     purpose="fine-tune"
4   )
```

（3）创建训练作业。数据上传并处理完成后，下一步是创建微调作业。可以通过 OpenAI 提供的 SDK 来简便地启动微调作业。

```
1   job=client.fine_tuning.jobs.create(
2     training_file=train_set.id,
3     validation_file=test_set.id,
4     model="gpt-3.5-turbo-0125"
5   )
```

在该例子中，model参数指定了用户希望微调的模型，training_file则是上传文件时返回的文件ID，validation_file也是。用户还可以使用suffix参数自定义微调模型的名称。

（4）查看训练作业状态。创建微调作业后，训练可能需要一段时间完成。根据模型和数据集大小，训练过程可能需要数分钟到数小时。作业完成后，创建微调作业的用户将会收到一封确认邮件。

训练过程中用户可以查看现有作业、检索作业状态或取消作业。

```
1   import time
2
3   while True:
4       jobs = client.fine_tuning.jobs.list(limit=10)
5       for job in jobs.data:
6           job_details = client.fine_tuning.jobs.retrieve(job.id)
7           print(job_details)
8       time.sleep(60)   # 等待一分钟
```

上述代码运行输出结果如图4.14所示。

图4.14　训练状态输出结果

从图4.14可见，训练状态从验证过渡到运行，最终成功完成，生成了训练后的模型名称为ft:gpt-3.5-turbo-0125:personal::95BulxQR，表明任务训练顺利完成。

通过上述步骤，用户可以根据自己的需求，定制并优化模型以提升其在特定应用场景的表现。这不仅可以提高结果的质量，还可以在许多情况下节省代币消耗和降低请求延迟。

4.8.5　使用与验证微调模型

使用微调模型是微调流程中的最后一步，但同样重要的是验证其性能以确保模型达到预期的效果。以下是使用和验证微调模型的详细指导。

1. 使用微调模型

微调作业完成后，将在作业详情中看到 fine_tuned_model 字段，其中填充了模型的名称。现在，可以在聊天完成（对于 GPT-3.5-Turbo）或旧版本（legacy）API（对于 babbage-002 和 davinci-002）中指定此模型作为参数，并向其发送请求。

```python
1  from openai import OpenAI
2  client = OpenAI()
3
4  completion = client.chat.completions.create(
5    model="ft:gpt-3.5-turbo-0125:personal::95BulxQR",
6    messages=[
7      {"role": "system", "content": "Marv 是一个提供事实信息同时又带有讽刺意味的聊天机器人。"},
8      {"role": "user", "content": "月全食是怎么发生的？"}
9    ]
10 )
11 print(completion.choices[0].message.content)
```

如上所示，在请求中传递模型名称即可开始使用模型，模型输出如图 4.15 所示。

```
(openai) C:\MeFive\Code\AiDev\Chapter4\4.8>python 03.py
哦，就是地球、月球和太阳站成了一条直线，然后月球被地球挡住了。很有趣的是，这种绝美的天文现象背后还隐藏着神秘的宇宙力量。
```

图4.15　微调后模型回答输出

从回答可见，模型微调还是有一定效果的，其回答的内容已经具有讽刺意味了。

2. 验证微调模型

微调过程中提供了以下训练指标:训练损失、训练词元准确率、测试损失和测试词元准确率。这些统计数据旨在提供一个健全性检查，以确保训练顺利进行（损失应该减少，词元准确率应该增加）。在微调作业进行时，可以查看包含一些有用指标的事件对象。

```json
1  {
2      "object": "fine_tuning.job.event",
3      "id": "ftevent-abc-123",
4      "created_at": 1693582679,
5      "level": "info",
6      "message": "Step 100/100: training loss=0.00",
7      "data": {
8          "step": 100,
9          "train_loss": 1.805623287509661e-5,
10         "train_mean_token_accuracy": 1.0
11     },
12     "type": "metrics"
```

```
13  }
```

微调作业完成后，还可以通过查询微调作业，从 result_files 中提取文件 ID，然后检索该文件的内容来查看训练过程的指标。

job_details 可以在训练的时候输出，参见图 4.14，输出详情信息中就包括 job_id，也就是这里的 ftjob-qY01bcUTnM0O2RCoUyeGiNoI。

```
1  job=client.fine_tuning.jobs.retrieve("ftjob-qY01bcUTnM0O2RCoUyeGiNoI")
2  content = client.files.retrieve(job.result_files)
3  print(content)
```

每个结果 CSV 文件都包含以下列：step、train_loss、train_accuracy、valid_loss 和 valid_mean_token_accuracy。

```
1  step,train_loss,train_accuracy,valid_loss,valid_mean_token_accuracy
2  1,1.25174,0.71875,2.52242,0.36667
3  2,1.65623,0.59091,2.1352,0.3871
4  3,1.5036,0.7037,1.84244,0.6
5  4,2.32603,0.62857,1.51611,0.37037
6  5,1.75091,0.6129,1.50457,0.37838
7  6,1.76102,0.75,1.17233,0.45
```

虽然指标有助于了解训练过程，但微调模型生成的样本提供了与模型质量最相关的感知。推荐在测试集上从基础模型和微调模型生成样本，并进行逐一比较。测试集理想情况下应包括可能在生产用例中发送给模型的全部输入分布。如果手动评估过于耗时，则考虑使用 Evals 库来自动化评估。

Evals 库是一个工具库，用于自动化微调后模型的评估，使得对模型质量的感知推荐更加高效和可靠。

4.9 智能问答代理操作数据库案例

本节将使用这些函数来实现一个代理，它可以回答有关数据库的问题。为简单起见，本节将使用 Chinook 示例数据库进行说明。

注意，SQL 生成在生产环境中可能存在一定的风险，因为模型在生成正确的 SQL 方面并不完全可控，因此需要全面的安全控制和权限控制。

4.9.1 定义工具函数

本小节将介绍如何定义工具函数来提高与 OpenAI 聊天完成 API 的交互效率，同时保持对话状态的追踪和管理。这些工具函数为开发人员提供了一种方便的方法，用于发起 API 请求、处理 API 响应以及美化输出结果，从而使得与 API 的交互更为直观和友好。

首先，定义一个用于发起聊天完成请求的函数 chat_completion_request，该函数利用 tenacity

库实现重试逻辑，确保在请求失败时自动重试，以提高 API 调用的鲁棒性。retry 装饰器的 wait=wait_random_exponential 参数控制重试等待时间，stop=stop_after_attempt(3) 参数限制最大重试次数为 3 次。如果在所有尝试后仍然失败，则捕获异常并打印错误信息。

```
1  @retry(wait=wait_random_exponential(multiplier=1, max=40), stop=stop_
   after_attempt(3))
2  def chat_completion_request(messages, tools=None, tool_choice=None,
   model=GPT_MODEL):
3      try:
4          response = client.chat.completions.create(
5              model=model,
6              messages=messages,
7              tools=tools,
8              tool_choice=tool_choice,
9          )
10         return response
11     except Exception as e:
12         print(" 无法生成 ChatCompletion 响应 ")
13         print(f" 异常 ： {e}")
14         return e
```

接着，定义一个 pretty_print_conversation 函数，用于以美观的格式打印对话内容。此函数将对话中不同角色的消息用不同的颜色标识，从而使得对话历史更易于阅读和理解。termcolor 库的 colored 函数用于给文本着色。

```
1  def pretty_print_conversation(messages):
2      role_to_color = {
3          "system": "red",
4          "user": "green",
5          "assistant": "blue",
6          "function": "magenta",
7      }
8
9      for message in messages:
10         if message["role"] == "system":
11             print(colored(f" 系统 ： {message['content']}\n", role_to_color
   [message ["role"]]))
12         elif message["role"] == "user":
13             print(colored(f" 用户 ： {message['content']}\n", role_to_color
   [message ["role"]]))
14         elif message["role"] == "assistant" and message.get("function_call"):
```

```
15        print(colored(f"助理：{message['function_call']}\n", role_
   to_color [message["role"]]))
16        elif message["role"] == "assistant" and not message.get
   ("function_call"):
17            print(colored(f"助理：{message['content']}\n", role_to_color
   [message["role"]]))
18        elif message["role"] == "function":
19            print(colored(f"函 数 ({message['name']}): {message
   ['content']}\n", role_to_color[message["role"]]))
```

通过这些工具函数的定义和应用，开发人员可以更轻松地与 OpenAI 的 API 进行交互，同时可以提供给最终用户一个更加丰富和直观的体验。这些函数也为开发者处理对话逻辑和提取数据提供了便利和灵活性。

4.9.2　获取数据库详情

本小节将探讨如何从 SQLite 数据库中提取信息，并以此为基础构建一个数据库的结构表示。这一过程不仅有助于理解数据库的组成，还为之后的 SQL 查询执行提供必要的上下文信息。

首先，需要连接到数据库，并验证连接是否成功。这一步骤通过 sqlite3.connect 函数实现，它接收数据库文件的路径作为参数。

```
1   import sqlite3
2
3   # 连接到 SQLite 数据库
4   conn = sqlite3.connect("data/Chinook.db")
5   print(" 数据库连接成功 ")
```

接着，定义三个辅助函数来获取数据库的详细信息：表名、列名和整个数据库的信息。

（1）获取表名。get_table_names 函数查询数据库中所有表的名称，并返回一个表名列表。

```
1   def get_table_names(conn):
2       """ 返回数据库中所有表的名称列表。"""
3       table_names = []
4       tables = conn.execute("SELECT name FROM sqlite_master WHERE type='table';")
5       for table in tables.fetchall():
6           table_names.append(table[0])
7       return table_names
```

（2）获取列名。get_column_names 函数接收表名作为参数，查询指定表的所有列名称，并返回列名列表。

```
1   def get_column_names(conn, table_name):
2       """ 返回指定表中所有列的名称列表。"""
3       column_names = []
```

```
4        columns = conn.execute(f"PRAGMA table_info('{table_name}');").fetchall()
5        for col in columns:
6            column_names.append(col[1])
7        return column_names
```

（3）获取数据库信息。get_database_info 函数组合上述两个函数，为数据库中的每个表构建一个包含表名和列名的字典列表。

```
1    def get_database_info(conn):
2        """ 返回包含数据库中每个表的表名和列名的字典列表。"""
3        table_dicts = []
4        for table_name in get_table_names(conn):
5            columns_names = get_column_names(conn, table_name)
6            table_dicts.append({"table_name": table_name, "column_names": columns_names})
7        return table_dicts
```

使用这些辅助函数，可以轻松地提取并构建数据库的结构表示。这一表示不仅有助于更好地理解数据库的布局，还可以在将来执行 SQL 查询时，为模型提供必要的上下文信息。

```
1    # 使用辅助函数提取数据库结构表示
2    database_schema_dict = get_database_info(conn)
3    # 将数据库结构转换为字符串，以便更方便地插入函数规范中
4    database_schema_string = "\n".join(
5        [
6            f"Table: {table['table_name']}\nColumns: {', '.join(table['column_names'])}"
7            for table in database_schema_dict
8        ]
9    )
```

通过这种方式，不仅获取了数据库的详细信息，还准备好了将这些信息应用于后续步骤，比如，在 AI 模型的功能说明中引用数据库结构，以便模型能够更准确地生成 SQL 查询。

4.9.3　编写大模型回调函数

本小节将演示如何为模型定义一个工具函数，该函数能够根据模型生成的 SQL 查询语句执行数据库查询，并返回查询结果。这一功能特别适合于那些需要结合模型生成能力和数据库查询能力的场景。

首先，定义一个工具函数的规范 ask_database，用于回答用户关于数据库中数据的问题。为了让模型能够生成正确的 SQL 查询，在函数规范中包含了数据库的结构描述。

```
1    tools = [
2        {
3            "type": "function",
4            "function": {
```

```
5                    "name": "ask_database",
6                    "description": " 使用此函数回答用户关于音乐的问题。输入应该是一个完
    整的 SQL 查询。",
7                    "parameters": {
8                        "type": "object",
9                        "properties": {
10                           "query": {
11                               "type": "string",
12                               "description": f"""
13                                        SQL 查询语句，用于回答用户的问题。
14                                        SQL 查询应根据以下数据库结构编写：
15                                        {database_schema_string}
16                                        查询应以纯文本形式返回，而非 JSON 格式。
17                                        """
18                           }
19                       },
20                       "required": ["query"],
21                   },
22               }
23           }
24  ]
```

接下来，实现执行数据库查询的函数 ask_database。此函数接收一个 SQL 查询语句作为参数，并执行该查询，返回查询结果。

```
1   def ask_database(conn, query):
2       """ 执行提供的 SQL 查询并查询 SQLite 数据库。"""
3       try:
4           results = str(conn.execute(query).fetchall())
5       except Exception as e:
6           results = f" 查询失败，错误信息: {e}"
7       return results
```

此外，需要一个执行函数调用的方法 execute_function_call，当大模型通过工具函数生成 SQL 查询时，此方法负责接收模型的请求并调用 ask_database 函数执行查询。

```
1   def execute_function_call(message):
2       # 判断调用的是否为 ask_database 函数
3       if message.tool_calls[0].function.name == "ask_database":
4           query = json.loads(message.tool_calls[0].function.arguments)["query"]
5           results = ask_database(conn, query)
6       else:
7           results = f" 错误: 函数 {message.tool_calls[0].function.name} 不存在 "
8       return results
```

通过这样的设计，不仅让模型能够生成精确的 SQL 查询语句，还能够执行这些查询语句并获取数据，这极大地扩展了模型的应用范围，让它能够直接与数据库交互，解答用户关于数据的具体问题。

4.9.4　智能回答用户问题

本小节将探索如何使用定义的工具函数和模型生成能力智能地回答用户问题，通过结合数据库查询和大模型的生成能力，可以为用户提供精准的答案，并展示模型如何将用户提问转化为有效的 SQL 查询语句，从而查询数据库获取所需信息。

首先，设定一个系统消息，指明助理的任务是通过生成 SQL 查询语句来回答用户关于 Chinook 音乐数据库的问题。接着，用户提出一个问题："嗨，哪些是曲目数量最多的前 5 位艺术家？"

在接收到用户的问题后，调用 chat_completion_request 函数，该函数会将用户的问题、系统的指令以及定义好的工具（在 4.9.2 小节中定义）发送给 OpenAI 的 Chat Completions API。API 根据提供的信息智能生成 SQL 查询语句，该查询语句旨在解答用户的问题。

API 的响应中，assistant_message 包含了一个工具调用 tool_calls，其中就有用户期待的 SQL 查询语句。将该查询语句作为内容加入对话中，以展示给用户。

实际操作中，不需要展示给用户。

如果 assistant_message 中包含工具调用，接着执行 execute_function_call 函数，该函数实际上执行了 SQL 查询语句，并获取查询结果。

最后，使用 pretty_print_conversation 函数将整个对话过程中的消息打印出来，包括系统消息、用户问题、助理生成的 SQL 查询语句以及最终的查询结果。

这个案例展示了如何将 OpenAI 的模型能力与数据库查询相结合，实现了一个能根据用户输入智能生成并执行 SQL 查询的助理。这种方法可广泛应用于需要动态数据查询和处理的场景。

```
10  messages = []
11  messages.append({"role": "system", "content": "Answer user questions
    by generating SQL queries against the Chinook Music Database."})
12  messages.append({"role": "user", "content": "嗨，哪些是曲目数量最多的前 5
    位艺术家？"})
13  chat_response = chat_completion_request(messages, tools)
14  assistant_message = chat_response.choices[0].message
15  assistant_message.content = str(assistant_message.tool_calls[0].
    function)
16  messages.append({"role": assistant_message.role, "content": assistant_
    message.content})
17  if assistant_message.tool_calls:
18      results = execute_function_call(assistant_message)
19    messages.append({"role": "function", "tool_call_id": assistant_
    message.tool_calls[0].id, "name": assistant_message.tool_calls[0].
```

```
         function.name, "content": results})
   20  pretty_print_conversation(messages)
   21
```

智能回答如图 4.16 所示。

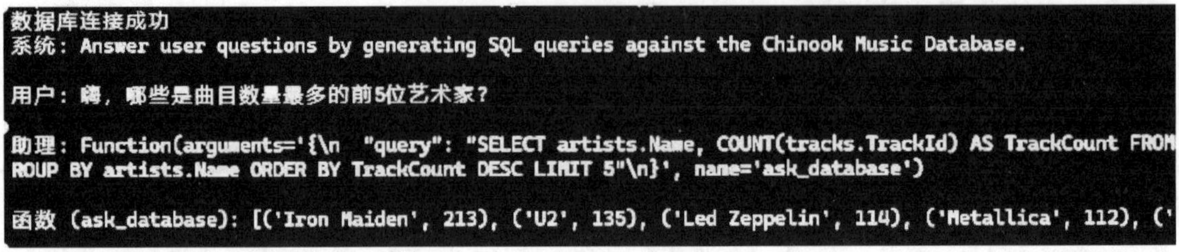

```
数据库连接成功
系统：Answer user questions by generating SQL queries against the Chinook Music Database.

用户：嗨，哪些是曲目数量最多的前5位艺术家？

助理：Function(arguments='{\n  "query": "SELECT artists.Name, COUNT(tracks.TrackId) AS TrackCount FROM
ROUP BY artists.Name ORDER BY TrackCount DESC LIMIT 5"\n}', name='ask_database')

函数 (ask_database): [('Iron Maiden', 213), ('U2', 135), ('Led Zeppelin', 114), ('Metallica', 112), ('
```

图 4.16　智能回答用户问题输出

该案例为开发者提供了一个模板，开发者可以根据自己的应用场景调整和扩展，以构建更加复杂和强大的智能助理。

4.10　本 章 小 结

本章深入探讨了如何使用 OpenAI API 进行开发实战，覆盖了文本、语音、图片以及强大的助理 API 的使用和开发技巧。从基础的 API 调用开始，逐步深入高级功能的实现，包括自定义模型微调、处理复杂的语音和图像数据以及构建能够理解和响应用户需求的智能助理。

首先介绍了如何获取 API 密钥和准备开发环境，这为后续的 API 调用奠定了基础。随后，探讨了文本 API 的多种应用，包括 Chat Completions API 和 Completions API 的使用，以及如何根据不同的业务需求选择合适的模型。

语音 API 的开发部分介绍了文本转语音和语音转文本的应用场景，以及如何优化长语音转文本处理。图片 API 的内容则包括了从文本生成图片、根据文本编辑图片和生成图片变体等实战案例。

接着，深入到函数调用 API 的开发，讲解了如何创建工具、生成函数参数、调用函数以及并行函数调用的方法，最终通过一个多功能天气查询助手实践案例展示了这些技术的综合应用。

助理 API 部分介绍了构建非流式和流式助理的方法，以及通过一个实时客户服务助理实践案例，展现了助理 API 的强大能力。

GPT 模型微调部分则是本章的高潮，它讲述了何时需要进行微调、如何处理微调数据、验证微调数据以及创建和使用微调模型的详细步骤。

最后，通过一个智能问答代理操作数据库的案例，将本章所学的知识应用于实际场景，展示了如何定义工具函数、获取数据库详情、编写大模型回调函数以及如何智能地回答用户问题。

本章目的是帮助用户全面理解 OpenAI API 的强大功能和灵活性，以及如何将这些功能应用于解决实际问题。通过本章的学习，用户可以掌握使用 OpenAI API 开发高质量 AI 应用的关键技能。

第5章　大模型开发框架LangChain实战

本章将探索 LangChain，一个为 LLM 开发而设计的框架，它极大地简化了从构想到实现复杂 NLP 应用的过程。本章旨在通过一系列的实战案例，带领用户详细了解 LangChain 的核心概念、功能组件以及如何在实际项目中应用 LangChain 来构建高效、可扩展的 NLP 解决方案。

从开始第一个 LangChain 项目，配置开发环境，到构建检索链和对话检索链，再到构建简单的 Agent，本章将一步步深入 LangChain 的世界，详细讲解如何格式化模型的输入与输出，设计高效的 Pipeline 模板，以实现复杂的信息检索系统，以及如何通过代理（Agents）和链式构建（Chains）搭建强大的应用。

此外，本章还涵盖了如何利用 LangChain 实现高级功能，如构建记忆系统和利用回调机制增强模型交互性。每节都有实用的代码示例和案例研究，有利于读者将理论知识转化为实际操作能力。

下面一起开始这趟 LangChain 实战之旅吧。

5.1　创建 LangChain

本节将作为指南，从 LangChain 的基础介绍开始，带领用户通过设置开发环境，到创建第一个 LangChain 项目，再到构建简单的检索链和对话检索链，最终学会搭建一个简单的代理。每一步旨在提供必要的知识和实践经验，确保读者能够顺利地使用 LangChain 框架开发出高效和强大的应用。

5.1.1　LangChain 简介

LangChain 是一个革命性的平台，专为帮助开发者和企业快速从原型创建到生产部署 LLM 应用而设计，该平台的主要目标是简化 LLM 应用的开发流程，使开发者能在一天内将一个想法转化为可工作的代码，并且在几天或几周内推向用户。

该平台的特点在于它提供了一系列的工具和方法论，使开发者可以更有效地利用自己或公司的数据，增强 LLM 的性能。具体来说，LangChain 提供了 150 多种文档加载器、60 多种向量存储解决方案、50 多种嵌入模型和 40 多种检索器，使开发者能够构建出类别领先的检索增强生成（RAG）系统。这些工具和方法的集成性、先进性以及其无限的组合能力，为开发者提供了广泛的灵活性，可以支持各种复杂的检索用例。

LangChain 已经被证明可以在多个领域内促进操作效率、提升发现和个性化体验，并推动生成收入的高质量产品的开发框架。无论是通过自动化通话摘要来辅助客户关怀团队，还是通过智能化的票据路由系统来加强客户支持团队，或是为安全分析师提供工作流程支持的 Elastic AI Assistant，LangChain 在实际应用中展现了其提高生产效率和产品品质的能力。

总的来说，LangChain 不仅仅是一个提供各种工具和服务的平台，它更代表了一个致力于推动生成型 AI 应用开发前沿的社区和生态系统。通过一系列从数据处理到模型评估的全面解决方案，LangChain 正在帮助开发者和企业实现他们对未来技术的梦想，开创一个新的大型语言模型应用开发的时代。

5.1.2 配置开发环境

在开始开发之前，应确保开发环境已经准备就绪，包括安装 LangChain 库，选择合适的编程语言环境（Python 或 JavaScript），以及熟悉 LangChain 提供的工具和模板。具体配置步骤参考如下。

（1）安装 LangChain（直接使用下面的命令）。

```
conda install langchain -c conda-forge
```

安装成功界面如图 5.1 所示。

图5.1　安装成功界面

可以通过如下命令安装。

```
pip install langchain
```

（2）Python 环境。使用 Anaconda 创建的 myenv 环境。

（3）导入 LangChain 的 OpenAI 集成包。导入命令如下。

```
pip install langchain-openai
```

成功导入界面如图 5.2 所示。

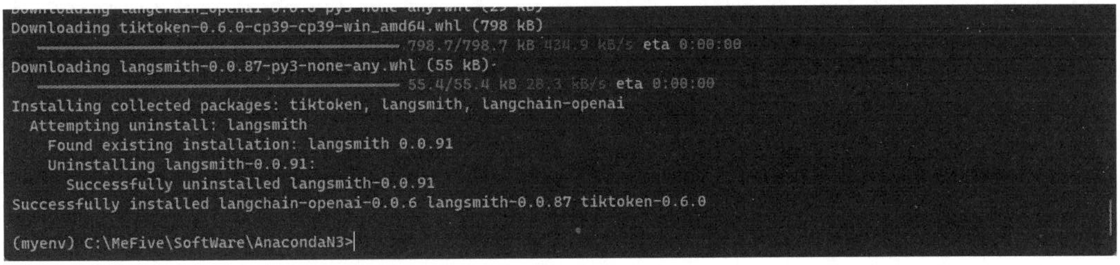

图5.2　成功导入界面

如果顺利完成上述步骤，接下来就可以进行开发了。

5.1.3　创建一个 LangChain

本小节将通过一个简单的例子，引导完成创建过程，使用户能够快速掌握 LangChain 的基本使用方法。

（1）初始化模型。

```
1    from langchain_openai import ChatOpenAI
2
3    llm = ChatOpenAI()
```

（2）设置密钥。

```
1    from langchain_openai import ChatOpenAI
2    import os
3
4    # 获取环境变量中的 openai_api_key，这个值需要事先在环境变量中设置。
5    openai_api_key= os.getenv("TEST_API_KEY")
6    llm = ChatOpenAI(openai_api_key=openai_api_key)
```

（3）开启一次对话。这里提问的是"什么是 langsmith"，输出结果如图 5.3 所示。

```
1    mes=llm.invoke("什么是 langsmith ？")
2    print(mes)
```

图5.3　LangChain输出

上面实际上已经成功实现使用 LangChain，下面将介绍使用提示模板来指导它响应。

（4）使用提示模板。通过以下代码编写一个提示模板，可以在 system 的后面写上一些提示，这里写的是"你是最好的文档专家"。

```
1   from langchain_core.prompts import ChatPromptTemplate
2   prompt = ChatPromptTemplate.from_messages([
3       ("system", "你是最好的文档专家。"),
4       ("user", "{input}")
5   ])
```

（5）组合成一个简单的 LLM 链。可以通过 | 进行组合。

```
chain = prompt | llm
```

（6）使用链提问。在进行提问的时候需要和上面的 input 标签对应：

```
chain.invoke({"input": "什么是 langsmith ？"})
```

输出如图 5.4 所示，输出是一个 Chat Model。

图5.4　输出Chat Model

（7）转换 Chat Model 为字符串。

```
1   from langchain_core.output_parsers import StrOutputParser
2
3   output_parser = StrOutputParser()
4   chain = prompt | llm | output_parser
5   out=chain.invoke({"input": "什么是 langsmith ？"})
6   print(out)
```

转换为字符串输出如图 5.5 所示。

图5.5　转换为字符串输出

从图 5.5 中可以看出，实际的回答效果不是很好，为了解决这个问题将在 5.1.4 小节中介绍检索链。

5.1.4　构建一个简单的检索链

在本小节中，将通过检索器查找相关文档，并将其输入提示符中。检索器的支持可以多种多样，包括 SQL 数据库、互联网等。但本小节将使用填充向量存储作为检索器的支持。

填充向量存储将数据转换为固定长度的向量并存储这些向量，来支持高效的相似性搜索和检索操作。

（1）加载索引数据。通过安装 BeautifulSoup 来使用 WebBaseLoader。

```
pip install beautifulsoup4
```

（2）导入并使用 WebBaseLoader。

```
1   from langchain_community.document_loaders import WebBaseLoader
2   loader = WebBaseLoader("https://docs.smith.langchain.com/overview")
3
4   docs = loader.load()
```

（3）将文档索引到向量存储。将文档索引至向量存储涉及两个关键组件：嵌入模型和向量存储。在本例中，嵌入模型的实现将利用 OpenAI 提供的技术。

```
1   from langchain_openai import OpenAIEmbeddings
2
3   embeddings = OpenAIEmbeddings()
```

（4）安装 Faiss。可以使用嵌入模型将文档提取到向量存储中。为了简单起见，将使用一个简单的本地向量库 Faiss。

如果已根据前面小节的指导完成了安装，则无须再次进行安装。

```
pip install faiss-cpu
```

安装成功界面如图 5.6 所示。

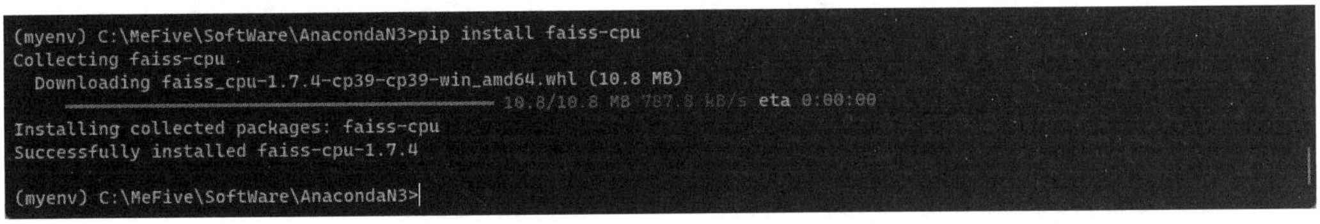

```
(myenv) C:\MeFive\SoftWare\AnacondaN3>pip install faiss-cpu
Collecting faiss-cpu
  Downloading faiss_cpu-1.7.4-cp39-cp39-win_amd64.whl (10.8 MB)
                                     ———— 10.8/10.8 MB 787.8 kB/s eta 0:00:00
Installing collected packages: faiss-cpu
Successfully installed faiss-cpu-1.7.4

(myenv) C:\MeFive\SoftWare\AnacondaN3>
```

图5.6　Faiss安装成功界面

（5）建立索引。

```
1   from langchain_community.vectorstores import FAISS
2   from langchain.text_splitter import RecursiveCharacterTextSplitter
3
4   # 创建 RecursiveCharacterTextSplitter 的实例 text_splitter，这是一个文本拆分器，
    可以递归地将文本拆分成更小的片段。
5   text_splitter = RecursiveCharacterTextSplitter()
6   # 使用 text_splitter 的 split_documents 方法处理 docs（一个包含多个文档的集合），
    得到拆分后的文档集合 documents。这个过程有助于优化文本处理的性能，尤其是对于长文本。
7   documents = text_splitter.split_documents(docs)
8   # 使用 FAISS.from_documents 静态方法创建一个 FAISS 向量存储实例。这个方法接收拆分
    后的文档集合 documents 和 embeddings 作为输入。
9   vector = FAISS.from_documents(documents, embeddings)
```

现在数据已被索引到向量存储中，将构建一个检索链。该链会接收一个问题，寻找相关的文档，并将这些文档连同原始问题一起提交给 LLM，请求它提供对原始问题的回答。

（6）建立索引链。索引链接收问题和检索到的文档并生成答案。

```
1   from langchain.chains.combine_documents import create_stuff_documents_chain
2
3   prompt = ChatPromptTemplate.from_template("""Answer the following question
    based only on the provided context:
4
5   <context>
6   {context}
7   </context>
8
9   Question: {input}""")
10
11  document_chain = create_stuff_documents_chain(llm, prompt)
```

（7）设置对话内容来自检索器。

```
1   from langchain.chains import create_retrieval_chain
2
3   retriever = vector.as_retriever()
4   retrieval_chain = create_retrieval_chain(retriever, document_chain)
```

（8）调用检索链。可以调用这个链，它将返回一个字典，其中，LLM提供的答案位于字典的"answer"键下。

```
1   response = retrieval_chain.invoke({"input": "什么是 langsmith ?"})
2   print(response["answer"])
```

输出答案如图 5.7 所示。

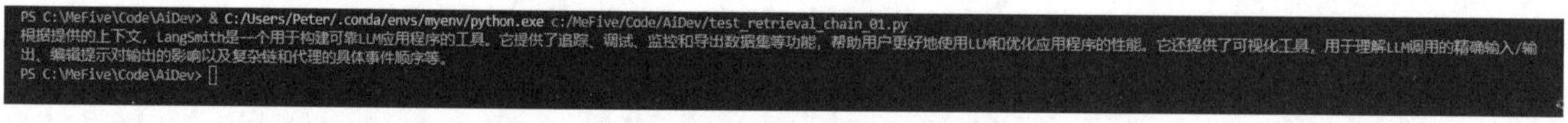

图5.7　基于检索的输出

从图 5.7 中可以看出，这次能给出正确的回复。

5.1.5　构建一个简单的对话检索链

到目前为止，创建的链只能回答单个问题。人们构建的 LLM 应用程序的主要类型之一是聊天机器人，那么如何将这个链变成一个可以回答后续问题的链呢？

这里仍然可以使用 create_retrieval_chain 函数，但是需要改变两件事。

● 检索方法不应仅适用于最近的输入，而应考虑整个历史记录。

● 最终的 LLM 链同样应该考虑整个历史。

为了更新检索，将创建一个新链。该链将接收最新的输入和对话历史记录（chat_history），并使用 LLM 生成搜索查询。

```
1   from langchain.chains import create_history_aware_retriever
2   from langchain_core.prompts import MessagesPlaceholder
3
4   # 首先，我们需要一个提示，可以将其传递给 LLM 来生成此搜索查询
5
6   prompt = ChatPromptTemplate.from_messages([
7       MessagesPlaceholder(variable_name="chat_history"),
8       ("user", "{input}"),
9       ("user", "给定上述对话，生成一个搜索查询进行查找，以获得与对话相关的信息")
10  ])
11  retriever_chain = create_history_aware_retriever(llm, retriever, prompt)
```

上述代码返回的是查询的问题相关结果，可以通过传入历史问答的实例来测试这一点。测试代码如下。

```
1   retriever_chain = create_history_aware_retriever(llm, retriever, prompt)
2
3   response = retriever_chain.invoke({
4       "chat_history": chat_history,
5       "input": "什么是 langsmith?"
6   })
7   print(response)
```

测试返回结果如图 5.8 所示。

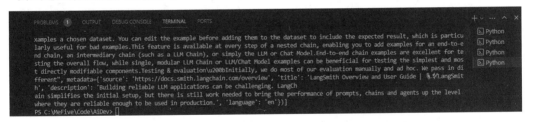

图5.8　测试代码返回结果

现在有了这个新的检索器，可以创建一个新的链来继续与这些检索到的文档进行对话。

```
1   prompt = ChatPromptTemplate.from_messages([
2       ("system", "Answer the user's questions based on the below context:
        \n\n{context}"),
3       MessagesPlaceholder(variable_name="chat_history"),
4       ("user", "{input}"),
5   ])
6   document_chain = create_stuff_documents_chain(llm, prompt)
7   retrieval_chain = create_retrieval_chain(retriever_chain, document_chain)
```

最后可以测试端到端的结果，代码如下。

```
1   response = retrieval_chain.invoke({
2       "chat_history": chat_history,
3       "input": "什么是langsmith?"
4   })
5   print(response["answer"])
```

对话检索输出如图5.9所示。

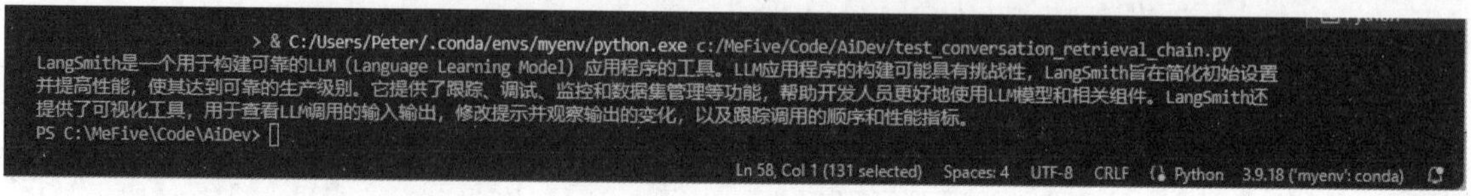

图5.9　对话检索输出

从图5.9中可以看出，最终得到了基于检索结果生成的答案。

5.1.6　构建一个简单的代理

之前已经构建了各种预定义步骤的链。本小节将创建一个代理，其行动步骤由LLM决定。首先需要确定的是代理应当具备哪些工具的访问权限。在本例中，将授权代理访问两种工具。

● 一个搜索工具。这将使代理能够轻松回答需要最新信息的问题。

● 刚刚创建的检索器。这将让代理轻松回答有关LangSmith的问题。

（1）为创建的检索器设置一个工具。

```
1   from langchain.tools.retriever import create_retriever_tool
2
3   retriever_tool = create_retriever_tool(
4       retriever,
5       "langsmith_search",
6       "Search for information about LangSmith. For any questions about LangSmith,
    you must use this tool!",
7   )
```

（2）创建搜索工具。

```
1   from langchain_community.tools.tavily_search import TavilySearchResults
2
3   search = TavilySearchResults()
```

为了使用这个工具需要将TAVILY_API_KEY和OPENAI_API_KEY的值设置到环境变量中，也就是TAVILY这个软件的key和OPENAI服务的key。直接在官网注册就可以生成一个免费的TAVILY_API_KEY。

获取方式如图5.10所示。

图5.10 获取TAVILY_API_KEY界面

（3）创建使用工具集合。

```
tools = [retriever_tool, search]
```

（4）安装 langchain hub。

```
pip install langchainhub
```

安装软件的时候需要切换到自己的虚拟环境，否则很可能导致包冲突。

（5）获取预定义的指示。

```
1   from langchain_openai import ChatOpenAI
2   from langchain import hub
3   from langchain.agents import create_openai_functions_agent
4   from langchain.agents import AgentExecutor
5
6   # 从 hub 拉取预设的提示信息，这是定义代理行为的关键部分，可根据需要修改这个提示
7   prompt = hub.pull("hwchase17/openai-functions-agent")
8   # 创建一个 ChatOpenAI 实例，指定模型为 gpt-3.5-turbo，温度设置为 0 以生成确定性输出
9   llm = ChatOpenAI(model="gpt-3.5-turbo", temperature=0)
10  # 使用指定的语言模型 (llm) 和工具 (tools) 创建一个功能代理，根据给定的提示指导其行为
11  agent = create_openai_functions_agent(llm, tools, prompt)
12  # 创建一个代理执行器，用于执行代理，并指定工具和是否以详细模式运行
13  agent_executor = AgentExecutor(agent=agent, tools=tools, verbose=True)
```

（6）调用代理。

```
agent_executor.invoke({"input": "langsmith 可以做什么？"})
```

一切顺利的话，可以得到类似图 5.11 所示的输出。

图5.11　代理输出

（7）问题追问。现在基于 langsmith 问题的回答进行追问，追问代码如下。

```
1   chat_history = [HumanMessage(content="langsmith 可以做什么 ?"), AIMessage
    (content="LangSmith 是一个搜索工具，可以帮助你查找关于 LangSmith 的信息。你可以
    使用它来搜索 LangSmith 的背景、历史、产品、服务等相关信息。无论你对 LangSmith 有什
    么问题，都可以使用这个工具来获取答案。")]
2
3   agent_executor.invoke({
4       "chat_history": chat_history,
5       "input": "LangSmith 应该不是搜索工具吧？"
6   })
```

追问输出如图 5.12 所示。

图5.12　追问输出

虽然回答的结果可能不尽如人意，但仍然可以通过代理根据历史问题继续追问。

（8）测试其他问题。下面测试北京好玩的景点，输出如图 5.13 所示。

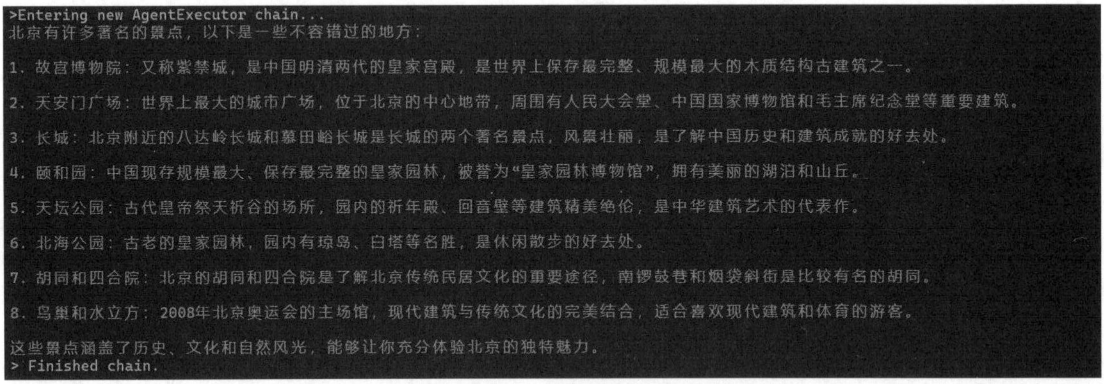

图5.13　景点问题输出

5.2　格式化模型输入与输出（Model I/O）

在 LangChain 框架中，格式化模型输入与输出（Model I/O）是确保语言模型与系统之间有效通信的关键环节。该过程涉及将数据准备成模型可理解的格式，并将模型产生的数据转换为有用的信息或操作指令，以支持各类语言处理应用的实现，如图 5.14 所示。

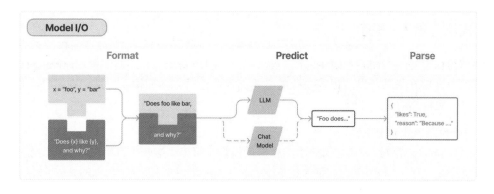

图5.14　集成LangChain I/O大模型处理流程

1. 格式化模型输入

格式化模型输入主要包含两个步骤,分别是数据预处理与构建适配模型的输入提示。

(1)数据预处理:在数据送入模型前,先进行必要的预处理,如文本的清洗等,旨在提高模型处理的效率和准确度。

(2)构建适配模型的输入提示:基于任务的具体需求,设计并生成输入提示。这些提示按照模型的工作原理构建,能够有效地引导模型输出预期的响应。

2. 格式化模型输出

模型输出的格式化处理包括对模型原始输出的后处理与结果解析,以得到对最终用户有实际应用价值的信息。

结果解析:通过解析模型输出,提取出关键信息,如实体识别、关键词提取等,从而得到结构化的输出数据。

3. 实现策略与技巧

LangChain提供了丰富的工具和接口,可帮助开发者灵活实现定制化的格式化模型输入与输出策略。

(1)利用模板引擎:通过模板引擎动态构建模型输入,使得模型能够根据不同的场景生成相应的输出。

(2)输出格式转换:根据应用需求将模型输出转换为特定的数据格式,如JSON、XML等,以便于数据的进一步处理或展示。

格式化模型输入与输出在LangChain框架中扮演着至关重要的角色,可以确保语言模型接收到正确格式,并生成有用的输出。通过高效的格式化处理,开发者能够提升模型的性能,优化用户体验,并在多样化的应用场景中实现精确的语言处理功能。LangChain提供的灵活的输入与输出处理工具和接口,大大降低了定制化模型输入与输出逻辑的复杂度,加速了语言模型应用的开发和部署。

5.2.1 模块化输入：提示

本小节将探索 LangChain 提供的提示模板功能，特别是 PromptTemplate 和 ChatPromptTemplate。这些工具的设计旨在帮助开发者以模块化的方式高效构建语言模型输入，从而在各种应用场景中实现更丰富、更自然的交互体验。

1. PromptTemplate 的应用

PromptTemplate 允许开发者定义带有占位符的模板字符串，这些字符串可以通过动态填充数据来生成模型的输入提示。该方式极大地简化了输入的准备工作，同时提高了输入的灵活性和可重用性。

例如，为一个提问回答系统生成问题。

```
7   from langchain import PromptTemplate
8
9   # 定义 PromptTemplate
10  prompt_template = PromptTemplate.from_template(
11      "人类：{place}的首都是什么？\nAI：{place}的首都是{capital}。"
12  )
13
14  # 应用模板生成提示
15  prompt = prompt_template.format(place="加利福尼亚", capital="萨克拉门托")
16  print(prompt)
```

在此代码示例中，首先通过 PromptTemplate.from_template 定义了一个模板，其中包含两个占位符 {place} 和 {capital}。然后，通过 .format 方法传入具体的数据，替换模板中的占位符，生成最终的提示字符串。

2. ChatPromptTemplate 的应用

对于构建需要多轮对话交互的应用，ChatPromptTemplate 提供了定义一系列基于角色和内容的聊天消息的能力，这为开发复杂对话管理逻辑提供了极大的便利。

下面的示例是构建一个询问和回答首都的聊天流程。

```
1   from langchain.prompts import ChatPromptTemplate
2
3   # 创建聊天模板
4   chat_template = ChatPromptTemplate.from_messages([
5       ("human", "加拿大的首都是什么？"),
6       ("ai", "加拿大的首都是渥太华。")
7   ])
8
9   # 格式化生成聊天消息
10  messages = chat_template.format_messages()
```

```
11  for message in messages:
12      print(message)
```

在该示例中，使用 ChatPromptTemplate.from_messages 方法定义了一系列聊天消息，每条消息都明确指定了发送者角色（如 human 或 ai）和消息内容。通过这种方式，用户可以灵活地构建出适应各种交互场景的对话流程。

通过精心设计的提示模板，LangChain 使得开发者能够以前所未有的灵活性和效率构建语言模型的输入。无论是简单的文本提示还是复杂的聊天对话，这些模板都能提供强大的支持，使得开发工作更加简单、高效。随着 AI 技术的不断进步，LangChain 的这一功能无疑将成为推动语言模型应用创新的重要工具。

5.2.2　不同模型的交互

在 LangChain 的世界里，与多种语言模型（Language Models，LLMs）和多种聊天模型（Chat Models）的交互构成了构建智能对话系统的基础。本小节将探讨这两种模型的交互方式，包括字符串到字符串（String to String）的交互和消息到消息（Message to Message）的交互，并通过具体的代码示例来阐述如何在 LangChain 中实现这些交互。

1. 字符串到字符串交互：LLMs

LLMs 提供了一种将字符串作为输入并返回字符串作为输出的接口，这种方式适用于需要直接用文本回答的场景，如问答系统、文本生成等。

```
1   from langchain_openai import OpenAI
2
3   # 初始化 LLM
4   llm = OpenAI(openai_api_key=" 你的 API 密钥 ")
5
6   # 提出问题并获取答案
7   question = " 什么是 LangChain?"
8   response = llm.invoke(question)
9
10  print(" 问答示例: ")
11  print(f" 问题 : {question}")
12  print(f" 答案 : {response}")
```

在该示例中，通过 OpenAI 的 LLM 提出了一个关于 LangChain 的问题，并接收到了模型生成的答案，这展示了 LLMs 处理直接文本查询的能力。

2. 消息到消息交互：Chat Models

与 LLMs 不同，Chat Models 采用消息列表作为输入和输出，这种方式更适合构建需要维护对话状态或实现更复杂对话逻辑的应用。

下面构建一个简单的聊天交互示例。

```
1   from langchain_openai import ChatOpenAI
2   from langchain_core.messages import HumanMessage, SystemMessage
3
4   # 初始化 Chat Model
5   chat = ChatOpenAI()
6
7   # 定义聊天消息
8   messages = [
9       SystemMessage(content=" 你是一个天气查询助手。"),
10      HumanMessage(content=" 北京今天的天气怎么样？"),
11  ]
12
13  # 发送消息并获取回答
14  response = chat.invoke(messages)
15
16  print(f" 聊天交互示例：{response.content}")
```

该示例定义了一个系统消息和一个人类用户消息，通过 Chat Model 获取了关于北京天气的回答，这种基于消息的交互方式使得构建复杂的对话流程变得更加简单。

通过上面的示例，可以看到 LangChain 提供的不同模型交互方式支持多样化的应用场景。

5.2.3　规范化输出：Output Parsers

在构建基于语言模型的应用时，经常会面临将模型生成的文本输出转换为结构化数据的需求。为了解决这一问题，LangChain 提供了一系列 Output Parsers，旨在将 LLMs 的输出转换成更加适用于后续处理的格式。这些输出解析器支持从简单文本到复杂结构化数据的转换，并且许多解析器还支持流式处理（streaming），使得它们能够有效地处理大量或实时的数据流。

Output Parsers 的设计允许开发者快速实现输出的规范化处理。下面是 Output Parsers 的基本用法指南，旨在帮助开发者熟悉如何使用这些工具。

1. Output Parsers 类型

LangChain 支持多种类型的 Output Parsers，每种解析器都有其特定的用途和应用场景。例如，JSON 解析器可以将文本输出转换为 JSON 对象，XML 解析器则专门用于处理 XML 格式的输出。此外，PandasDataFrame 解析器非常适合进行数据分析和数据处理操作，可以将输出转换为 Pandas 的 DataFrame 格式。

2. 使用 PydanticOutputParser

下面示例展示了如何使用 PydanticOutputParser 将语言模型的输出转换为自定义的 Pydantic 模型，这种方式不仅能够确保输出数据的结构化，还能够利用 Pydantic 提供的数据验证功能来保证数据的质量。

```
1   from langchain.output_parsers import PydanticOutputParser
2   from langchain.prompts import PromptTemplate
3   from langchain_core.pydantic_v1 import BaseModel, Field, validator
4   from langchain_openai import OpenAI
5
6
7   # 定义所需的数据结构
8   class WeatherInfo(BaseModel):
9       city: str = Field(description=" 城市名称 ")
10      weather: str = Field(description=" 天气情况 ")
11      temperature: str = Field(description=" 气温 ")
12
13      @validator("city")
14      def city_must_be_valid(cls, value):
15          if len(value) == 0:
16              raise ValueError(" 城市名称不能为空 !")
17          return value
18
19  # 设置解析器并将格式化指令注入提示模板
20  parser = PydanticOutputParser(pydantic_object=WeatherInfo)
21  prompt_template = PromptTemplate(
22      template=" 请回答用户的查询。\n{format_instructions}\n{query}\n",
23      input_variables=["query"],
24      partial_variables={"format_instructions": parser.get_format_
        instructions()},
25  )
26
27  # 构建查询并调用语言模型填充数据结构
28  model = OpenAI(model_name="gpt-3.5-turbo-instruct", temperature=0.0)
29  prompt_and_model = prompt_template | model
30  output = prompt_and_model.invoke({"query": " 北京今天的天气怎么样 ?"})
31  weather_info = parser.invoke(output)
32
33  print(weather_info)
```

在该示例中，首先定义了一个 WeatherInfo 的 Pydantic 模型，用于描述天气信息的数据结构。然后，通过 PydanticOutputParser 创建了一个输出解析器，并将其与一个格式化的提示模板结合使用。当通过模型获取到文本输出后，就可以利用解析器将其转换为结构化的 WeatherInfo 对象。

通过这种方式，LangChain 的 Output Parsers 为开发者提供了一种强大且灵活的方法，以规范化和处理 LLMs 的输出数据。无论是进行数据分析、生成报告还是其他需要结构化输出的应用场景，Output Parsers 都能够大幅提升开发效率和应用的可用性。

5.2.4 设计 Pipeline 模板

设计 Pipeline 模板是在 LangChain 框架中实现复杂输入处理流程的有效方法，该方法允许开发者将多个提示模板组合在一起，以便重用提示的部分或逻辑，从而提高开发效率和维护性。下面将分步骤介绍如何设计一个 Pipeline 模板。

Pipeline 模板的核心思想是将一系列独立的提示模板按顺序组合成一个完整的处理流程，每个独立的模板都可以作为一个步骤，处理特定的任务，例如，生成介绍文本、提供示例互动或引导用户输入。通过 Pipeline 模板，这些独立的提示模板可以共享变量和结果，实现数据的流转和逻辑的复用。

1. 定义提示模板

定义参与 Pipeline 的各个提示模板。以模仿特定人物回答问题的场景为例，可能需要以下模板。

（1）介绍模板：用于生成模仿特定人物的介绍文本。

（2）示例模板：提供一个模仿回答的示例互动。

（3）开始模板：引导用户提出真实问题，等待回答。

```
1    from langchain.prompts import PromptTemplate
2
3    introduction_template = """ 你正在模仿 {person}。"""
4    example_template = """ 这里是一个互动示例:
5
6    Q: {example_q}
7    A: {example_a}"""
8    start_template = """ 现在，让我们开始真正的互动!
9
10   Q: {input}
11   A:"""
```

2. 组合 Pipeline 提示模板

在定义了必要的提示模板后，可以使用 PipelinePromptTemplate 来组合它们。Pipeline PromptTemplate 需要两个关键部分：最终提示（final_prompt）和流程提示（pipeline_prompts）。

```
1    from langchain.prompts.pipeline import PipelinePromptTemplate
2
3    full_template = """{introduction}
4
5    {example}
6
7    {start}"""
```

```
8   full_prompt = PromptTemplate.from_template(full_template)
9
10  input_prompts = [
11      ("introduction", PromptTemplate.from_template(introduction_template)),
12      ("example", PromptTemplate.from_template(example_template)),
13      ("start", PromptTemplate.from_template(start_template)),
14  ]
15  pipeline_prompt = PipelinePromptTemplate(
16      final_prompt=full_prompt, pipeline_prompts=input_prompts
17  )
```

3. 格式化并使用 Pipeline 模板

可以格式化 Pipeline 模板，并填充必要的输入变量，以生成完整的提示文本。

```
1   print(
2       pipeline_prompt.format(
3           person=" 马斯克 ",
4           example_q=" 你最喜欢的汽车是什么？",
5           example_a=" 特斯拉 ",
6           input=" 你最喜欢的社交媒体网站是哪个？",
7       )
8   )
```

通过上述过程，可以看到 Pipeline 模板如何有效地将多个独立的提示模板组合成一个连贯的处理流程，实现了提示逻辑的复用和数据流转。这种方法不仅提高了开发效率，还使复杂逻辑的实现变得更加清晰和可维护。

5.2.5 设计语言翻译提示模板案例

在 LangChain 框架中，利用 PromptTemplate 工具设计用于语言翻译的提示模板是一种高效实现多语言翻译任务的方法。下面将详细介绍如何设计一个用于语言翻译的提示模板。

PromptTemplate 工具允许开发者创建有一个或多个变量的字符串模板，通过动态填充这些变量来生成适用于不同翻译场景的提示。

```
1   from langchain.prompts import PromptTemplate
2
3   # 创建一个用于语言翻译的提示模板
4   translation_template = PromptTemplate.from_template(
5       "Translate the following sentence from {source_language} to {target_
    language}: '{sentence}'"
6   )
7
```

```
8    # 使用模板生成翻译提示
9    prompt = translation_template.format(
10       source_language="English",
11       target_language=" 中文 ",
12       sentence="How are you?"
13   )
14
15   print(prompt)
```

这将输出：

```
Translate the following sentence from English to 中文 : 'How are you?'
```

对于更复杂的翻译需求，可以设计更详细的提示模板，如包含语境信息、翻译注意事项等。

```
1    from langchain.prompts import PromptTemplate
2
3    # 创建一个含有更多信息的翻译提示模板
4    detailed_template = PromptTemplate.from_template(
5        "Given the context of {context}, translate '{sentence}' from {source_
     language} to {target_language}, "
6        "paying special attention to cultural nuances."
7    )
8
9    # 使用模板生成详细的翻译提示
10   prompt = detailed_template.format(
11       context="a business meeting",
12       sentence="We are looking forward to a fruitful collaboration.",
13       source_language="English",
14       target_language="Chinese"
15   )
16
17   print(prompt)
```

这将输出：

```
Given the context of a business meeting, translate 'We are looking forward to
a fruitful collaboration.' from English to Chinese, paying special attention
to cultural nuances.
```

LangChain 还支持通过组合多个提示模板来创建更复杂的提示结构，以满足特定的翻译需求。

```
1    from langchain.prompts import PromptTemplate
2
3    # 定义两个基本模板
4    greeting_template = PromptTemplate.from_template("Greeting in {target_language}: ")
```

```
5    request_template = PromptTemplate.from_template("How to say '{request}'
     in {target_language}?")
6
7    # 组合模板
8    combined_template = greeting_template + request_template
9
10   # 生成组合后的提示
11   prompt = combined_template.format(
12       target_language="French",
13       request="Where is the nearest hospital?"
14   )
15
16   print(prompt)
```

这将输出：

```
Greeting in French: How to say 'Where is the nearest hospital?' in French?
```

通过灵活使用 PromptTemplate 工具，开发者可以轻松设计出满足不同翻译需求的提示模板，这些模板不仅可以用于直接的语言翻译任务，还可以通过调整和组合来适应更加复杂的翻译场景，从而增强了 LangChain 在多语言处理应用中的实用性和灵活性。

5.3　信 息 检 索

在 LangChain 框架中，信息检索（Retrieval）功能是通过一系列工具和方法实现的，旨在从大量的文本数据中找到与用户查询最相关的信息。这一功能在问答系统、知识库搜索和文档检索等多种场景中具有重要应用。

1. 核心概念

（1）检索器（Retrievers）：检索器是 LangChain 中用于根据用户查询返回相关文档的接口。它比向量存储（Vector Stores）更为通用，不仅限于存储文档，还能根据需要返回（或检索）它们。

（2）向量存储（Vector Stores）：向量存储是检索过程的核心，用于存储文本数据的向量表示，并在查询时检索与查询向量最相似的文档向量。

（3）索引器（Indexers）：索引器用于将文档从任何来源加载到向量存储中，并保持文档与向量存储的同步，避免重复写入、未更改内容的重写，以及未更改内容的重复嵌入。

2. 检索流程

（1）文档预处理：需要对要检索的文档进行预处理，包括文本清洗、分词等，以提高后续嵌入和检索的准确性和效率。

（2）文档嵌入：通过文本嵌入模型（如 OpenAI 的 Embeddings 或其他支持的模型）将预处理后的文本转化为向量表示。

（3）文档索引：将文档的向量表示存储到向量数据库中，为后续的快速检索打下基础。

（4）查询处理：当用户发起查询时，同样利用文本嵌入模型将查询转化为向量表示。

（5）相似度检索：在向量数据库中执行相似度检索，找到与查询向量最相似的文档向量。

（6）结果返回：根据检索到的文档向量，返回对应的文档内容给用户。

信息检索流程如图5.15所示。

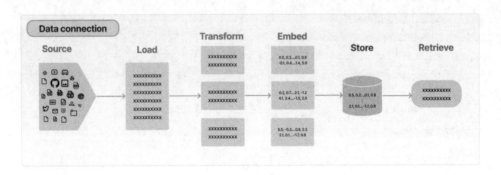

图5.15　信息检索流程

3. 应用场景

LangChain的信息检索功能可应用于多种场景，如：

（1）问答系统。根据用户的问题检索最相关的答案或信息。

（2）知识管理。在企业内部知识库中快速找到所需信息。

（3）内容推荐。根据用户兴趣或查询历史推荐相关内容。

LangChain的信息检索功能为开发者提供了一个强大、灵活的工具，以实现快速准确的文本信息检索，满足不同应用场景的需求。

5.3.1　文档加载器

文档加载器是LangChain框架中一个关键的组件，它允许开发者从各种数据源加载数据为文档对象。每个文档对象包含一段文本及其相关的元数据，这为处理和分析提供了极大的便利。无论是简单的.txt文件、网页的文本内容，还是视频的字幕，文档加载器都能够轻松地将其加载成为所需的格式。

文档对象通常代表一段文本、文件或者数据的封装，它提供了一种结构化的方式来访问、操作和管理其中的内容。

元数据是关于数据的数据，它提供了数据的详细描述信息，比如，内容、来源、格式和访问控制信息，用于帮助理解、管理和使用实际数据。

文档加载器提供了一个load方法，用于从配置的源加载数据作为文档。它们还可选择实现lazy load方法，用于将数据惰性加载到内存中。LangChain支持多种格式的文档加载，下面将通过加载文本文件和JSON文件，展示如何使用文档加载器。

惰性加载是一种编程技术，其中对象的初始化和数据的加载被推迟到真正需要时才执行，以提高性能和资源利用效率。

1. 读取文本文件

文本文件是最简单的数据源之一。下面示例展示如何使用 TextLoader 读取 .txt 文件，并将其内容加载为一个文档。

```
1   from langchain.document_loaders import TextLoader
2
3   # 初始化加载器并指定文件路径
4   # loader = TextLoader("example.txt")
5
6   # 加载文档
7   document = loader.load()
8
9   # 输出加载的文档内容
10  print(document)
```

在该示例中，TextLoader 类实例化时需要文件路径作为参数。调用 load 方法后，文件中的文本内容将被读取，并封装为一个文档对象。

2. 读取 JSON 文件

JSON 文件是一种轻量级的数据交换格式，被广泛用于存储和传输数据。下面示例展示如何使用 JSONLoader 读取 JSON 文件，并根据指定的 jq 模式解析文件内容。

```
1   from langchain.document_loaders import JSONLoader
2   import json
3   from pathlib import Path
4
5   # 指定 JSON 文件路径
6   file_path = r"c:\MeFive\Code\AiDev\Chapter6\5.3\chat.json"
7   # 读取文件内容
8   data = json.loads(Path(file_path).read_text(encoding='ISO-8859-1'))
9
10  # 使用 JSONLoader 加载并解析 JSON 文件
11  loader = JSONLoader(
12      file_path=file_path,
13      jq_schema='.messages[].content',   # 使用 jq 模式指定要提取的数据
14  )
15
16  # 加载数据
17  documents = loader.load()
```

```
18
19   # 输出提取的文档内容
20   for doc in documents:
21       print(doc)
```

"jq 模式"是一种基于 jq 语言的查询表达式，用于从 JSON 文件中过滤、提取或转换指定的数据，实现高效且灵活的数据解析和处理。

通过上面两个示例，可以看到 LangChain 的文档加载器不仅支持多种数据格式，而且还提供了灵活的数据解析能力。无论是处理简单的文本文件还是复杂的 JSON 数据，文档加载器都能有效地将数据源转换为统一的文档格式，以便于后续的处理和分析。

5.3.2　文档分割器

使用 LangChain 加载文档后，为了更好地适应应用需求，经常需要对这些文档进行转换。最简单的例子是将长文档分割成可以适应模型上下文窗口大小的小块，LangChain 内置了许多文档转换器，使得分割、组合、过滤及其他方式操作文档变得很简单。

处理长文本时，将文本分割成小块至关重要。虽然听起来简单，但其中潜藏着复杂性。理想情况下，用户希望将语义相关的文本片段放在一起，"语义相关"的具体含义可能取决于文本的类型。本小节将展示几种实现这一目标的方法。

从高层次来看，文档分割器按以下方式工作。

（1）将文本分割成小的、语义上有意义的块（通常是句子）。

（2）将这些小块组合成一个较大的块，直到达到某个值（通过某种函数测量）。

（3）达到该值后，将该块作为单独的文本，并开始创建新的文本块，其中包含一些重叠（以保持块之间的上下文）。

这意味着用户可以在两个不同的方向上自定义文本分割器：

● 文本如何被分割。

● 如何测量块大小。

下面介绍两种文本分割器。

1. HTMLHeaderTextSplitter

与 MarkdownHeaderTextSplitter 类似，HTMLHeaderTextSplitter 是一个"结构感知"的分割器，它在元素级别上分割文本，并为每个头部"相关"的块添加元数据。它可以按元素逐个返回块，也可以组合具有相同元数据的元素，目的是在语义上（或多或少）将相关文本分组，并保留文档结构中编码的丰富上下文信息。它可以作为分块管道的一部分与其他文本分割器一起使用。

对 HTML 字符串使用代码如下所示。

```
1    from langchain.text_splitters import HTMLHeaderTextSplitter
2
3    html_string = """
```

```
4    <!DOCTYPE html>
5    <html>
6    <body>
7    ...
8    </html>
9    """
10
11   headers_to_split_on = [
12       ("h1", "Header 1"),
13       ("h2", "Header 2"),
14       ("h3", "Header 3"),
15   ]
16
17   html_splitter = HTMLHeaderTextSplitter(headers_to_split_on=headers_to_split_on)
18   html_header_splits = html_splitter.split_text(html_string)
19
20   for doc in html_header_splits:
21       print(doc.content, doc.metadata)
```

与另一个分割器串联，从网络 URL 加载 HTML。

```
1    # html_header_splits 已经由 html_splitter.split_text_from_url(url) 生成
2    from langchain.text_splitter import RecursiveCharacterTextSplitter
3
4    text_splitter = RecursiveCharacterTextSplitter(chunk_size=500, chunk_overlap=30)
5    splits = text_splitter.split_documents(html_header_splits)
6
7    for doc in splits[80:85]:
8        print(doc.content, doc.metadata)
```

2. 按字符分割（Split by Character）

这是最简单的方法之一。它根据字符（默认为空字符串）进行分割，并以字符数测量块大小。

● 如何分割文本：按单个字符。

● 如何测量块大小：通过字符数量。

```
1    from langchain.text_splitter  import CharacterTextSplitter
2
3    # state_of_the_union 是要分割的长文档
4    with open(r"c:\MeFive\Code\AiDev\Chapter6\5.3\state_of_the_union.txt") as f:
5        state_of_the_union = f.read()
6
```

```
7    text_splitter = CharacterTextSplitter(separator="\n\n", chunk_size=
     1000, chunk_overlap=200)
8
9    splits = text_splitter.split_text(state_of_the_union)
10   print(splits[0])
```

在该示例中，CharacterTextSplitter 根据给定的分隔符、块大小和重叠大小将文本分割成块。通过这种方法，可以将长文档分割成更易于处理的小块，同时保留足够的上下文信息以供后续处理。

5.3.3 文本嵌入

文本嵌入技术是连接 NLP 与深度学习的重要桥梁。通过将文本转换为向量空间中的点，文本嵌入使机器能够理解和处理人类语言，为各种应用（如语义搜索、文本分类、情感分析等）提供了强大的基础。LangChain 作为一个旨在简化与语言模型交互的框架，对文本嵌入的处理尤为重视，提供了高效、灵活的接入方法。

LangChain 通过 Embeddings 类提供了一个统一的接口，使开发者可以轻松地使用不同的文本嵌入模型（如 OpenAI、Cohere、Hugging Face 等）来生成文本的向量表示。这一设计思路旨在抽象化底层的嵌入模型，让开发者无须关注具体的模型细节，就能够利用文本嵌入的强大能力。

Embeddings 类提供了两种主要的方法：embed_documents 用于嵌入多段文本，embed_query 则用于嵌入单个查询文本。这样的区分是因为不同的嵌入模型提供者可能针对文档（被搜索的对象）和查询（搜索查询本身）采用不同的嵌入策略。

下面通过一个简单的案例来展示 LangChain 如何利用文本嵌入技术，将以下文本列表转换为向量表示。

```
1
2    "Hi there!"
3    "Oh, hello!"
4    "What's your name?"
5    "My friends call me World"
6    "Hello World!"
```

首先，需要安装并设置 OpenAI 的 partner 包，并配置 API 密钥。再通过 OpenAIEmbeddings 类初始化一个嵌入模型。

```
1    from langchain_openai import OpenAIEmbeddings
2
3    embeddings_model = OpenAIEmbeddings(openai_api_key=" 你的 API 密钥 ")
```

接下来，可以使用 embed_documents 方法嵌入整个文本列表，并使用 embed_query 方法嵌入一个单独的查询文本。这两种方法分别返回了文本和查询的向量表示，能够在向量空间中进行比较和分析。

```
1    # 嵌入文本列表
2    embeddings = embeddings_model.embed_documents([
3        "Hi there!",
4        "Oh, hello!",
5        "What's your name?",
6        "My friends call me World",
7        "Hello World!"
8    ])
9
10   # 嵌入单个查询文本
11   embedded_query = embeddings_model.embed_query("What was the name mentioned
     in the conversation?")
```

通过该案例，可以看到 LangChain 不仅简化了文本嵌入的过程，还为开发者提供了灵活、高效的工具，以便更好地在应用中利用文本嵌入技术。无论是进行语义搜索，还是构建更复杂的 NLP 应用，LangChain 的文本嵌入功能都能提供强大的支持。

5.3.4　向量数据库

向量数据库是存储和搜索非结构化数据最常见的方式之一，通常通过嵌入非结构化数据并将其存储为结果向量，然后在查询时嵌入非结构化查询，并检索与嵌入查询"最相似"的嵌入向量。向量数据库负责存储嵌入数据和执行向量搜索。向量数据存储流程如图 5.16 所示。LangChain 为开发者提供了强大的向量数据库支持，使得处理和搜索嵌入向量变得既简单又高效。

图 5.16　向量数据存储流程

LangChain 通过与多种向量数据库（如 Chroma、FAISS、Qdrant 等）的集成，为开发者提供了丰富的选择。这使得无论是在本地机器上还是云端服务中，开发者都能轻松地实现向量的存储和搜索功能。向量数据库的使用通常与文本嵌入过程紧密相关，因为嵌入向量是通过将文本转换为向量空间中的点来生成的。

以下是一个简单的案例。

将一段文本转换为嵌入向量，并存储到向量数据库中，以便之后进行相似度搜索。首先通过
TextLoader 加载文档，并使用 CharacterTextSplitter 将文本分割成小块。接着，使用 OpenAI-
Embeddings 来生成文档的嵌入向量。最后，将这些嵌入向量存储到 Chroma 向量数据库中。

```
1    # 加载文档和分割
2    raw_documents = TextLoader('../../../state_of_the_union.txt').load()
3    text_splitter = CharacterTextSplitter(chunk_size=1000, chunk_overlap=0)
4    documents = text_splitter.split_documents(raw_documents)
5
6    # 嵌入并存储到向量数据库
7    db = Chroma.from_documents(documents, OpenAIEmbeddings())
```

通过这种方式，不仅能够存储文档的向量表示，还能通过向量数据库执行高效的相似度搜索，
快速找到与查询最相似的文档。

除了基础的存储和搜索功能外，LangChain 的向量数据库支持还包括一些高级特性，如异步
操作和最大边际相关性搜索（MMR）。这些高级特性使得开发者能够在构建复杂的应用时，更好
地控制性能和搜索结果的质量。

- 异步操作：LangChain 支持向量数据库的异步操作，使得可以在不阻塞主线程的情况下进行
  数据的加载和搜索，特别适用于基于异步框架的应用场景。
- 最大边际相关性搜索：最大边际相关性搜索优化了查询相似性和选定文档之间的多样性，
  可以在保持与查询相关性的同时增加结果的多样性，从而提高搜索结果的质量。

LangChain 通过提供对向量数据库的广泛支持，极大地简化了文本嵌入向量的存储和搜索
过程。

5.3.5　检索器

在 LangChain 框架中，检索器（Retrievers）扮演着至关重要的角色，它们使得从非结构化查
询中返回文档成为可能。检索器比向量存储（Vector Stores）更为通用，它不仅能够检索存储的
文档，还能够基于复杂的查询返回相关的文档列表。LangChain 的检索器支持各种高级检索类型，
满足不同的场景需求，包括从简单的向量存储检索到基于元数据或上下文的复杂查询处理。

LangChain 提供了多种类型的检索器，包括向量存储、多向量检索、基于元数据的查询和上
下文压缩等，覆盖了从基础到高级的各种检索需求。每种检索器都有其特定的适用场景，如使用
向量存储检索器快速入门，或利用时间加权向量存储检索最新的文档。LangChain 还支持第三方
检索服务的集成，使得开发者可以轻松扩展检索功能。

下面列举 LangChian 支持的一些高级检索类型。

（1）向量存储（Vectorstore）：适用于需要快速开始的基本场景，通过为每个文本创建嵌入向
量来实现。

（2）父文档检索（ParentDocument）：适合页面包含多个独立信息片段的情况，索引文档的多

个块，但返回整个父文档。

（3）多向量检索（Multi Vector）：当文档中的信息比文本本身更重要时使用，为每个文档创建多个向量。

（4）自查询（Self Query）：适用于基于元数据而非文本相似度回答用户问题的场景。

（5）上下文压缩（Contextual Compression）：当检索到的文档包含过多无关信息时使用，提取最相关的信息。

（6）多查询检索器（Multi-Query Retriever）和组合检索器（Ensemble）：适用于处理需要多方面信息或组合多种检索方法的复杂查询。

下面通过一个简单的示例来展示如何在 LangChain 中实现和使用检索器。根据用户的查询，从一组文档中检索出与技术相关的内容。

```
1   from langchain_openai import ChatOpenAI
2   from langchain_core.prompts import ChatPromptTemplate
3   from langchain_core.output_parsers import StrOutputParser
4   from langchain_core.runnables import RunnablePassthrough
5
6   # 定义模板
7   template = """根据以下上下文回答问题：
8
9   {context}
10
11  问题：{question}
12  """
13  prompt = ChatPromptTemplate.from_template(template)
14  model = ChatOpenAI()
15
16  # 格式化文档函数
17  def format_docs(docs):
18      return "\n\n".join([doc.page_content for doc in docs])
19
20  # 构建链
21  chain = (
22      {"context": retriever | format_docs, "question": RunnablePassthrough()}
23      | prompt
24      | model
25      | StrOutputParser()
26  )
27
28  # 执行查询
29  chain.invoke("总统对科技有何看法？")
```

通过该示例，可以看到 LangChain 灵活地使用检索器来处理复杂的查询，并通过链式结构将不同的组件（如检索器、模板和模型）有效地组合起来，为用户提供精准的信息检索服务。这种灵活性和扩展性使得 LangChain 成为构建复杂信息检索和问答系统的强大工具。

5.3.6　索引器

LangChain 的索引 API 提供了一种基础的索引工作流，使用户能够从任何来源加载文档并将其与向量数据库同步。该 API 的设计旨在避免向向量数据库写入重复内容、避免重写未更改的内容以及避免对未更改的内容重新计算嵌入，从而节省时间和成本，同时改善向量搜索结果。

1. 如何工作

LangChain 索引利用记录管理器（RecordManager）跟踪文档写入向量数据库的情况。在索引内容时，将为每个文档计算哈希值，并在记录管理器中存储以下信息。

（1）文档哈希（页面内容和元数据的哈希）。

（2）写入时间。

（3）来源 ID。每个文档的元数据中应包含信息，以确保该文档的最终来源。

这一机制确保即使是经过多个转换步骤（如通过文本分块）处理的文档，也能够与原始源文档相比较进行有效管理。

2. 删除模式

将文档索引到向量数据库时，需要删除向量数据库中的一些现有文档。某些情况下，用户可能希望删除所有源自新索引文档相同源的现有文档；其他情况下，用户可能希望批量删除所有现有文档。索引 API 的删除模式允许用户选择所需的行为。

- 无（None）：不执行任何自动清理，允许用户手动清理旧内容。
- 增量（Incremental）：在写入时持续进行清理，如果源文档或派生文档的内容发生变化，增量模式将清理（删除）内容的先前版本。但是，如果源文档已被删除（即当前正在索引的文档中未包含），增量模式不会将其从向量数据库中正确删除。
- 完全（Full）：在所有批次写入完成后执行清理，如果源文档已被删除，完全清理模式将其从向量数据库中正确删除。

下面用一个简单的示例说明，在 LangChain 中如何实现索引的存取。

（1）初始化向量存储和设置嵌入。初始化一个向量存储（如 Elasticsearch）并设置嵌入模型，这里使用 OpenAIEmbeddings 作为嵌入模型，并且使用 ElasticsearchStore 作为向量存储的实现。

```
1    from langchain_community.vectorstores import ElasticsearchStore
2    from langchain_openai import OpenAIEmbeddings
3
4    collection_name = "test_index"
5    embedding = OpenAIEmbeddings()
6
```

```
7    vectorstore = ElasticsearchStore(
8        es_url="http://localhost:9200", index_name="test_index", embedding=embedding
9    )
```

（2）初始化记录管理器。初始化一个记录管理器（SQLRecordManager），并为其设置一个命名空间。该命名空间反映向量存储和集合名称的关系。

```
1    from langchain.indexes import SQLRecordManager
2
3    namespace = f"elasticsearch/{collection_name}"
4    record_manager = SQLRecordManager(
5        namespace, db_url="sqlite:///record_manager_cache.sql"
6    )
```

（3）创建模式。在使用记录管理器之前，需要先创建一个数据库模式。这通常通过调用记录管理器的 create_schema() 方法来完成。

```
record_manager.create_schema()
```

（4）准备文档。准备一些测试文档，这些文档将被索引到向量存储中。每个文档由 Document 对象表示，包含页面内容和元数据。

```
1    from langchain_core.documents import Document
2
3    doc1 = Document(page_content="kitty", metadata={"source": "kitty.txt"})
4    doc2 = Document(page_content="doggy", metadata={"source": "doggy.txt"})
```

（5）索引文档。在索引文档之前，如果需要，可以清理现有的索引内容。这里使用一个名为 _clear 的辅助函数来实现这一点。然后，使用 index 函数将文档索引到向量存储中。

```
1    from langchain.indexes import index
2
3    # 清理内容的辅助函数
4    def _clear():
5        index([], record_manager, vectorstore, cleanup="full", source_id_key="source")
6
7    # 索引文档
8    _clear()    # 如果需要，先清理旧的内容
9    index([doc1, doc2], record_manager, vectorstore, cleanup=None, source_id_key="source")
```

注意：这里的 _clear 函数和随后的 index 调用是示例性的，展示了如何将文档索引到向量存储中。在实际应用中，可能需要根据具体情况调整索引文档的方式，特别是文档的来源标识键（source_id_key）。

通过以上步骤，就可以在 LangChain 中实现文档的索引存取，这个过程涉及设置嵌入模型、初始化向量存储、准备和索引文档，是处理自然语言数据和构建搜索功能时常见的步骤。

5.3.7 检索翻译 PDF 文件案例

本小节案例将探索如何利用 LangChain 框架和其他 Python 库将本地存储的英文 PDF 文件翻译成中文，并将翻译后的内容格式化后输出为一个新的 PDF 文件。这个过程不仅展示了如何处理和转换文档数据，还涉及文本翻译和 PDF 生成等技术的应用，本小节案例为处理类似需求提供了一个实用的示例。

下面是实现这一功能的具体步骤。

（1）准备环境。确保安装了所有必要的 Python 库，包括 langchain-community、reportlab 等。如果某些库尚未安装，请使用 pip 进行安装。例如：

```
pip install reportlab langchain-openai
```

（2）加载和提取 PDF 文本。使用 PyPDFLoader 从本地 PDF 文件中加载和提取文本，这一步骤将 PDF 文件的每一页内容合并成一个长字符串，以便进行翻译。

```
1   from langchain_community.document_loaders import PyPDFLoader
2
3   # 指定需要翻译的 PDF 文件路径
4   loader = PyPDFLoader("mypdf.pdf")
5   pages = loader.load_and_split()
6   combined_content = "\n\n".join(doc.page_content for doc in pages)
```

（3）设置翻译模型和模板。使用 OpenAI 模型进行翻译，并通过 PromptTemplate 定义翻译的请求模板。

```
1   from langchain.prompts import PromptTemplate
2   from langchain_openai import OpenAI
3   from langchain_core.output_parsers import StrOutputParser
4
5   llm = OpenAI(model="gpt-3.5-turbo-instruct")
6   translate_prompt_template = PromptTemplate.from_template(
7       "Translate the following English text to Chinese:\n\n{input}"
8   )
```

（4）执行翻译并格式化文本。通过定义的翻译模板和模型执行翻译，并使用自定义函数 format_text_for_pdf 将翻译后的文本格式化为适合 PDF 输出的多行文本格式。

```
1   # 设置输出解析器并构建翻译链
2   output_parser = StrOutputParser()
3   chain = translate_prompt_template | llm | output_parser
4
5   # 执行翻译
6   translated_text = chain.invoke({"input": combined_content})
```

（5）输出为 PDF 文件。使用 reportlab 库将格式化后的中文文本输出为 PDF 文件。在这一步中，用户可能需要根据实际的中文字体文件路径来调整字体注册代码。

```
1   from reportlab.pdfgen import canvas
2   from reportlab.pdfbase.ttfonts import TTFont
3   from reportlab.pdfbase import pdfmetrics
4   from reportlab.lib.pagesizes import A4
5
6   # 注册支持简体中文的字体
7   pdfmetrics.registerFont(TTFont('MicrosoftYaHei', 'c:\WINDOWS\Fonts\
    SIMFANG.TTF'))
8
9   # 创建 PDF 画布，并指定页面为 A4 大小
10  c = canvas.Canvas("translated_document.pdf", pagesize=A4)
11  c.setFont("MicrosoftYaHei", 12)   # 设置字体和大小
12
13  # 定义文本换行函数
14  def wrap_text(text, max_length):
15      wrapped_lines = []
16      for i in range(0, len(text), max_length):
17          wrapped_lines.append(text[i:i+max_length])
18      return wrapped_lines
19
20  # 换行处理
21  wrapped_text = wrap_text(translated_text, 35)
22
23  # 绘制文本到 PDF 文件
24  start_y = 750
25  line_height = 14
26  for line in wrapped_text:
27      c.drawString(100, start_y, line)
28      start_y -= line_height
29
30  # 保存 PDF 文件
31  c.save()
```

确保安装了所有必要的 Python 库，并正确设置了 OpenAI 的 API 密钥。

根据实际情况调整字体文件的路径，以确保 PDF 中可以正确显示中文。

format_text_for_pdf 函数的实现需要根据 PDF 页面的实际宽度和预期的行长度进行调整。

通过上述步骤，可以将本地的英文 PDF 文件翻译为中文，并将翻译后的内容格式化后输出为新的 PDF 文件。该案例展示了如何在 LangChain 框架下使用语言模型进行文本处理和格式化输出的完整流程。

5.4 代理构建

在 LangChain 框架中，代理是用于选择和执行一系列行动的高级抽象。不同于静态定义的行动序列，代理利用 LLMs 作为推理引擎，动态决定采取哪些行动以及行动的顺序。这种机制使代理能够以更灵活和智能的方式响应各种任务和查询。

1. 代理的核心概念

（1）代理类型（Agent Types）：LangChain 提供了多种类型的代理，每种类型根据其设计目的、支持的模型类型（如 Chat Models 或 LLM），以及是否支持聊天历史、多输入工具等特性进行分类。

（2）工具（Tools）：代理通过工具与外部世界交互。工具定义了代理可以执行的具体操作，如查询数据库、访问 API 或执行计算任务。

（3）工具包（Toolkits）：为了方便地组织和管理工具，LangChain 引入了工具包的概念，即一组相关工具的集合，使代理能够通过一个统一的接口访问多种功能。

2. 代理构建的步骤

（1）定义工具（Define Tools）：需要定义代理将要使用的工具，包括指定工具的名称、功能描述、输入参数的结构和类型以及工具执行的具体函数。

（2）组织工具包（Organize Toolkits）：根据任务需求，将相关工具组织成工具包。工具包可以根据功能、应用场景或其他标准进行组织。

（3）选择代理类型（Select Agent Type）：根据任务的复杂性和所需的功能，选择最适合的代理类型。需要考虑代理是否需要支持聊天历史、是否需要处理多输入工具等因素。

（4）配置代理（Configure the Agent）：根据选定的代理类型，配置代理的参数，如模型类型、所用的工具包等。

（5）部署代理（Deploy the Agent）：完成配置后，可以部署代理以响应用户的查询或执行特定任务。代理可以通过 Web 服务、命令行工具或其他接口向用户提供服务。

通过构建和部署代理，LangChain 为开发者提供了一个强大的工具，以利用最新的语言模型技术来开发智能、灵活和高效的应用程序。

5.4.1 LangChain 代理类型

在 LangChain 中，代理是一种使用语言模型来选择和执行一系列操作的高级抽象。与硬编码（hardcoded）的操作序列（如在 chains 中）不同，代理利用语言模型作为推理引擎来确定执行哪些操作以及操作的顺序。

代理的核心思想是将语言模型用作决策引擎，根据给定的输入（如文本查询）动态地选择一系列操作（如调用 API、执行计算任务等），以实现特定的目标或任务。这种机制使得代理可以在不同的上下文和需求下灵活地适应和执行任务。

LangChain 提供了多种代理类型，以适应不同的模型类型、历史支持需求、输入工具支持以及并行函数调用能力。

（1）Intended Model Type（预期模型类型）：指定代理预期使用的模型类型（如 Chat Models 或 LLMs），这主要影响提示策略的使用。

（2）Supports Chat History（支持聊天历史）：指示代理类型是否支持聊天历史。如果支持，则意味着它可以用作聊天机器人；如果不支持，则更适合单一任务。

（3）Supports Multi-Input Tools（支持多输入工具）：代理类型是否支持具有多个输入的工具。对于只需要单个输入的工具，LLM 更容易使用。因此，早期针对性能较差的模型的代理类型可能不支持复杂输入。

（4）Supports Parallel Function Calling（支持并行函数调用）：代理能否同时调用多个工具，并行函数调用在执行多个任务时显著提高代理的处理速度。然而，对 LLM 来说，这是一个更具挑战性的任务，因此，并非所有类型的代理都支持此功能。

（5）Required Model Params（需要的模型参数）：代理是否需要模型支持任何附加参数。某些代理类型利用了如 OpenAI 的函数调用等特性，这需要其他模型参数。如果不需要额外参数，则意味着所有操作都通过提示完成。

下面是一些代理类型的简要介绍，以及它们的应用场景：

- Vectorstore 代理：使用向量存储作为后端的代理，适用于需要进行快速语义检索的场景。
- Chat-based 代理：基于聊天模型的代理，其能够处理复杂的对话历史，适用于构建高交互性的聊天机器人。
- Multi-Input 代理：支持处理具有多个输入参数的工具调用，适合于需要集成多个数据源或 API 的复杂任务。

LangChain 的代理类型提供了一系列灵活的工具和抽象，使得利用语言模型进行复杂任务的执行和决策成为可能。通过精心设计的代理类型，LangChain 旨在为开发者提供构建高效、智能和适应性强的自动化系统的能力。

5.4.2　代理的工具集

在 LangChain 中，代理工具是代理与外部世界交互的接口，工具包（Toolkits）则是一组工具的集合，旨在为代理提供一系列功能或服务的组合。工具是构建更复杂交互和功能的基石，工具包则提供了一个更高级别的抽象，允许代理以更复杂和多样化的方式操作和执行任务。

1. 工具简介

工具是定义特定功能的接口，包括以下几个关键组成部分。

（1）工具名称（Tool Name）：工具的唯一标识符，用于在代理决策过程中引用特定工具。

（2）工具描述（Tool Description）：简要说明工具的用途和功能的描述。

（3）输入的 JSON 模式（JSON Schema for Inputs）：定义工具输入参数结构和类型的 JSON 模式。

（4）调用的函数（Function to Call）：实现工具功能的具体函数或方法。

（5）结果直接返回用户（Direct Return to User）：指示工具执行结果是否应该直接呈现给用户的标志。

这些组件共同构成了工具的定义，使代理能够通过 LLM 的提示知道如何指定和执行特定行动。

2. 使用工具

使用工具的过程通常包括初始化特定的工具，配置其参数（如有必要），并通过代理调用其功能。以下是使用内置工具的简单示例：

```
1   from langchain_community.tools import WikipediaQueryRun
2   from langchain_community.utilities import WikipediaAPIWrapper
3
4   # 初始化工具并配置
5   api_wrapper = WikipediaAPIWrapper(top_k_results=1, doc_content_chars_max=100)
6   tool = WikipediaQueryRun(api_wrapper=api_wrapper)
7
8   # 调用工具并传入查询
9   result = tool.run({"query": "OpenAI"})
10  print(result)
```

在该示例中，使用内置的 WikipediaQueryRun 工具来查询 Wikipedia，并获取关于 OpenAI 的信息。工具的调用非常直接，只需传入一个符合工具输入模式的参数字典即可。

通过这样的方式，代理可以利用各种内置或自定义的工具来执行查询、获取信息和操作等任务，极大地扩展了代理的功能和应用场景。

5.4.3　自定义一个工具

在 LangChain 中，开发者可以通过自定义工具来扩展代理的能力，从而实现特定的功能。以下是在 LangChain 中自定义一个工具的步骤。

（1）定义输入参数的模型。定义工具接收的输入参数模型，可以通过继承 BaseModel 类并使用 Field 来实现，以确保输入的有效性和清晰的描述。

```
1   from langchain_core.pydantic_v1 import BaseModel, Field
2
3   class WikiInputs(BaseModel):
4       """ 定义 Wikipedia 工具的输入参数。"""
5       query: str = Field(description="在Wikipedia中查找的查询词,应少于3个单词")
```

在该例子中，定义了一个 WikiInputs 类，它表示一个工具的输入参数模型，只包含一个字段 query。

（2）自定义工具。可以根据需要修改内置工具的名称、描述、输入参数模型以及是否直接将结果返回给用户。

```
1   from langchain_community.tools import WikipediaQueryRun
2   from langchain_community.utilities import WikipediaAPIWrapper
3
4   # 初始化 API 包装器
5   # 实例, 配置为返回顶部 1 个查询结果, 并且每个文档的内容最多包含 100 个字符。这个实例
        将用于实际发起对 Wikipedia 的查询。
6   api_wrapper = WikipediaAPIWrapper(top_k_results=1, doc_content_chars_max=100)
7
8   # 自定义工具
9   tool = WikipediaQueryRun(
10      name="wiki-tool",
11      description=" 查找 Wikipedia 中的信息 ",
12      args_schema=WikiInputs, # 定义输入参数的模型
13      api_wrapper=api_wrapper, # 指定 API 调用
14      return_direct=True
15  )
16
17  print(" 工具名称 :", tool.name)
18  print(" 工具描述 :", tool.description)
19  print(" 输入参数模型 :", tool.args)
20
```

在该示例中, 创建了一个自定义的 WikipediaQueryRun 工具, 通过传递自定义参数 (如名称、描述和输入参数模型) 来覆盖默认值。return_direct 设置为 True, 表示工具的结果将直接返回给用户。

(3) 使用自定义工具。一旦工具定义完成, 就可以像使用内置工具一样调用它。

```
1   result = tool.run({"query": "LangChain"})
2   print(result)
```

或者, 如果用户的工具只需要一个简单的字符串输入, 也可以直接传递字符串。

```
1   result = tool.run("LangChain")
2   print(result)
```

通过这种方式, 开发者可以根据自己的需求在 LangChain 中创建和使用自定义的工具, 进一步提升代理的功能和效率。

5.4.4 自定义一个代理

在 LangChain 中, 开发者可以创建自定义代理来执行复杂的任务或者处理特定的查询。下面创建一个基于 OpenAI Functions 的自定义代理。

(1) 选择语言模型。选择想要指导代理的语言模型, 这里使用 OpenAI 的 ChatOpenAI。

```
1  from langchain_openai import ChatOpenAI
2
3  llm = ChatOpenAI(model="gpt-3.5-turbo", temperature=0)
```

（2）选择提示模板。选择一个提示模板来指导代理，用户可以在 LangSmith 中找到合适的提示模板。这里使用的是 hwchase17/openai-functions-agent，开发者也可以使用自己定义的模板。

```
1  from langchain import hub
2
3  # 获取 LangSmith 的模板
4  prompt = hub.pull("hwchase17/openai-functions-agent")
```

对于一些常用的模板，LangSmith 上有预定义的模板可以直接使用，使用时需要先安装对应的包。

（3）定义代理的工具集合。使用 5.4.3 小节创建的工具。

```
1  # 定义一个工具集合，可以是多个工具
2  tools = [tool]
```

（4）初始化代理。使用语言模型、提示模板和工具初始化代理。代理负责接收输入并决定采取什么行动。

```
1  from langchain.agents import create_openai_functions_agent
2
3  # tools 指的是工具集合
4  agent = create_openai_functions_agent(llm, tools, prompt)
```

（5）结合代理执行器。将代理（大脑）与工具一起组合到 AgentExecutor 中（它将重复调用代理并执行工具）。

```
1  from langchain.agents import AgentExecutor
2
3  agent_executor = AgentExecutor(agent=agent, tools=tools, verbose=True)
```

代理负责决定执行什么工具，代理执行器负责执行这个工具。

（6）运行代理。可以在几个查询上运行代理。注意，目前这些都是无状态查询（它不会记住之前的交互）。

```
1  response = agent_executor.invoke({"input": "你好！"})
2  print(response['output'])
3
4  response = agent_executor.invoke({"input": "什么是 LangChain?"})
5  print(response['output'])
```

代理交互输出如图 5.17 所示。

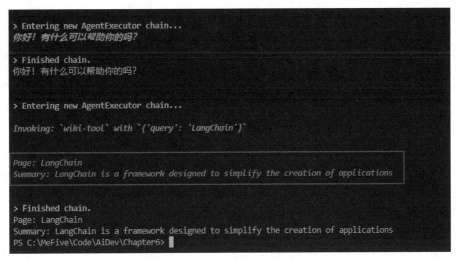

图 5.17　代理交互输出

上述自定义代理的创建过程展示了如何使用 LangChain 和 OpenAI 的工具来构建能够处理交互任务的智能代理。

5.5　链式构建

在 LangChain 框架中，链式构建是一种将多个独立的功能模块（如工具、模型调用、数据处理步骤等）按照特定顺序连接起来处理数据的方法。通过链式构建，开发者可以创建复杂的数据处理流程，从而实现从输入到输出的端到端自动化。

1. 链式构建的核心概念

（1）模块（Module）：构成链的基本单元，其可以是数据加载器、文本分割器、文本嵌入模型、检索器、索引器、代理工具等任何处理数据或执行特定任务的组件。

（2）链（Chain）：由一系列模块按顺序连接而成的处理流程。数据在链中按顺序经过每个模块被处理，每个模块的输出作为下一个模块的输入。

（3）运行时（Runtime）：链式构建的执行环境，负责管理数据流通过链的过程，包括处理模块间的数据传递、错误处理和日志记录等。

2. 链式构建的步骤

（1）定义模块（Define Modules）：根据需求定义需要在链中使用的各种模块。每个模块负责执行特定的任务，如查询数据库、处理文本、生成嵌入向量等。

（2）构建链（Build the Chain）：将定义的模块按照数据处理的逻辑顺序连接起来，形成一个完整的链。在这个过程中，需要确定模块之间的数据接口和传递方式。

（3）配置链（Configure the Chain）：为链中的模块配置必要的参数，如模型的 API 密钥、数据库的访问地址等。

（4）执行链（Execute the Chain）：在运行时环境中执行构建好的链，输入数据并获取处理结果。链式构建支持同步和异步执行，适应不同的应用场景。

通过利用 LangChain 的链式构建功能，开发者可以高效地实现复杂的数据处理和分析任务，推动智能应用的开发和创新。

5.5.1 LangChain 链简介

LangChain 的核心理念在于通过链式调用（Chain of Responsibility 模式）来组合不同的语言模型、工具和处理步骤，从而创建复杂的数据处理流程和智能交互体验。这个框架允许开发者利用现成的链（Pre-built Chain）来快速实现应用，同时也支持自定义链以满足特定的业务需求。

LangChain 提供了一系列预先构建的链，这些链已经针对特定的应用场景进行了优化，使得开发者可以不必从零开始。这些现成的链包括但不限于：

- 创建文档格式化链（create_stuff_documents_chain）：该链接收一系列文档，并将它们格式化成一个提示，然后将该提示传递给一个 LLM。由于它传递所有文档，因此需要确保总体大小符合所使用的 LLM 的上下文窗口限制。
- 创建 OpenAI 函数调用链（create_openai_fn_runnable）：当想利用 OpenAI 的函数调用特性来可选地构造输出响应时使用，可以传入多个函数供其调用，但它不必非调用不可。
- 创建结构化输出链（create_structured_output_runnable）：如果想强制 LLM 以特定函数响应，则该链会很有用。只能传入一个函数，链将总是返回这个函数的响应。
- 加载查询构造器链（load_query_constructor_runnable）：用于生成查询。使用时必须指定允许的操作列表，然后返回一个将自然语言查询转换为这些允许操作的可执行链。
- 创建 SQL 查询链（create_sql_query_chain）：当想从自然语言构造 SQL 数据库查询时使用，可适用于需要从自然语言直接生成 SQL 查询的场景。
- 创建历史感知检索器链（create_history_aware_retriever）：该链接收对话历史，然后使用该历史生成搜索查询，该查询传递给底层的检索器。适用于需要考虑之前交流内容以提升搜索准确度的应用。
- 创建检索链（create_retrieval_chain）：该链接收用户的询问，将其传递给检索器以获取相关文档。然后，相关文档（及原始输入）被传递给 LLM 以生成响应。适用于需要根据用户查询检索信息并生成回应的场景。

通过这些现成的链，LangChain 为开发者提供了一个强大的工具集，可以用来快速构建和部署基于语言模型的应用。无论是处理文档、生成结构化输出，还是从自然语言构造数据库查询，LangChain 的链都能提供简单而有效的解决方案。

5.5.2 构建一个文档列表链

在 LangChain 中，create_stuff_documents_chain 文档列表链提供了一种便捷的方法来将文档列表传递给模型。这个链允许开发者将一系列文档整合成一个单一的提示，然后该提示被传递给语言模型以生成输出，该功能特别适用于处理需要综合多个文档信息的场景，如汇总报告、提取关联信息等。

1. 语法和参数解释

create_stuff_documents_chain 的语法如下。

```
1   langchain.chains.combine_documents.stuff.create_stuff_documents_chain(
2       llm: Runnable,
3       prompt: BasePromptTemplate,
4       output_parser: Optional[BaseOutputParser] = None,
5       document_prompt: Optional[BasePromptTemplate] = None,
6       document_separator: str = '\n\n'
7   ) → Runnable[Dict[str, Any], Any]
8
```

上述代码中：

- llm：语言模型，负责处理合并后的文档提示并生成输出。
- prompt：基础提示模板。必须包含输入变量 context，用于传入格式化后的文档。
- output_parser：输出解析器，默认为 StrOutputParser。
- document_prompt：用于格式化每个文档为字符串的提示。输入变量可以是 page_content 或任何文档中所有元数据键。默认仅包含 Document.page_content。
- document_separator：格式化文档字符串之间使用的分隔符。

2. 使用示例

下面示例展示了如何使用 create_stuff_documents_chain 来构建一个文档列表链，并将其应用于一系列文档。

```
1   from langchain_community.chat_models import ChatOpenAI
2   from langchain_core.documents import Document
3   from langchain_core.prompts import ChatPromptTemplate
4   from langchain.chains.combine_documents.stuff import create_stuff_documents_chain
5
6   # 定义提示模板
7   prompt = ChatPromptTemplate.from_messages(
8       [("system", "大家最喜欢的颜色是什么 :\n\n{context}")]
9   )
10
11  # 初始化语言模型
12  llm = ChatOpenAI(model_name="gpt-3.5-turbo")
13
14  # 创建文档列表链
15  chain = create_stuff_documents_chain(llm, prompt)
```

```
16
17   # 定义文档列表
18   docs = [
19       Document(page_content="Jesse 最喜欢红色但不喜欢黄色"),
20       Document(page_content="Jamal 非常喜欢绿色，但他更喜欢橙色")
21   ]
22
23   # 调用链并传入文档
24   response = chain.invoke({"context": docs})
25
26   # 打印模型响应
27   print(response)
```

该示例首先定义了一个 ChatPromptTemplate 来生成包含多个文档内容的提示信息。随后，初始化 ChatOpenAI 模型，并利用 create_stuff_documents_chain 创建处理链。该链将两篇文档的内容进行格式化与合并，接着将合并后的内容传递给语言模型进行处理。最终，输出模型响应。该示例展示了如何整合并查询模型以获取相关输出的过程。

5.5.3 构建 SQL 数据库查询链

LangChain 框架中的 create_sql_query_chain 功能提供了一种生成 SQL 查询的链，该链能够接收一个问题，然后生成一个能够回答该问题的 SQL 查询语句。这是一个强大的特性，特别是对于需要从数据库中提取信息以回答特定问题的应用来说。

此链为指定数据库生成 SQL 查询。使用时，应注意限制对敏感数据的访问权限，仅允许读取必要的表格，并控制谁可以提交请求到此链。

使用 SQLInputWithTables 输入类型来指定允许访问的表格，以降低泄露敏感数据的风险。

1. 参数说明
（1）llm：使用的语言模型。
（2）db：生成查询的 SQLDatabase。
（3）prompt：使用的提示。如果未提供，则根据数据库方言选择默认提示。prompt 必须支持输入变量 input（用户问题）、top_k（每个 select 语句返回的结果数）、table_info（表定义和样本行）、dialect（可选，如果在提示中包含方言输入变量，则数据库方言会传递给它）。
（4）k：每个 select 语句返回的结果数，默认为 5。

2. 使用示例
```
1   # 安装必要的库
2   # pip install -U langchain langchain-community langchain-openai
3   from langchain_openai import ChatOpenAI
4   from langchain.chains.sql_database.query import create_sql_query_chain
```

```
5   from langchain_community.utilities import SQLDatabase
6
7   # 初始化数据库和语言模型
8   db = SQLDatabase.from_uri("sqlite:///Chinook.db")
9   llm = ChatOpenAI(model="gpt-3.5-turbo", temperature=0)
10
11  # 创建 SQL 查询链
12  chain = create_sql_query_chain(llm, db)
13
14  # 调用链并传入问题
15  response = chain.invoke({"question": "有多少员工？"})
16
17  # 输出响应
18  print(response)
```

3. 提示模板示例

如果提供了自定义提示，则必须能够处理以下输入变量：input（用户问题）、top_k（每个 select 语句的结果数）、table_info（表定义和样本行）以及可选的 dialect（数据库方言）。

```
1   from langchain_core.prompts import PromptTemplate
2
3   template = '''鉴于输入问题，请首先创建一个语法正确的 {dialect} 查询来运行，然后
    查看查询结果并返回答案。
4   使用以下格式：
5
6   问题："{input}"
7   SQL 查询："要运行的 SQL 查询"
8   SQL 结果："SQL 查询的结果"
9   答案："最终答案"
10
11  仅使用以下表格：
12
13  {table_info}
14
15  问题：{input}'''
16  prompt = PromptTemplate.from_template(template)
```

注意，在调用时应加入对应提示模板的参数。

通过使用 create_sql_query_chain 链，开发者可以轻松地将自然语言问题转换为 SQL 查询，从而在各种数据驱动的应用中快速获取所需信息。

5.6 记 忆 系 统

LangChain 框架中的记忆系统是一种强大的功能，旨在为 LLMs 提供长期记忆能力，这使得模型能够存储、检索并利用过去的交互信息，从而提高对话质量和上下文理解能力。记忆系统的核心在于其能够跨多个对话，且保持信息的连续性和一致性，为构建更智能、更理解用户需求的应用提供支持。

1. 记忆系统的核心特性

（1）跨会话记忆：能够在用户的多个会话间保持记忆，实现信息的累积和利用。

（2）动态信息更新：根据新的交互自动更新存储的信息，保持记忆内容的时效性和准确性。

（3）上下文感知：在提供响应时能够考虑历史上下文，使得交互更加自然和流畅。

（4）灵活的记忆结构：支持多种类型的记忆存储结构，包括键值对、图结构等，以适应不同的应用场景。

2. 如何工作

（1）数据收集：在用户与系统交互过程中，收集关键信息和上下文。

（2）记忆编码：将收集到的信息编码为特定格式存储于记忆库中，方便检索和更新。

（3）记忆检索：在需要使用记忆信息时，根据当前的查询或上下文从记忆库中检索相关信息。

（4）信息更新与删除：根据新的用户交互或系统策略更新或删除旧的记忆信息，确保记忆内容的相关性和准确性。

3. 应用场景

记忆系统在多种应用场景中都具有重要价值，例如：

（1）对话系统：为聊天机器人提供记忆功能，使其能够记住用户的偏好、历史交互等信息，从而提升对话质量。

（2）个性化推荐：根据用户的历史行为和偏好进行个性化内容推荐。

（3）知识管理与检索：在大规模知识库中快速检索相关信息，支持复杂的查询。

（4）学习与教育：追踪学习者的进度和理解情况，提供定制化的学习资源和反馈。

记忆系统为 LangChain 带来了强大的长期记忆能力，极大地扩展了语言模型的应用范围和效能。通过合理利用记忆系统，可以构建出更加智能、更加了解用户的应用，推动人机交互和智能处理的进步。

LangChain 的记忆系统是对话式应用中的一个关键组件，使得应用能够引用并处理会话中先前引入的信息。在最基本的层面上，一个对话系统应该能够直接访问一定范围内的过去消息。更复杂的系统可能需要维护一个不断更新的模型，以便维护实体及其关系等信息。

将这种存储过去交互信息的能力称为"记忆"。LangChain 为系统添加记忆提供了众多工具和实用程序。这些工具可以单独使用，也可以无缝集成到链中。

4. 记忆系统的构建

在任何记忆系统中，需要支持两个基本动作，那就是读取和写入。每个链都定义了一些期望特定输入的核心执行逻辑，其中一些输入直接来自用户，但一些输入可以来自记忆。在给定运行中，链将与其记忆系统交互两次。记忆存储流程如图5.18所示。

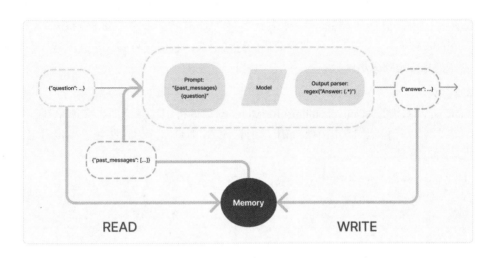

图5.18　记忆存储流程

（1）在接收初始用户输入之后但在执行核心逻辑之前，链将从其记忆系统读取并增强用户输入。

（2）在执行核心逻辑之后但在返回答案之前，链将把当前运行的输入和输出写入记忆，以便在未来的运行中引用。

5. 记忆系统的设计决策

在任何记忆系统中的两个核心设计决策是：

● 状态如何存储。

● 状态如何查询。

（1）存储聊天消息列表。任何记忆系统的基础都是所有聊天互动的历史记录。即使这些历史记录不是直接使用的，也需要以某种形式存储。LangChain记忆模块的关键部分之一是一系列集成，可以用于存储这些聊天消息，从内存列表到持久化数据库都有。

（2）查询基于聊天消息的数据结构和算法。保留聊天消息列表相对直接。间接的是建立在聊天消息之上的数据结构和算法，它们提供了最有用的消息视图。

一个非常简单的记忆系统可能只是在每次运行时返回最近的消息；稍微复杂一些的记忆系统可能返回过去K条消息的简洁总结；更复杂的系统可能会从存储的消息中提取实体，仅返回当前运行中引用的实体信息。

每个应用对于如何查询记忆可能有不同的要求。因此，记忆模块应该设计得易于初学者使用基本的记忆系统，又能在需要时支持开发者编写自定义的记忆系统。

通过这种方式，LangChain 提供的记忆系统既支持快速上手简单记忆系统的构建，也支持根据具体需求开发定制化的复杂记忆解决方案。

5.6.1 记忆的存储

在 LangChain 中，记忆的存储是通过记忆类进行管理的。本小节将展示如何在链中使用 ConversationBufferMemory，这是一种非常简单的记忆形式，它仅仅将聊天消息保持在一个缓冲区中，并将这些消息传递到提示模板。

1. 存储记忆

在 LangChain 中，通过 ConversationBufferMemory 类进行记忆管理时，它简单地维护一个聊天消息的列表，可以轻松地向记忆中添加用户消息和 AI 消息，并为这些消息指定自定义的标识符，以满足代码的需求。

```
1  from langchain.memory import ConversationBufferMemory
2
3  memory = ConversationBufferMemory()
4
5  # 向记忆中添加消息
6  memory.chat_memory.add_user_message(" 你好 !")
7  memory.chat_memory.add_ai_message(" 有什么需要帮助的 ?")
8
9  print(memory.load_memory_variables({}))
```

还可以通过设置特定参数来为记忆中的变量命名，以确保它们与链中的预期变量对齐。

```
1  # 创建记忆并指定自定义名称
2  memory = ConversationBufferMemory(memory_key="chat_history")
3  memory.chat_memory.add_user_message(" 你好 !")
4  memory.chat_memory.add_ai_message(" 有什么需要帮助的 ?")
5  # {'chat_history': "Human: hi!\nAI: what's up?"}
```

通过上面的设置，其中的 key 就修改为 chat_history。

2. 读取记忆

从记忆中读取信息时，LangChain 提供了灵活的方法来控制返回的数据结构，可以根据需要将聊天历史作为单个字符串或消息列表返回。

```
1  # 读取记忆，返回单个字符串
2  memory.load_memory_variables({})
```

如果需要返回的消息列表，在创建的时候设置返回消息为 True 就可以。

```
1  # 设置 return_messages=True 以返回消息列表
2  memory = ConversationBufferMemory(return_messages=True)
```

```
3    memory.chat_memory.add_user_message("hi!")
4    memory.chat_memory.add_ai_message("what's up?")
```

返回的消息列表特别适用于需要以聊天模型处理记忆的场景。

3. 定制化记忆管理

为了进一步定制记忆系统，开发者可以通过修改 ConversationBufferMemory 的实例化参数来控制记忆的格式和处理方式。

```
1    # 创建记忆实例，配置为返回消息列表
2    memory = ConversationBufferMemory(return_messages=True,memory_key="chat_history")
```

这样，记忆系统不仅能够存储和回顾聊天历史，还可以按照开发者的具体需求调整记忆的存储和访问方式，从而为用户提供更加个性化和连贯的对话体验。

5.6.2　通过 LLMChain 链实现记忆功能

使用 LangChain 的 LLMChain 链结合记忆功能，可以创建更加丰富和连贯的对话体验。下面示例展示了如何在使用 LLM 的场景中集成记忆功能。

1. 使用 LLM 集成记忆

首先，需要创建一个 LLM 实例，定义一个包含 chat_history 变量的提示模板，并实例化 ConversationBufferMemory 用于管理记忆。

```
1    from langchain_openai import OpenAI
2    from langchain.prompts import PromptTemplate
3    from langchain.chains import LLMChain
4    from langchain.memory import ConversationBufferMemory
5
6    # 创建 LLM 实例
7    llm = OpenAI(temperature=0)
8
9    # 定义包含 chat_history 的提示模板
10   template = """You are a nice chatbot having a conversation with a human.
11
12   Previous conversation:
13   {chat_history}
14
15   New human question: {question}
16   Response:"""
17   prompt = PromptTemplate.from_template(template)
18
19   # 实例化记忆，记忆键为 chat_history
```

```
20    memory = ConversationBufferMemory(memory_key="chat_history")
21
22    # 创建 LLMChain，传入 LLM、提示模板和记忆
23    conversation = LLMChain(
24        llm=llm,
25        prompt=prompt,
26        verbose=True,
27        memory=memory
28    )
```

在该示例中，提示模板包含了 chat_history 变量，它将被记忆系统填充，以便在生成回答时参考之前的对话内容。通过设置 memory_key="chat_history"，可以确保记忆中的数据正确地与提示模板中的变量对齐。

当执行对话时，只需要传入当前的 question 变量即可，chat_history 变量将由记忆系统自动填充。

```
1    # 执行对话，传入当前问题
2    print(conversation.predict(question=" 你好，我叫郭靖 "))
3    print(conversation.predict(question=" 我刚刚说了什么？ "))
```

对话输出如图 5.19 所示。

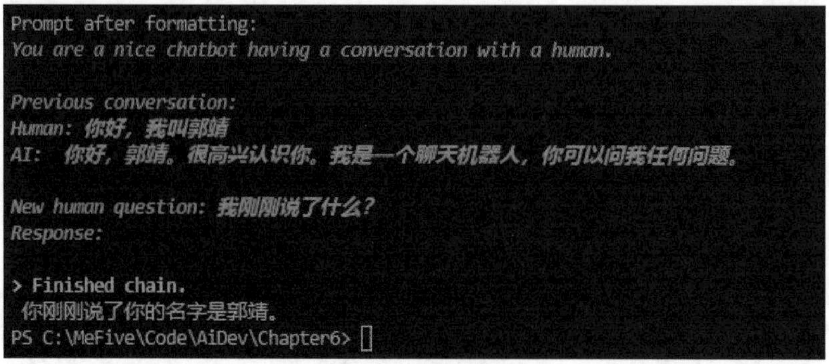

图5.19　添加记忆对话

从图 5.19 中可以看出，机器人具备了记忆功能。

2. 使用 Chat Model 集成记忆

使用 Chat Model 集成记忆和 LLM 类似，需要修改三个地方，一个是创建对应的 Chat Model，一个是模板的修改，还有一个就是记忆初始化的格式。

```
1    llm = ChatOpenAI()
2    prompt = ChatPromptTemplate(
3        messages=[
4            SystemMessagePromptTemplate.from_template(
```

```
5                "You are a nice chatbot having a conversation with a human."
6            ),
7            MessagesPlaceholder(variable_name="chat_history"),
8            HumanMessagePromptTemplate.from_template("{question}")
9       ]
10   )
11
12   memory = ConversationBufferMemory(memory_key="chat_history", return_
     messages=True)
```

通过这种方式，利用 LLMChain 链结合记忆功能，可以方便构建出更加智能和连贯的对话系统，而无须手动管理聊天历史，从而提高用户体验。

5.6.3　自定义一个记忆功能的代理

本小节将展示如何给代理添加记忆功能，使其能够在对话中引用之前的信息。在本示例中，将创建一个简单的自定义代理，它可以访问搜索工具，并使用 ConversationBufferMemory 类管理记忆。

（1）创建搜索工具。这个搜索工具需要两个服务密钥。

```
1    # pip install google-api-python-client>=2.100.0
2    from langchain_community.utilities import GoogleSearchAPIWrapper
3    from langchain.agents import  Tool,ZeroShotAgent
4
5    # 创建搜索工具
6    search = GoogleSearchAPIWrapper()
7    tools = [
8        Tool(
9            name="Search",
10           func=search.run,
11           description=" 用于回答关于当前事件的问题 ",
12       )
13   ]
```

（2）创建一个 LLMChain。

```
1    from langchain_openai import OpenAI
2    from langchain.prompts import PromptTemplate
3    from langchain.chains import LLMChain
4    from langchain.memory import ConversationBufferMemory
5
6    # 初始化 OpenAI LLM
7    llm = OpenAI(temperature=0)
```

```
8
9    # 定义带有 chat_history 变量的提示模板
10   prefix = """Have a conversation with a human, answering the following questions
     as best you can. You have access to the following tools:"""
11   suffix = """Begin!"
12
13   {chat_history}
14   Question: {input}
15   {agent_scratchpad}"""
16
17   prompt = ZeroShotAgent.create_prompt(
18       tools,
19       prefix=prefix,
20       suffix=suffix,
21       input_variables=["input", "chat_history", "agent_scratchpad"],
22   )
23
24   # 初始化记忆，设置记忆键为 chat_history
25   memory = ConversationBufferMemory(memory_key="chat_history")
26
27   # 创建 LLMChain，传入 LLM、提示模板
28   llm_chain = LLMChain(llm=llm, prompt=prompt, verbose=True)
```

（3）创建自定义代理。使用 LLMChain 可以创建自定义代理。本示例中，将使用 ZeroShot-Agent，该代理具有访问搜索工具的能力，并利用 ConversationBufferMemory 类。

```
1    from langchain.agents import AgentExecutor
2
3    # 创建自定义代理
4    agent = ZeroShotAgent(llm_chain=llm_chain, tools=tools, verbose=True)
5
6    # 结合代理和工具创建 AgentExecutor
7    agent_executor = AgentExecutor.from_agent_and_tools(
8        agent=agent, tools=tools, verbose=True, memory=memory
9    )
```

（4）执行代理并测试记忆功能。例如，询问加拿大的人口数量。

```
1    agent_executor.invoke({"input": "加拿大有多少人口？"})
2    agent_executor.invoke({"input": "加拿大的国歌叫什么名字？"})
```

通过这种方式，创建了一个具有记忆功能的自定义代理，它能够在对话中引用先前的信息，并利用该信息进行更加连贯和有意义的回答。

5.6.4 设计一个 Redis 存储记忆的代理

本小节将展示如何为代理添加一个外部消息存储，使其能够与 Redis 数据库连接并存储对话信息。此过程分为以下几个步骤。

（1）创建搜索工具。创建一个可以访问 Wikipedia 的搜索工具。

```python
1   # 创建 Wikipedia 搜索工具
2   from langchain_community.tools import WikipediaQueryRun
3   from langchain_community.utilities import WikipediaAPIWrapper
4
5   api_wrapper = WikipediaAPIWrapper(top_k_results=1, doc_content_chars_max=100)
6   tool = WikipediaQueryRun(api_wrapper=api_wrapper)
7   tools = [tool]
```

（2）创建 Redis 聊天消息历史对象。创建一个 RedisChatMessageHistory 对象，它将连接到外部数据库以存储消息。

```python
1   from langchain_community.chat_message_histories import RedisChatMessageHistory
2
3   # 创建 Redis 聊天消息历史对象
4   message_history = RedisChatMessageHistory(
5       url="redis://localhost:6379/0", ttl=600, session_id="my-session"
6   )
7
```

（3）创建 LLMChain 并使用 Redis 聊天历史作为记忆。将使用步骤（2）中创建的 Redis 聊天消息历史对象作为记忆，创建一个 LLMChain。

```python
1   from langchain.agents import ZeroShotAgent
2   from langchain_openai import OpenAI
3   from langchain.prompts import PromptTemplate
4   from langchain.chains import LLMChain
5   from langchain.memory import ConversationBufferMemory
6
7   # 定义提示模板
8   prefix = """Have a conversation with a human, answering the following questions as
    best you can. You have access to the following tools:"""
9   suffix = """Begin!"
10
11  {chat_history}
12  Question: {input}
13  {agent_scratchpad}"""
14
```

```
15  prompt = ZeroShotAgent.create_prompt(
16      tools,
17      prefix=prefix,
18      suffix=suffix,
19      input_variables=["input", "chat_history", "agent_scratchpad"],
20  )
21
22  # 使用 Redis 聊天历史作为记忆创建 LLMChain
23  memory = ConversationBufferMemory(
24      memory_key="chat_history", chat_memory=message_history
25  )
26  llm_chain = LLMChain(llm=OpenAI(temperature=0), prompt=prompt)
```

（4）创建自定义代理并添加搜索工具。创建一个简单的自定义代理，它可以访问 Wikipedia 搜索工具，并利用 ConversationBufferMemory 类。

```
1  from langchain.agents import AgentExecutor, ZeroShotAgent
2
3  # 创建自定义 Agent
4  agent = ZeroShotAgent(llm_chain=llm_chain, tools=tools, verbose=True)
5
6  # 结合 Agent 和工具创建 AgentExecutor
7  agent_chain = AgentExecutor.from_agent_and_tools(
8      agent=agent, tools=tools, verbose=True, memory=memory
9  )
```

（5）执行代理并测试记忆功能。运行代理并观察其记忆功能。

```
1  agent_chain.run(input="加拿大人口多少？")
2  agent_chain.run(input="加拿大的首都在哪里？")
```

输出信息如图 5.20 所示。

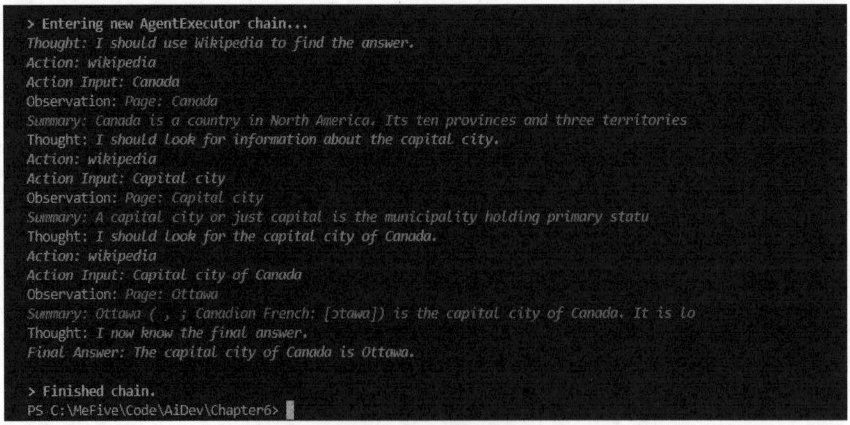

图 5.20　验证数据记忆输出

从图 5.20 中可以看出，机器人记住了第一次问的是加拿大，并在第二次给出其首都。

下面进一步查看 Redis 数据库验证消息是否存储，如图 5.21 所示。

```
127.0.0.1:6379> LRANGE message_store:my-session 0 -1
1) "{\"type\": \"ai\", \"data\": {\"content\": \"The capital city of Canada is Ottawa.\", \"additional_kwargs\": {}, \"t
ype\": \"ai\", \"name\": null, \"id\": null, \"example\": false}}"
2) "{\"type\": \"human\", \"data\": {\"content\": \"\\u5b83\\u7684\\u9996\\u90fd\\u5728\\u54ea\\u91cc\\uff1f\", \"additi
onal_kwargs\": {}, \"type\": \"human\", \"name\": null, \"id\": null, \"example\": false}}"
3) "{\"type\": \"ai\", \"data\": {\"content\": \"Canada's population is approximately 37 million people.\", \"additional
_kwargs\": {}, \"type\": \"ai\", \"name\": null, \"id\": null, \"example\": false}}"
4) "{\"type\": \"human\", \"data\": {\"content\": \"\\u52a0\\u62ff\\u5927\\u4eba\\u53e3\\u591a\\u5c11\\uff1f\", \"additi
onal_kwargs\": {}, \"type\": \"human\", \"name\": null, \"id\": null, \"example\": false}}"
127.0.0.1:6379>
```

图 5.21　Redis存储数据

从图 5.21 中可以看到，对应的消息存储在 Redis 数据库里。

通过这种方式，创建了一个具有外部 Redis 存储记忆功能的自定义代理，它能够在对话中引用之前的信息，并在需要时从 Redis 数据库检索信息。

5.7　回调机制（Callbacks）

LangChain 框架中的回调机制是一种高度灵活的功能，允许开发者在执行 LLMs 操作的不同阶段插入自定义的处理逻辑。这种机制使得开发者能够监听和响应执行过程中的关键事件，如任务开始、结束、出错等，以实现更复杂的功能和逻辑。

1. 回调机制的核心特性

（1）事件监听：允许开发者定义在特定事件发生时触发的回调函数，如在数据处理前后、模型调用前后等。

（2）灵活性与扩展性：通过定义不同的回调函数，开发者可以在不修改主逻辑的情况下扩展系统功能，增加如日志记录、性能监测、异常处理等附加功能。

（3）异步支持：支持异步回调，与现代异步编程模型兼容，有助于提高应用的性能和响应速度。

（4）复用与解耦：通过使用回调机制，可以将通用逻辑抽象成回调函数复用于不同的任务中，增强代码的可维护性和可读性。

2. 如何工作

（1）定义回调函数：开发者根据需要实现特定的回调函数，这些函数将在预定的事件发生时被调用。

（2）注册回调函数：将定义的回调函数注册到特定的事件或阶段，LangChain 提供了 API 和工具支持回调函数的注册和管理。

（3）事件触发回调：执行过程中，当达到注册回调函数的事件或阶段时，相应的回调函数会被自动触发执行。

（4）处理回调结果：根据回调函数的执行结果进行后续处理，如继续执行、修改数据、抛出异常等。

3. 应用场景

回调机制在多种场景都极为有用，例如：

（1）监控与日志：在执行关键步骤前后添加日志记录回调，以监控系统的行为和性能。

（2）数据预处理与后处理：在模型调用前后添加数据处理回调，进行数据的清洗、格式化或结果的解析。

（3）异常处理：注册异常处理回调，当执行过程中出现错误时进行捕获和处理。

（4）性能优化：通过在耗时操作前后添加性能监测回调，分析和优化系统性能。

回调机制是 LangChain 框架中的一个强大特性，它为开发者提供了一种灵活的方式来增强和扩展应用的功能。通过合理利用回调机制，可以构建出更加健壮、高效和可定制的语言模型应用，满足各种复杂场景的需求。

5.7.1　LangChain 回调机制（Callbacks）

LangChain 提供了一个回调系统，允许开发者钩入 LLM 应用程序的各个阶段，这对于日志记录、监控、流处理等任务非常有用。

开发者可以通过在 API 中广泛使用的 callbacks 参数来订阅这些事件，此参数是处理器对象的列表，这些对象预期将实现下面更详细描述的一个或多个方法。

CallbackHandlers 是实现 CallbackHandler 接口的对象，该接口可以为订阅的每个事件实现一个方法。当触发事件时，CallbackManager 将调用每个处理器上的适当方法。

```
1   class BaseCallbackHandler:
2       """ 基于 langchain 的基础回调处理器。"""
3
4       def on_llm_start(self, serialized: Dict[str, Any], prompts: List[str],
    **kwargs: Any) -> Any:
5           """LLM 开始运行时执行。"""
6
7       def on_chat_model_start(self, serialized: Dict[str, Any], messages:
    List[List[BaseMessage]], **kwargs: Any) -> Any:
8           """ 聊天模型开始运行时执行。"""
9
10      def on_llm_new_token(self, token: str, **kwargs: Any) -> Any:
11          """ 新的 LLM 令牌产生时执行。仅当启用流式处理时可用。"""
12
13      def on_llm_end(self, response: LLMResult, **kwargs: Any) -> Any:
14          """LLM 结束运行时执行。"""
15
16      def on_llm_error(self, error: Union[Exception, KeyboardInterrupt], **kwargs:
    Any) -> Any:
17          """LLM 发生错误时执行。"""
18
```

```
19      def on_chain_start(self, serialized: Dict[str, Any], inputs: Dict[str,
Any], **kwargs: Any) -> Any:
20          """链开始运行时执行。"""
21
22      def on_chain_end(self, outputs: Dict[str, Any], **kwargs: Any) -> Any:
23          """链结束运行时执行。"""
24
25      def on_chain_error(self, error: Union[Exception, KeyboardInterrupt],
**kwargs: Any) -> Any:
26          """链发生错误时执行。"""
27
28      def on_tool_start(self, serialized: Dict[str, Any], input_str: str,
**kwargs: Any) -> Any:
29          """工具开始运行时执行。"""
30
31      def on_tool_end(self, output: str, **kwargs: Any) -> Any:
32          """工具结束运行时执行。"""
33
34      def on_tool_error(self, error: Union[Exception, KeyboardInterrupt],
**kwargs: Any) -> Any:
35          """工具发生错误时执行。"""
36
37      def on_text(self, text: str, **kwargs: Any) -> Any:
38          """处理任意文本时执行。"""
39
40      def on_agent_action(self, action: AgentAction, **kwargs: Any) -> Any:
41          """代理执行操作时执行。"""
42
43      def on_agent_finish(self, finish: AgentFinish, **kwargs: Any) -> Any:
44          """代理结束时执行。"""
```

通过实现上述一个或多个方法，开发者可以创建自己的回调处理器来进行日志记录、监控或其他自定义行为。这些回调方法可以灵活地插入 LangChain 的执行流程中，为开发者的 LLM 应用提供附加的灵活性和控制能力。

5.7.2　如何使用回调（Callback）

LangChain 提供了一些内置的处理器，可以用来开始回调。这些处理器可在 langchain/callbacks 模块中找到。最基本的处理器是 StdOutCallbackHandler，它简单地将所有事件记录到标准输出（stdout）。

在 LangChain 的 API 中，几乎所有对象（链、模型、工具、代理等）都支持通过回调参数接收回调处理器。此参数可在两个地方使用：

- 构造器回调：在对象的构造函数中定义，例如，LLMChain(callbacks=[handler], tags=['a-tag'])，这将适用于该对象发起的所有调用，并且只限于该对象。例如，如果将处理器传递给 LLMChain 构造器，则它不会被附加到该链的模型中使用。
- 请求回调：在发起请求的 run()/apply() 方法中定义，例如，chain.run(input, callbacks=[handler])，这将仅用于该特定请求，以及它包含的所有子请求（例如，对 LLMChain 的调用触发了对模型的调用，该调用在 call() 方法中传递的相同处理器使用）。

verbose 参数在 API 中的大多数对象上都可作为构造器参数使用，例如，LLMChain(verbose=True)，等同于将 ConsoleCallbackHandler 传递给该对象及所有子对象的 callbacks 参数。这对于调试来说非常有用，因为它会将所有事件记录到控制台。代码示例如下。

1. 构造器回调

```
1  from langchain.callbacks import StdOutCallbackHandler
2  from langchain.chains import LLMChain
3  from langchain_openai import OpenAI
4  from langchain.prompts import PromptTemplate
5
6  # 创建标准输出回调处理器
7  handler = StdOutCallbackHandler()
8
9  # 初始化 LLM 模型
10 llm = OpenAI()
11
12 # 创建提示模板
13 prompt = PromptTemplate.from_template("1 + {number} = ")
14
15 # 在初始化链时传入回调处理器
16 chain = LLMChain(llm=llm, prompt=prompt, callbacks=[handler])
17
18 # 调用链
19 chain.invoke({"number": 2})
```

2. 使用 verbose 标志

```
1  # 使用 verbose 标志自动激活 StdOutCallbackHandler
2  chain = LLMChain(llm=llm, prompt=prompt, verbose=True)
3
4  # 调用链
5  chain.invoke({"number": 2})
```

3. 请求回调

```
1   # 创建标准输出回调处理器
2   handler = StdOutCallbackHandler()
3   ...
4   # 在调用时通过请求参数传入回调处理器
5   chain.invoke({"number": 2}, {"callbacks": [handler]})
```

通过以上机制，LangChain 提供了灵活的事件监听和处理方式，使开发者能够根据不同的场景和需求选择合适的回调传递方式。无论是在对象创建时就确定全局监听，还是针对特定请求的动态处理，LangChain 都能满足需求。

5.7.3　如何实现异步回调

在使用 LangChain 的异步 API 时，建议使用 AsyncCallbackHandler 以避免阻塞运行循环。下面的步骤和代码示例展示了如何实现异步回调处理器。

（1）定义同步和异步回调处理器。定义一个异步回调处理器 MyCustomAsyncHandler。

（2）实现异步回调方法。在 MyCustomAsyncHandler 中实现 on_llm_start 和 on_llm_end 方法。这些方法将在 LLM 开始和结束时异步调用。

（3）构造聊天模型并指定回调处理器。创建 ChatOpenAI 实例时，通过 callbacks 参数传入自定义的异步回调处理器。如果计划启用流式处理（Streaming），需要将 streaming=True 也传给构造函数。

```
1   class MyCustomAsyncHandler(AsyncCallbackHandler):
2       """ 异步回调处理程序，可用于处理来自 langchain 的回调 ."""
3
4       async def on_llm_start(
5           self, serialized: Dict[str, Any], prompts: List[str], **kwargs: Any
6       ) -> None:
7           """ 当链条开始运行时运行 ."""
8           class_name = serialized["name"]
9           print(" 你好! 我刚睡醒。你的 llm 即将开始 ")
10
11      async def on_llm_end(self, response: LLMResult, **kwargs: Any) -> None:
12          """ 当链条结束运行时运行 ."""
13          print(" 你好! 我刚睡醒。你的 llm 即将结束 ")
14
15  chat = ChatOpenAI(
16      max_tokens=25,
17      streaming=True,
18      callbacks=[ MyCustomAsyncHandler()],
```

```
19  )
20
21  await chat.agenerate([[HumanMessage(content="Tell me a joke")]])
```

使用异步方法运行 LLM / Chain / Tool / Agent 时使用同步 CallbackHandler，它仍然可以工作。后台通过 run_in_executor 调用，当 CallbackHandler 不是线程安全的，可能会导致问题。

该例子展示了如何在 LangChain 中使用异步回调处理器，以及如何在异步环境中有效地处理 LLM 的开始和结束事件。

5.7.4 自定义回调 handler

开发者可以创建自定义的回调处理器，并将其设置到 LangChain 中的对象上。下面的示例将通过实现一个自定义回调处理器来演示如何使用流式处理（Streaming）功能。

（1）定义自定义回调处理器。定义一个继承自 BaseCallbackHandler 的自定义回调处理器 MyCustomHandler。在该自定义处理器中，将实现 on_llm_new_词元方法，该方法会在每次接收到新的 LLM 生成的词元时被调用。在该方法中，打印出接收到的词元。

（2）启用流式处理并设置自定义回调处理器。创建 ChatOpenAI 聊天模型实例时，通过 streaming=True 参数启用流式处理功能。同时，通过回调参数传入自定义回调处理器。这样，每次 LLM 生成新的词元时，都会调用自定义回调处理器中的 on_llm_new_词元方法。

（3）调用聊天模型并传递消息。使用 Chat 实例调用 [HumanMessage(content="Tell me a joke")] 触发流式处理，并通过自定义回调处理器来处理生成的每个词元。

```
1   from langchain.callbacks.base import BaseCallbackHandler
2   from langchain_core.messages import HumanMessage
3   from langchain_openai import ChatOpenAI
4
5   class MyCustomHandler(BaseCallbackHandler):
6       def on_llm_new_词元 (self, 词元 : str, **kwargs) -> None:
7           # 在这里，打印出每个新生成的词元
8           print(f"My custom handler, 词元 : { 词元 }")
9
10  # 启用流式处理，并设置自定义回调处理器
11  chat = ChatOpenAI(max_词元 s=25, streaming=True, callbacks=[MyCustomHandler()])
12
13  # 调用 chat 实例，并传递一个 HumanMessage 消息
14  # 这将触发流式处理，同时通过自定义回调处理器处理每个新的词元
15  chat([HumanMessage(content="Tell me a joke")])
```

该例子展示了如何创建和使用自定义的回调处理器，在 LangChain 中实现流式处理并处理每个新生成的词元。这种方式非常有用，特别是在需要实时处理和响应 LLM 生成内容的场景中。

5.8　实时计算词元案例

在本节的案例中，演示如何使用 LangChain 实现实时计算使用的词元数量，这对于控制成本、优化性能以及监控模型使用非常有价值。下面将通过几个不同的场景来实现这一功能。

（1）单次查询词元计算。进行一次简单的查询，并使用 get_openai_callback() 上下文管理器来捕获这次查询所使用的词元数量。这可以帮助理解单个查询的成本。

（2）连续查询词元累加。在同一个上下文管理器内执行两次查询，并验证词元数量是否正确累加。

（3）并发查询词元计算。展示如何在并发环境下计算词元消耗，使用 asyncio.gather() 并行执行多个查询，并观察总词元数是否符合预期。

（4）并发安全性验证。验证上下文管理器在并发环境下的安全性，启动一个异步任务的同时进入上下文管理器，以确保词元的计算仍然准确无误。

以下是完整的代码实现。

```
1   import asyncio
2   from langchain.callbacks import get_openai_callback
3   from langchain_openai import OpenAI
4
5   # 创建 OpenAI 的 LLM 实例
6   llm = OpenAI(temperature=0)
7
8   # 单次查询词元计算
9   with get_openai_callback() as cb:
10      llm("What is the square root of 4?")
11  total_词元s = cb.total_词元s
12  assert total_词元s > 0
13
14  # 连续查询词元累加
15  with get_openai_callback() as cb:
16      llm("What is the square root of 4?")
17      llm("What is the square root of 4?")
18  assert cb.total_词元s == total_词元s * 2
19
20  # 并发查询词元计算
21  with get_openai_callback() as cb:
22      await asyncio.gather(
23          *[llm.agenerate(["What is the square root of 4?"]) for _ in range(3)]
24      )
25  assert cb.total_词元s == total_词元s * 3
```

```
26
27    # 并发安全性验证
28    task = asyncio.create_task(llm.agenerate(["What is the square root of 4?"]))
29    with get_openai_callback() as cb:
30        await llm.agenerate(["What is the square root of 4?"])
31    await task
32    assert cb.total_词元s == total_词元s
```

该案例展示了如何在不同场景下实时监控和计算 LLM 操作中消耗的词元数量，既包括同步操作也包括并发操作，通过这种方式，可以有效地监控和控制使用成本，确保应用的高效运行。

5.9 本 章 小 结

本章深入探讨了大模型开发框架 LangChain 的应用，涵盖了从环境配置、基础概念到高级功能实现。通过本章的指导，用户可以了解如何使用 LangChain 构建从简单到复杂的语言模型应用，包括但不限于文档检索、信息检索、代理构建、链式构建以及记忆系统的实现。本章不仅提供了理论知识，还展示了 LangChain 解决实际问题的强大能力。

此外，本章还详细介绍了 LangChain 的回调机制，使读者能够更好地理解如何监控和管理 LLM 应用的执行流程，以及如何通过自定义工具和代理来扩展 LangChain 的功能，以满足特定的应用需求。通过本章内容的学习，读者将能够掌握使用 LangChain 开发高效、灵活的语言模型应用的关键技术和方法，为未来的项目开发奠定坚实的基础。

第6章 OpenAI API问答系统项目实战

本章旨在通过一个实战项目——开发一个问答系统，来深入探索 OpenAI 的 API 应用。该问答系统将模仿 ChatGPT 的功能，即提供一个界面，用户就可以在其中输入问题并得到 AI 的回答。

本章将指导用户从零开始构建这个问答系统。从项目的规划和设计开始，逐步深入到实现细节，包括后端的问答逻辑处理、前端界面的构建，以及如何将两者有效集成。此外，还将覆盖基础的测试和调试技巧，确保用户能够构建一个既稳定又具有良好用户体验的应用。

本项目的主要目标是实现一个基础的问答系统，该系统能够理解用户的自然语言查询并给出合适的回答。预期的成果包括：

- 一个可交互的 Web 界面，用户可以在此输入问题并接收回答。
- 一个后端服务，利用 OpenAI API 处理用户的查询并生成回答。
- 一个稳定且具有良好错误处理和用户反馈机制的应用。

在这个项目中，将使用以下技术和工具：

- OpenAI API：利用 OpenAI 提供的 API，特别是 GPT-3 模型，来生成问答系统的回答。
- 前端技术：用 HTML、CSS 和 JavaScript 技术来构建用户界面。
- 后端技术：利用 Flask（Python）后端框架来实现服务器逻辑。
- 开发工具和环境：包括文本编辑器或 IDE（如 Visual Studio Code）、命令行工具，以及 Git 版本控制。

通过本章的学习，用户不仅能够掌握如何使用 OpenAI API 来增强自己的应用，还将获得一套完整的开发流程和实践，从项目规划到实现，再到测试。这将为未来在 AI 领域的探索和开发奠定坚实的基础。

6.1 项 目 概 览

本项目将深入探讨如何利用 OpenAI 的 API 服务来构建一个简易但功能强大的问答系统。这个系统将模拟 ChatGPT 的基本功能，为用户提供一个交互式的平台，让用户能够提出问题并通过该平台得到基于 AI 的回答。通过实现这一项目，用户将能够深入理解当前 AI 技术的应用范围，并学会如何将这些先进的技术集成到自己的应用中。

6.1.1　项目目标与预期成果

本小节将着手构建一个用户友好的问答系统，其核心能力基于 OpenAI 的先进 API。这个系统旨在不仅能理解用户以自然语言形式提出的各种查询，还能够提供准确且及时的回答。通过深入探讨和实践 OpenAI API 的强大功能，本项目的目的不仅是为了完成一个技术实现，而且还希望通过这个过程，使用户能够更好地理解如何将 AI 技术应用到实际问题解决方案中。具体而言，项目设定了以下几个明确的项目目标和预期成果。

（1）利用 OpenAI API 的能力，本系统将能够处理和理解用户以自然语言形式提出的查询，这一点是实现高质量问答系统的基础，也是展示 AI 技术如何与人类语言互动的关键。

（2）本项目的另一大目标是根据用户的查询生成相关且信息丰富的回答，这不仅需要系统准确理解查询的意图，还要能够访问到广泛的知识源来生成有价值的回答。

（3）为使用户能够轻松地提出问题并接收回答，将构建一个简洁、直观的 Web 界面。界面设计的目标是降低用户的学习曲线，使得任何用户都可以无须指南即可开始使用系统。

通过实现以上几个目标，预期能够为用户提供一个直观且可靠的问答系统，该系统不仅能够展示 AI 在 NLP 领域的应用潜力，同时也能作为用户学习和实践 AI 技术的一个实际案例。希望通过本项目的完成，用户能够获得宝贵的经验，了解构建现代 AI 应用的过程，以及如何将这些技术应用于解决真实世界的问题。

6.1.2　技术栈简介

本项目将引导用户通过一系列现代且实用的技术和工具，构建一个基于 OpenAI API 的问答系统。每项技术的选取都旨在确保项目既符合最新的开发趋势，又易于学习和实施。下面将详细介绍本项目所采用的技术栈。

项目的关键在于利用 OpenAI GPT-3 模型进行自然语言理解和生成回答。选择 GPT-3 是因为它在处理复杂的自然语言任务方面展示了无与伦比的能力，而且 OpenAI 提供的 API 使得接入这项技术变得简单快捷。

HTML/CSS/JavaScript 这三种技术构成了前端开发的基础，分别负责定义网页内容的结构、美化网页界面以及实现页面的交互逻辑。

对于后端服务，将采用 Python 语言和 Flask 框架。Python 因其简洁的语法和强大的库支持，在快速开发中备受青睐。Flask 作为一个轻量级的 Web 框架，提供了足够的灵活性和简便性，非常适合快速开发小型至中型的 Web 应用。

使用 Git 进行版本控制，可确保项目的开发过程中代码的有序管理和代码部署的顺畅。

编辑器推荐使用 Visual Studio Code 作为开发环境，它为 Python 和 React 开发提供了丰富的插件支持，包括语法高亮、代码自动完成、调试工具等。

最后，项目将通过阿里云进行部署。这是因为阿里云是一个提供全面云服务的平台，它支持多种编程语言，不仅简化了部署过程，还提供了强大的云计算能力和灵活的管理选项，使得将应用从开发阶段迁移到线上环境变得更加高效和灵活。

通过本小节介绍的技术栈，旨在为用户提供一个全面的开发指南，从前端的交互设计到后端的逻辑处理，再到代码的部署，最终实现一个功能完整的问答系统。在接下来的内容中，将详细探讨每一项技术的应用方法和最佳实践，帮助用户逐步构建出自己的问答系统。

6.2　基于 Flask 实现问答系统后端

Flask 是一个用 Python 编写的轻量级 Web 应用框架，以其简单易用而广受欢迎。它提供了开发 Web 应用所需的基本工具和库，支持扩展以适应各种复杂场景，从简单的个人项目到大型企业应用均适用。Flask 的设计哲学是"微核心"，这意味着它本身只包括最基本的 Web 应用功能，如路由请求和处理响应，而其他功能如数据库交互、用户认证等需要通过扩展来实现，这使得 Flask 非常灵活且轻量。

路由请求是将用户的 HTTP 请求指向服务器上对应处理函数的过程。

在构建问答系统的后端时，使用 Flask 允许用户快速搭建起一个高效、可扩展的 API 服务，专注于实现核心业务逻辑，而无须从头开始处理 Web 应用的每个细节。项目将通过 Flask 提供的工具来接收用户的查询请求，调用 OpenAI API 获取答案，并将这些答案返回给前端，从而实现一个流畅的用户交互体验。

本节首先介绍如何使用 Flask 框架和 Cookiecutter 模板快速开始项目开发，包括项目结构的搭建、环境配置以及运行 Flask 应用。接着，将深入介绍如何在 Flask 应用中集成 SQLite 数据库，用于存储用户数据和管理应用状态，以及如何配置和使用 OpenAI API 客户端，确保用户的后端能够与 OpenAI 的强大 AI 模型交互，获取生成的文本回答。

此外，还会探讨如何设计和实现核心的问答处理模块，包括处理 HTTP 请求、调用 OpenAI API、解析响应数据，并将结果以合适的格式返回给用户。

6.2.1　Cookiecutter-Flask 安装配置

Cookiecutter-Flask 是一个预设的 Flask 项目模板，旨在帮助开发者快速搭建具有标准项目结构的 Flask 应用。使用该模板，可以省去手动配置项目基础设施的时间，让开发者能够立即开始编写业务逻辑代码。以下是安装和配置 Cookiecutter-Flask 的步骤。

在 Python 项目开发中，建议使用虚拟环境来隔离不同项目的依赖，避免版本冲突。虚拟环境可以通过 venv（Python 3.3 及以上版本内置）或 Anaconda（需要单独安装，前面已经介绍过，相对 venv 功能更强大）创建。以下是创建和激活虚拟环境的简要步骤。

（1）创建虚拟环境：在项目目录中运行以下命令来创建一个名为 myvenv 的虚拟环境（也可以使用其他名称）。

```
python -m venv myvenv
```

此命令将在当前目录下创建一个名为 myvenv 的文件夹，其中包含虚拟环境所需的文件。创建的虚拟环境将采用当前的 Python 版本。

（2）激活虚拟环境：创建虚拟环境（Windows）后，需要激活才能使用。

```
myvenv\Scripts\activate
```

激活虚拟环境后，用户的命令行提示符中通常会显示虚拟环境的名称，表明正在该虚拟环境中工作。命令行显示如图 6.1 所示。

图6.1　命令行显示

下面将在这个虚拟环境中开始进行安装操作。

（1）安装 Cookiecutter。确保已安装 Cookiecutter。如果尚未安装，可以通过以下命令安装。

```
pip install cookiecutter
```

这条命令会从 Python 的包管理器 pip 中安装 Cookiecutter 工具。

（2）生成 Flask 项目。安装 Cookiecutter 后，使用它来生成一个基于 Cookiecutter-Flask 模板的新项目。在终端或命令提示符中运行以下命令。

```
cookiecutter https://github.com/cookiecutter-flask/cookiecutter-flask
```

执行此命令后，系统会提示用户输入一系列项目相关的信息，如项目名称、描述和作者信息等。根据提示填写信息后，Cookiecutter 会自动创建一个具有预定义结构的 Flask 项目目录。提示用户输入信息如图 6.2 所示。

```
(myvenv) C:\MeFive\Code\AiDev>cookiecutter https://github.com/cookiecutter-flask/cookiecutter-flask
You've downloaded C:\Users\Peter\.cookiecutters\cookiecutter-flask before. Is it okay to delete and re-download it? [y/n] (y): y
  [1/10] full_name ():
  [2/10] email ():
  [3/10] github_username ():
  [4/10] project_name ():
  [5/10] app_name (): myproject
  [6/10] project_short_description ():
  [7/10] use_pipenv ():
  [8/10] python_version ():
  [9/10] node_version ():
  [10/10] use_heroku ():

(myvenv) C:\MeFive\Code\AiDev>
```

图6.2　提示用户输入信息

首次运行时，通常不会提示重新下载确认；如果重复执行，则可能会出现提示。输入 "y" 即可继续。在提示输入信息时，建议尽可能填写已知信息。对于不确定的内容，可以按 Enter 键跳过，系统将默认处理。建议至少提供 app_name，这将用作创建应用的名称。

（3）项目结构概览。生成的项目包含以下多个预设的配置和文件。

1）开发与部署基础配置。

　　① 环境变量文件（.env 和 .env.example）：用于定义项目运行时所需的环境变量，帮助用户在不同环境（开发、测试、生产）之间轻松切换配置。

　　②数据库文件（dev.db）：SQLite 数据库文件，为应用提供轻量级的数据存储解决方案。

　　③Docker 配置（Dockerfile 和 docker-compose.yml）：支持使用 Docker 容器化技术来部署
　　　和运行应用。

　　④Heroku 部署配置（Procfile 和 app.json）：简化在 Heroku 平台上部署应用的过程。

Heroku 是一个云服务提供商，类似于阿里云。

2）代码质量和格式化。

　　代码格式化与质量控制（.eslintrc.js，.coveragerc，pyproject.toml，setup.cfg）：配置代码质
　　量检查工具（如 ESLint）和格式化工具（如 black），以确保代码的一致性和高质量。

3）前端工具配置。

　　前端构建工具（webpack.config.js，package.json）：使用 Webpack 打包前端资源，并通过
　　package.json 管理前端依赖，支持现代前端开发流程。

4）应用结构和代码组织。

　　①应用入口（autoapp.py）：定义了 Flask 应用的启动脚本。

　　②应用主目录（myproject 目录）：存放 Flask 应用的核心代码和资源，包括模板、静态文
　　　件、路由定义等。

　　③测试目录（tests 目录）：包含应用的测试代码，支持编写和运行单元测试和集成测试。

5）额外的配置和脚本。

　　①版本控制忽略文件（.gitignore）：配置 Git 忽略特定文件和目录，避免将敏感信息或不
　　　必要的文件提交到版本控制系统。

　　②许可证文件（LICENSE）：说明项目的开源许可证信息。

　　③项目说明文档（README.md）：提供项目概述、安装指南、使用说明等重要信息。

　　④Supervisor 配置（supervisord.conf，supervisord_programs 目录）：使用 Supervisor 管理
　　　进程，提高应用的稳定性和可靠性。

完整目录结构如图 6.3 所示。

该项目结构旨在为开发者提供一个即插即用的 Flask 应用模板，其支持快速开发、测试和部
署，同时可保证代码的质量和应用的可维护性。

（4）安装项目依赖。进入项目目录，安装项目依赖。

```
pip install -r requirements.txt
```

这一步会安装所有需要的库，包括 Flask 及其扩展库。

（5）运行 Flask 应用。设置好环境和依赖后，就可以运行 Flask 应用了。在项目根目录下执行
以下命令启动开发服务器。

```
flask run
```

如果一切设置正确，用户将看到 Flask 开发服务器启动的消息，如图 6.4 所示。

当看到图 6.4 的启动消息后，即可通过浏览器访问应用，此时网页的显示效果如图 6.5 所示。

从图 6.5 可见，页面缺乏样式，这是因为前端资源尚未构建。接下来将继续进行前端资源的
构建。

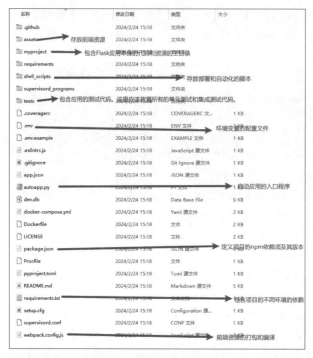

图6.3　项目目录结构

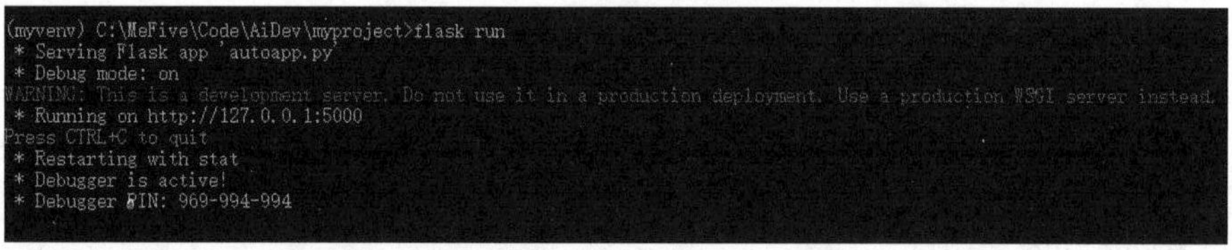

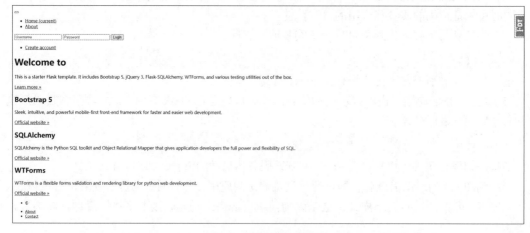

图6.4　服务器启动的消息

图6.5　网页的显示效果

（6）构建前端资源。需要用户运行构建过程来生成最终的静态文件，这些构建过程通常会将CSS、JavaScript 等资源编译和打包到 static/build 目录下。

1）安装 Node.js 和 npm：前面已经介绍，如果还没有安装 Node.js 和 npm（Node.js 的包管理器），需要先安装。cookiecutter-flask 模板会使用它们处理前端资源。

2）运行 npm 安装。打开命令行，导航到 Flask 项目目录，运行以下命令来安装前端依赖。

```
npm install
```

上面命令将根据 package.json 文件中的定义，将所有必要的前端依赖安装到 node_modules 目录。这个过程可能会稍长，请耐心等待。

3）构建静态文件。安装完依赖后，运行构建命令来生成静态文件。该命令会根据 webpack.config.js 构建配置文件来处理和生成最终的静态资源。

```
npm run build
```

该命令通常会编译和打包 CSS、JavaScript 文件，并将它们放置在 static/build 目录下。

4）检查 static 目录。构建过程完成后，检查 static 目录下是否生成了 build 文件夹中的静态文件（如 .css 和 .js 文件）。如果构建成功，则会找到这些相关文件，如图 6.6 所示。

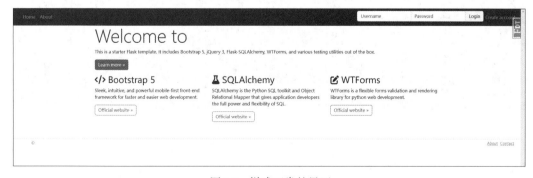

图6.6　build目录

完成上述步骤后，应能生成项目所需的静态文件，从而解决界面缺乏样式的问题。重新启动Flask 并访问网址后，应能看到样式正常的界面，如图 6.7 所展示。

图6.7　样式正常的界面

通过上述步骤，已经成功地使用 Cookiecutter-Flask 创建并配置了一个 Flask 项目。接下来，将继续介绍如何配置登录所需的数据库。

6.2.2　后端 SQLite 数据库安装配置

继安装 Cookiecutter-Flask 之后，下一步是在 Flask 应用中集成和配置 SQLite 数据库。SQLite 是一个轻量级的数据库引擎，存储在一个单一的磁盘文件中，非常适合于小型应用、原型设计以及测试环境，而且它不需要像其他数据库那样进行复杂的配置，这使得 SQLite 成为开发初期的理想选择。

1. 安装 SQLite

通常情况下，Python 自带 SQLite3 库，这意味着用户不需要单独安装 SQLite，就可以直接在 Python 中使用。如果用户的 Python 环境中没有包含 SQLite3，则需要更新 Python 到较新的版本。但这种情况非常罕见，因为从 Python 2.5 开始，SQLite3 就已经被包含在 Python 标准库中了。

2. 配置 Flask 应用以使用 SQLite

（1）定义数据库的 URI。需要在 Flask 应用的配置文件中指定数据库的 URI，这通常在根目录 .env 文件中完成。对于 SQLite 数据库，URI 通常遵循这样的格式：sqlite:///yourdatabase.db，其中 yourdatabase.db 是数据库文件的路径。例如：

sqlite:/// 表示这是一个 SQLite 数据库的 URI。其后跟随的是数据库文件的路径，可以是绝对路径也可以是相对路径，这里使用的是相对路径。

（2）本地初始化。安装数据库管理系统（DBMS）Sqlite 后，执行以下命令来创建应用程序的数据库表并进行初始迁移。

```
1    flask db init
2    flask db migrate
3    flask db upgrade
```

成功执行输出，结果如图 6.8 所示。

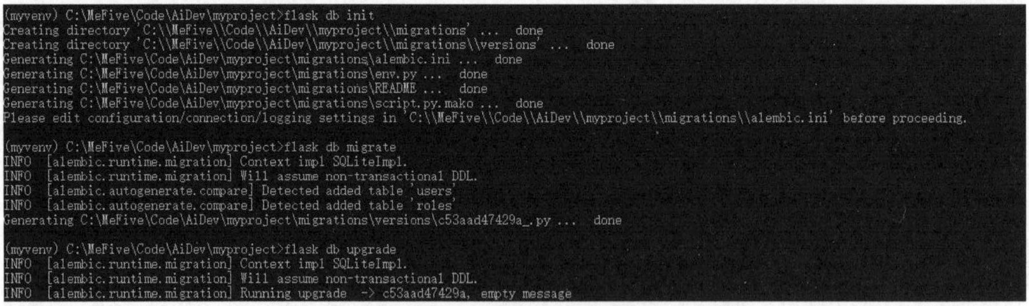

图6.8　成功执行输出

这些步骤会根据用户的模型定义创建数据库表，并准备好数据库以供应用程序使用。确保在应用程序的根目录下运行这些命令，以便它们能正确地识别并应用配置。

如果在执行第二步时遇到无法打开文件的错误，通常表示路径配置有问题。

（3）网页登录验证数据库。重新启动应用程序并执行登录验证。单击 Create Account 按钮并填写注册信息，然后单击提交按钮进行验证。如果提交成功，则表示数据已成功写入数据库，此时可以进行下一步登录操作。成功提交界面显示如图 6.9 所示。

图6.9 成功提交界面显示

在网页右上角填写刚刚注册的用户名和密码，然后单击 Login 按钮进行登录。如果界面跳转至图 6.10 所示的界面，则表示登录成功。

图6.10 登录成功界面

通过上述步骤，已经成功完成本地数据库的配置，并且实现登录功能。现在，可以开始添加用户视图、模板和其他代码，以开发个性化的 Web 应用。

6.2.3 配置 OpenAI API 客户端

在用户的 Flask 应用中集成 OpenAI API 客户端，并允许利用 OpenAI 提供的 AI 能力，如文本生成、语言理解等。以下是配置 OpenAI API 客户端的步骤。

（1）获取 OpenAI API 密钥。访问 OpenAI 官网，注册账户并申请 API 密钥，该密钥将用于认证用户的 API 请求。

获取 OpenAI API 密钥的完整步骤，请参见第 4 章。

（2）安装 OpenAI Python 库。在 Flask 应用的虚拟环境中，安装 OpenAI 官方提供的 Python 客户端库。打开终端或命令提示符，激活虚拟环境，然后执行以下命令。

```
pip install --upgrade openai
```

Python 版本需为 Python 3.7.1 或更高版本。

（3）配置 API 密钥。为了安全地使用 API 密钥，推荐将其存储在环境变量中，而不是直接硬编码在应用代码里。用户可以在操作系统中设置环境变量，或者使用 .env 文件来管理环境变量，并通过 python-dotenv 库在 Flask 应用中加载它们。

设置环境变量（以 Windows 为例）如下。

```
setx OPENAI_API_KEY=' 您的 API 密钥 '
```

使用 setx 命令设置永久环境变量。

（4）创建 OpenAI API 客户端类。在 Flask 应用中引入扩展功能时，通常会把这些扩展集中添加到 extensions.py 文件中，该文件位于主目录结构下。这种做法有助于维护代码的清晰度和组织性，使得各种扩展的配置和初始化集中于一个位置，便于管理和更新。

先来简单了解下 myproject 应用的主目录结构。主目录下包含多个子目录和文件，每个目录都承担着特定的角色，共同构建了 Flask 应用的基础骨架。以下是对主要目录和文件的简要说明。

- ___init___.py：使目录被识别为 Python 包的标志文件，通常包含应用的初始化和配置代码。
- app.py：应用启动和配置的核心，定义了 Flask 应用实例。
- commands.py：定义了用于 Flask CLI 的自定义命令，以支持自动化任务和操作。
- compat.py：处理不同 Python 版本间兼容性问题的模块。
- database.py：包含数据库的配置信息以及模型定义，用于 ORM 操作。
- extensions.py：初始化应用所需的 Flask 扩展。
- settings.py：存放应用的配置变量，如数据库的 URI、应用密钥等。
- utils.py：提供了一组实用的辅助函数，用于执行常见的任务。
- user：用于存放与用户相关功能的模型和视图，如用户认证。
- public：包含公共访问页面的视图和模板，如首页和登录页面。
- static：存放应用的静态文件，如 CSS、JavaScript 和图片。
- templates：存放应用的 Jinja2 模板文件，定义了应用的 HTML 结构。
- webpack：包含前端资源的 Webpack 配置文件，用于管理和打包前端资源。

这种组织方式不仅使得应用结构清晰，也便于开发和维护。主目录结构如图 6.11 所示。

Jinja2 模板是一种强大的模板引擎，用于在 Python 应用中生成基于文本的格式化输出，常见的有 Web 开发中用于动态生成 HTML 页面。

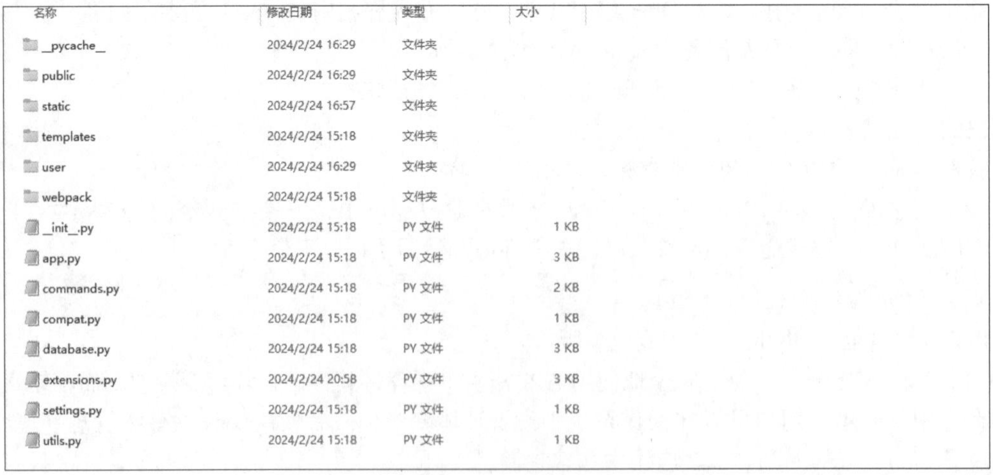

名称	修改日期	类型	大小
__pycache__	2024/2/24 16:29	文件夹	
public	2024/2/24 16:29	文件夹	
static	2024/2/24 16:57	文件夹	
templates	2024/2/24 15:18	文件夹	
user	2024/2/24 16:29	文件夹	
webpack	2024/2/24 15:18	文件夹	
__init__.py	2024/2/24 15:18	PY 文件	1 KB
app.py	2024/2/24 15:18	PY 文件	3 KB
commands.py	2024/2/24 15:18	PY 文件	2 KB
compat.py	2024/2/24 15:18	PY 文件	1 KB
database.py	2024/2/24 15:18	PY 文件	3 KB
extensions.py	2024/2/24 20:58	PY 文件	3 KB
settings.py	2024/2/24 15:18	PY 文件	1 KB
utils.py	2024/2/24 15:18	PY 文件	1 KB

图 6.11　主目录结构

extensions.py 文件的位置如图 6.12 所示。

图6.12　extensions.py文件的位置

（5）编写客户端类。首先，代码中定义了一个名为 OpenAIClient 的类，旨在实现与 OpenAI API 的交互。随后，通过使用环境变量安全地获取 OpenAI API 密钥，并在类的初始化过程中，使用该密钥创建一个 OpenAI 客户端实例。这样既保证了与 API 的有效交互，又确保了密钥的安全。代码如下。

```
1    # 导入所需的库
2    import os
3    from openai import OpenAI
4
5    # 定义 OpenAIClient 类
6    class OpenAIClient:
7        def __init__(self, model="gpt-3.5-turbo-instruct", max_tokens=1000):
8            # 尝试从环境变量中获取 OpenAI API 密钥
9            api_key = os.getenv("OPENAI_API_KEY")
10           # 如果没有找到 API 密钥, 抛出异常
11           if not api_key:
12               raise ValueError("OPENAI_API_KEY 环境变量没有设置 ")
13
14           # 设置模型和最大令牌数
15           self.model = model
16           self.max_tokens = max_tokens
17           # 使用 API 密钥初始化 OpenAI 客户端
18           self.client = OpenAI(api_key=api_key)
19
20       def ask(self, question):
```

```
21              # 尝试向 OpenAI 发送问题并获取回答
22              try:
23                  response = self.client.completions.create(
24                      model=self.model,   # 使用初始化时指定的模型
25                      prompt=question,   # 将用户问题作为提示
26                      max_tokens=self.max_tokens   # 使用初始化时指定的最大令牌数
27                  )
28                  # 返回回答文本
29                  return response.choices[0].text
30              except Exception as e:
31                  # 如果请求过程中出现异常，打印错误信息并返回 None
32                  print(f" 提问出错：{e}")
33                  return None
34
35  # 创建 OpenAIClient 实例
36  openai_client = OpenAIClient()
```

这段代码通过定义 OpenAIClient 类，提供了一种与 OpenAI API 进行交互的方法。类的构造函数以模型名称和最大令牌数量作为参数，并要求环境变量中必须设置 OPENAI_API_KEY。该方法不仅保护了密钥的安全，还允许用户根据需要配置模型和令牌限制。

编写好客户端类后，用户就可以在 Flask 应用的任何部分调用 OpenAI API 了。

6.2.4　基于 Completions API 的问答逻辑处理模块

编写好客户端类 OpenAIClient 后，下一步是创建一个问答逻辑处理模块，该模块将负责处理用户的问题，通过调用 Completions API 生成答案，并将这些答案返回给用户。这一功能的实现对于构建智能问答系统、聊天机器人等应用尤为关键。

在 Web 程序中，用户与后端的交互通常遵循这样一个流程：用户通过单击按钮或提交表单发送一个请求（如提出一个问题），这个请求被发送到服务器的后端。在后端，存在一个视图层（或称为视图函数），专门负责处理对应 URL 的请求。这个过程中，路由（Routing）起着至关重要的作用，它定义了不同 URL 对应的处理方法。一旦后端处理完用户请求（如通过 OpenAI 的 Completions API 获取答案），它便将结果返回给前端，展示在指定的页面上。

基于上述流程，本小节将创建一个问答逻辑处理模块，利用 OpenAI 的 Completions API 来响应用户的提问，并将生成的答案展示给用户。

具体步骤如下。

1. 创建路由和视图函数

在 Flask 应用中，需定义一个新的路由和相应的视图函数来处理用户提出的请求。该路由应与用户提交问题的表单或按钮触发的 URL 相匹配。在典型的 Flask 应用结构中，通常在 views.py 文件中创建路由和视图函数，文件位置如图 6.13 所示。

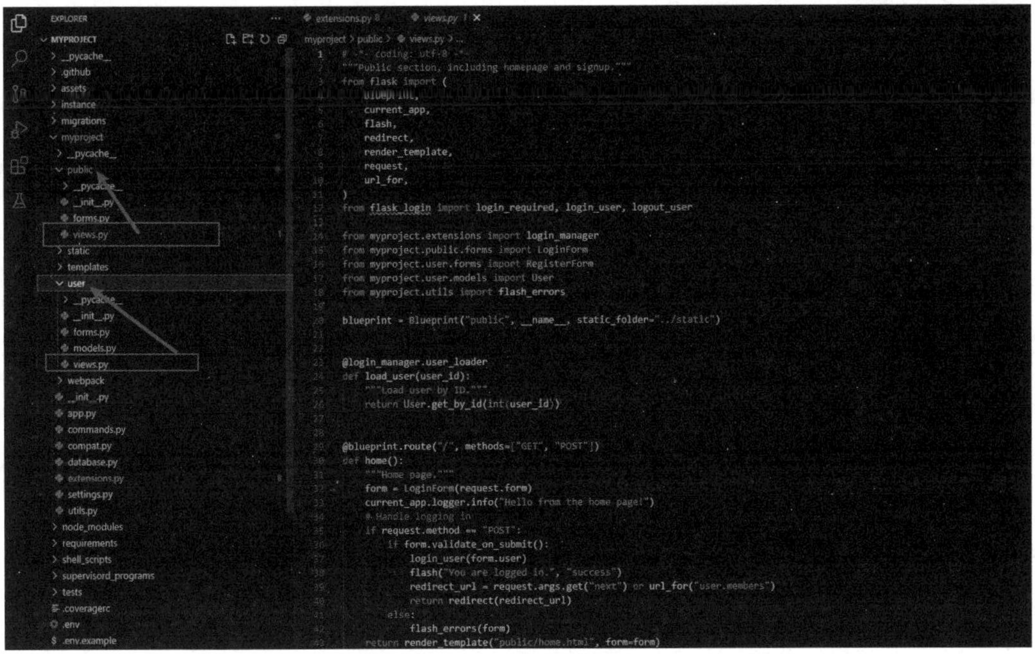

图6.13 views.py文件的位置

从图 6.13 中可以看出，在 Flask 项目结构中，views.py 文件通常位于各个应用模块的目录中。这种结构可使项目保持清晰和模块化，每个模块负责处理特定功能或业务逻辑的视图和路由。

（1）确定功能模块。确定这个新功能应该属于哪个模块。如果该功能跨越多个模块，或者与现有的模块不匹配，则应考虑创建一个新的模块。为了简化处理，可以将所有与请求相关的处理逻辑放置在 public 模块下的 view 视图中，这种做法有助于保持代码的组织性，同时也便于未来的扩展和维护。

（2）添加视图和路由。找到或创建相应模块的 views.py 文件。在该文件中，添加处理特定请求的视图函数，并通过 Flask 的路由装饰器（@blueprint.route()）定义相应的 URL 规则。

在 public/views.py 中添加如下代码。

```
1   from myproject.extensions import openai_client
2   from myproject.public.forms import AskForm
3
4   @blueprint.route('/ask/', methods=['GET', 'POST'])
5   @login_required
6   def ask():
7       form = AskForm(request.form)
8       response_text = None  # 初始化变量以存储 API 响应文本
9
10      if form.validate_on_submit():
11          question = form.askbox.data
```

```
12
13          try:
14              response = openai_client.ask(question)   # 发送请求到 OpenAI API
15              response_text = response   # 获取响应文本
16              current_app.logger.info(f"问题已提交：{question}，收到的回答：
    {response}")
17              flash("您的问题已成功提交！", "success")
18          except Exception as e:
19              current_app.logger.error(f"OpenAI API 调用失败：{e}")
20              flash("很抱歉，我们暂时无法处理您的问题，请稍后再试。", "error")
21              # 发生错误时，仍然需要返回模板，但不显示回答
22              return render_template('public/ask.html', form=form, response_
    text=None)
23
24      # 对于 GET 请求或表单验证未通过的情况，显示提问表单
25      # 对于 POST 请求且表单验证通过的情况，显示提问表单及回答
26      return render_template('public/ask.html', form=form, response_text=
        response_text)
```

上面代码是一个 Flask 视图函数，用于处理一个简单的问答系统的用户提问。它允许用户提交一个问题，并通过集成的 OpenAI API 获取答案。下面逐步解析这段代码的关键部分。

- 路由和权限：@blueprint.route('/ask/', methods=['GET', 'POST']) 定义了一个处理 /ask/ 路径的路由，支持 GET 和 POST 方法。@login_required 确保只有登录用户才能访问这个视图。
- 表单处理：form = AskForm(request.form) 初始化一个表单实例，用于在模板中渲染和在后端处理表单提交。AskForm 是一个自定义表单类，通常在 Flask 应用中多用于验证用户输入和提取表单数据。
- 表单验证和提交：if form.validate_on_submit() 用于检查是否是一个有效的 POST 请求且表单数据通过验证。如果是，则执行后续的处理逻辑。
- API 调用和异常处理：使用 openai_client.ask(question) 调用 OpenAI API，并传递用户的问题。这里使用 try-except 语句来捕获调用过程中可能出现的任何异常，确保应用稳定运行，并向用户提供友好的错误反馈。
- 日志记录和用户反馈：成功调用 API 后，记录问题和答案的信息，并使用 flash() 函数向用户提供操作反馈，这有助于提升用户体验和应用的可维护性。
- 渲染模板：无论是 GET 请求、表单验证未通过，还是 POST 请求且表单验证通过，都会渲染同一个模板（public/ask.html），但根据情况传递不同的变量（如 response_text）给模板。

2. 调用 Completions API 处理用户请求

在视图函数中，提取用户提问的内容通常涉及解析 POST 请求中的表单数据或 GET 请求的查询参数，这是一个重要的步骤，因为它允许服务器根据用户的输入来做出响应。具体来说，调用 openai_client 实例发送请求并获取数据的操作是在代码的第 14 行进行的。在这一行，代码使用用

户的提问作为参数调用 openai_client.ask(question) 方法，从而将问题发送到 OpenAI API，并接收 API 的回答。这个过程是实现问答功能的核心，使得应用能够根据用户的提问提供相应的答案。

对于表单数据的获取，也就是代码的第 7 行创建了一个 AskForm 实例，用于处理和验证表单数据。AskForm 是基于 Flask-WTF 库定义的，该库提供了表单类的基础设施，包括字段定义、验证规则等。request.form 是一个包含 POST 请求体中表单数据的字典，传递给 AskForm 实例化时，可以允许 Flask-WTF 利用这些数据进行表单验证和数据处理。

要使上述视图函数工作，还需要定义 AskForm 表单类。该类将指定用户提交的问题字段以及可能的验证规则。AskForm 的定义通常包含一个或多个字段（如 StringField），以及提交按钮。字段可以附加验证器，如 DataRequired()，以确保用户提交的数据满足特定条件。

在 Flask 项目中，表单处理通常与视图（views）逻辑紧密关联，因此最佳实践是将表单类定义和对应的视图函数放在同一个模块或相关联的模块中。这样做有利于维护和理解代码的结构，尤其是在处理表单提交和渲染表单页面时。对于使用 Cookiecutter-Flask 这样的项目结构，每个功能模块都可能有自己的 forms.py 和 views.py 文件，这样组织代码有助于保持项目的清晰和模块化。

在本例中，AskForm 表单类被定义在 public/forms.py 文件中，这意味着用户的表单处理逻辑与公共（public）模块相关。public 模块通常用于处理那些不需要认证就可以访问的视图和功能，如用户的提问功能。将 AskForm 放在 public/forms.py 中，表明该表单是服务于公共模块的功能。

```
1    # 处理表单数据
2    from wtforms import SubmitField
3
4    class AskForm(FlaskForm):
5        askbox = StringField('Ask', validators=[DataRequired(message="问题不能为空")])
6        submit = SubmitField('发送')
```

此代码段定义了一个简单的 AskForm 类，继承自 FlaskForm。它包含两个字段：askbox 字段用于输入问题，它是一个必填项，如果用户未输入任何内容则会显示自定义的错误消息"问题不能为空"；submit 字段是一个提交按钮，用于提交表单。

StringField 和 SubmitField 这两个 WTForms 字段分别用于创建文本输入框和提交按钮。

在 public 模块的视图函数（如 public/views.py）中，用户可以导入并使用 AskForm 来渲染提问表单，并处理表单提交。这样的组织结构使得表单定义与使用逻辑紧密相连，便于理解和维护。

3. 返回响应

代码的第 22 行和 26 行负责渲染模板并返回响应给客户端。具体来说，这段代码使用 Flask 的 render_template 函数来渲染一个 HTML 模板，并将其作为 HTTP 响应返回给用户。其中，public/ask.html 指定了要返回的页面模板路径，这表明 ask.html 模板位于 public 目录下。通过这种方式，Flask 应用能够动态生成页面内容，根据服务器端的逻辑处理结果来展示不同的数据或信息给最终用户。

前端 html 页面将在构建用户页面时介绍。

通过这样的流程，用户在 Web 页面上的互动（提问）被转化为对 OpenAI API 的查询，并将查询结果（答案）反馈给用户，从而实现了一个简单的问答系统。

6.2.5 基于 Chat Completions API 的问答逻辑处理模块

在 Flask 应用中集成 OpenAI 的 Chat Completions API，其允许用户创建一个更加动态和互动的聊天式问答系统。与 Completions API 相比，Chat Completions API 专为处理对话式的交互设计，它能够考虑到对话上下文，提供更加连贯和自然的回答。下面是在 Flask 应用中实现基于 Chat Completions API 的问答逻辑处理模块的步骤。

1. 定义 OpenAI Chat 客户端

定义一个与 OpenAI 聊天 API 交互的客户端时，该客户端需要负责管理与 OpenAI 的对话历史，并发送请求以获取回答。由于该客户端需要考虑到之前的对话历史来维持对话的连贯性，其设计相较于简单的问答客户端有所不同。下面是设计时需要考虑的几个因素。

（1）对话历史管理：客户端需要有能力存储和管理对话历史，这可能意味着保存每一轮对话中用户的提问和模型的回答。

（2）请求发送和回答获取：客户端需要能够向 OpenAI API 发送包括对话历史在内的请求，并能够处理 API 返回的回答，以实现流畅的对话。

下面是一个简化的 Python 代码示例，展示了如何实现这样一个客户端。

```
1   class OpenAIChatClient:
2       def __init__(self):
3           """ 初始化对话历史。"""
4           self.messages = [{"role": "system", "content": "你是一个有帮助的助手。"}]
5
6       def ask(self, question):
7           """ 向客户端提问，并返回回答及对话历史。"""
8           self.client = OpenAI()
9           self.messages.append({"role": "user", "content": question})
10          try:
11              response = self.client.chat.completions.create(
12                  model="gpt-3.5-turbo",
13                  messages=self.messages
14              )
15              answer = response.choices[0].message.content
16              self.messages.append({"role": "assistant", "content": answer})
17          except Exception as e:
18              answer = " 抱歉，无法获取回答。"
19              print(f"API 调用异常：{e}")
20          # 返回除系统消息外的所有对话历史
21          user_and_assistant_messages = [msg for msg in self.messages if msg["role"]
    in ["user", "assistant"]]
22          return answer, user_and_assistant_messages
```

```
23
24  openai_chat_client = OpenAIChatClient()
```

该示例代码中，OpenAIChatClient 类封装了与 OpenAI 聊天 API 交互的逻辑，包括对话历史的管理和请求的发送。

本案例的代码设计适用于单一用户场景。在实际应用中，若需适配多用户环境，则需进行相应的调整。

2. 路由处理和视图函数

在 Flask 应用中，使用该客户端处理用户的聊天请求时，需要考虑的几个关键因素包括以下两点。

（1）用户识别和会话管理：对于多用户环境，应需要能够区分不同的用户并为每个用户维护独立的对话历史，这可能涉及使用会话（session）或数据库来存储每个用户的聊天记录。

（2）请求的动态处理：根据用户的输入动态构建请求并发送到 OpenAI API，同时需要考虑如何有效地处理和展示 API 返回的回答。

下面是一个简化的示例，展示如何在 Flask 路由中集成聊天客户端。

```
1   @blueprint.route('/chatask/', methods=['GET', 'POST'])
2   @login_required
3   def chatask():
4       form = ChatAskForm()
5       response_text = None
6       messages = []
7
8       if form.validate_on_submit():
9           question = form.chataskbox.data
10          try:
11              response_text, messages = openai_chat_client.ask(question)
12          except Exception as e:
13              print(f"调用 OpenAI API 时出错：{e}")
14              # 错误信息反馈给用户
15              response_text = "抱歉，处理您的请求时出现了问题。"
16
17      # 无论是 POST 还是 GET 请求，都会执行同一个 render_template 调用
18      return render_template('public/chatask.html', form=form, response_text=
    response_text, messages=messages)
```

请注意，本案例省略了多用户会话管理和安全性考虑。在实际应用中，需要根据具体需求进行相应的调整和完善。

3. 完成表单类

表单类的设计和 Completions API 类似。代码如下。

```
1   class ChatAskForm(FlaskForm):
2       chataskbox = StringField('ChatAsk', validators=[DataRequired()])
3       submit = SubmitField('发送')
```

通过上述步骤，可以在 Flask 应用中完成基于 OpenAI Chat Completions API 的问答逻辑模块的集成和实现，这将为用户提供一个交互式的聊天体验，能够实时提问并获得 AI 生成的回答。

6.3 构建用户界面

本节将探讨如何为基于 Chat Completions API 的问答系统构建一个用户友好的界面，从设计一个简易的聊天界面开始，让用户能够方便地输入问题并接收 AI 的回答。随后，会详细介绍如何在前端展示用户的输入和 AI 的响应，以及如何管理多轮对话，使得用户可以看到一个连续的聊天历史。最后，将探讨实现前后端通信的技术。

6.3.1 简易聊天界面设计

在基于 Flask 框架开发的问答系统中，除了已实现的登录和用户管理功能外，用户的主要任务是设计三个关键页面，分别是主页、提问页面（单次提问）和聊天页面（支持历史消息记录）。这三个页面共同构成了用户与问答系统交互的核心界面，核心界面将采用简洁直观的设计方法，以确保用户能够轻松地导航和使用这些功能。本小节首先介绍如何设计一个引人入胜且功能明确的主页，作为用户访问提问和聊天功能的起点。

主页设计的核心在于提供一个清晰的入口点，引导用户了解平台的功能并鼓励其进行探索。以下是设计主页时的几个关键点。

（1）明确的欢迎信息：通过一个明确的欢迎信息向用户介绍平台，简述其主要功能和目的。

（2）直观的功能导航：提供直观的按钮或链接，让用户可以一键直达提问和聊天页面。

（3）简洁的布局：采用简洁的页面布局，避免信息过载，确保用户可以快速找到他们感兴趣的功能。

（4）响应式设计：确保页面在不同设备和屏幕尺寸上均能良好显示，以适应广泛的用户群体。

本小节将先从设计一个引导用户深入了解和使用平台功能的主页开始，主页（home.html）示例代码如下。

```
1   {% extends "layout.html" %}
2   {% block content %}
3   <div class="jumbotron text-center">
4       <h1 class="display-4">欢迎来到智能问答系统！</h1>
5       <p class="lead">这是一个提供即时问答和互动聊天功能的平台。</p>
6       <hr class="my-4">
7       <p>利用最新的人工智能技术，我们的系统可以帮助您获取信息、解答疑问。</p>
8       <p class="lead">
```

```
9              <div class="d-flex justify-content-center">
10                  <a href="" class="btn btn-primary btn-lg m-2" role="button">提问
    功能</a>
11                  <a href="" class="btn btn-secondary btn-lg m-2" role="button">
    聊天功能</a>
12              </div>
13          </p>
14      </div>
15  {% endblock %}
```

该段代码使用 Flask 模板继承机制，通过扩展 layout.html 基础布局模板来构建主页内容。在 content 块中，利用 Bootstrap 框架创建了一个引导式的展示区（Jumbotron），其中包含欢迎信息、系统功能简介以及两个导航按钮。这些按钮分别链接到提问页面和聊天页面，为用户提供明确的操作路径。

该段代码设计一个简洁而功能齐全的主页，向用户展示了平台的主要功能，并提供了前往提问和聊天功能的直接入口。主页如图 6.14 所示。

图6.14　主页

接下来，将在后续小节中详细探讨如何实现提问页面和聊天页面，以及如何构建一个支持多轮对话和历史消息记录的互动界面。

6.3.2　用户输入与响应展示

在问答系统中，"用户输入与响应展示"页面是核心组成部分，允许用户提交问题并查看系统提供的答案。该页面应该简洁、直观，同时提供动态的交互体验。接下来，将在 public 目录下创建一个名为 ask.html 的新页面，用于实现这一功能。

1. 设计要点

为了增强用户体验，本小节将以动态方式逐字显示系统的响应，这不仅使得页面更加生动，还能模拟真实的聊天体验。

提供一个"停止"按钮，允许用户在不感兴趣或已获取所需信息时立即停止输出。

2. 设计步骤

（1）页面布局。页面布局主要通过 HTML 和 Bootstrap 框架实现，确保了用户界面的直观性和响应式设计。

1）表单用于用户输入问题。表单的创建依赖于 Flask-WTF 和 Jinja2 模板引擎。{{ form.hidden_tag() }} 用于防止 CSRF 攻击，而 {{ form.askbox(...) }} 创建了一个文本输入框，用户可以在其中输入问题，class="form-control-lg w-75 mx-auto" 利用 Bootstrap 来控制表单的外观和布局。

```
1   <form id="askForm" action="" method="post" role="form" class="text-center">
2       {{ form.hidden_tag() }}
3       <div class="form-group">
4           {{ form.askbox(class="form-control-lg w-75 mx-auto", placeholder="
输入您的问题...", id="askbox") }}
5       </div>
6       ...
7   </form>
```

2）动态显示响应的容器。<div id="dynamicResponseText"...></div> 元素作为动态显示文本的容器，只有当 response_text 变量存在内容时，这个容器才会在页面上显示。

```
1   {% if response_text %}
2   <div id="dynamicResponseText" class="text-success mt-3 mb-5 text-center"></div>
3   {% endif %}
```

（2）动态输出实现。动态输出的实现依靠 JavaScript 中的 setTimeout 定时器函数，用于逐字显示响应文本。

通过 setTimeout(showText, 100); 定时器递归调用 showText 函数，每 100 毫秒向容器中添加一个字符，以实现逐字动态显示效果。该段逻辑只有在 responseText 变量包含实际文本时才会执行。

```
1   <script>
2   let responseText = `{{ response_text|safe }}`;
3   if (responseText && responseText !== 'None') {
4       ...
5       function showText() {
6           if (index < responseText.length && !shouldStop) {
7               container.innerHTML += responseText.charAt(index);
8               index++;
9               setTimeout(showText, 100);
10          }
11      }
12      showText();
13  }
14  </script>
```

（3）中断输出实现。中断动态输出的功能通过监听"停止"按钮的单击事件实现。

当用户单击"停止"按钮时，shouldStop 变量被设置为 true，这会导致 showText 函数停止向容器中添加新的字符，从而停止动态输出。

```
1   <script>
2   document.getElementById('stopButton').addEventListener('click', () => {
3       shouldStop = true;
4   });
5   </script>
6
```

完整代码展示如下。

```
1   {% extends "layout.html" %}
2   ...
3       {% if response_text %}
4       <div id="dynamicResponseText" class="text-success mt-3 mb-5 text-center"></div>
5       {% endif %}
6        <form id="askForm" action="{{ url_for('public.ask') }}" method="post"
    role="form" class="text-center">
7       ...
8       </form>
9   </div>
10  <script>
11      document.addEventListener('DOMContentLoaded', (event) => {
12          // 页面加载完成后清空输入框
13          document.getElementById('askbox').value = '';
14      });
15
16      let shouldStop = false; // 控制是否停止输出的标志变量
17      let responseText = `{{ response_text|safe }}`;
18      if (responseText && responseText !== 'None') {
19      ...
20      }
21
22      document.getElementById('stopButton').addEventListener('click', () => {
23          shouldStop = true; // 用户单击停止按钮时设置标志变量为 true
24      });
25  </script>
26  {% endblock %}
```

　　通过代码实现，用户输入与响应展示页面不仅提供了一个清晰的布局来提交问题和查看答案，还通过动态文本显示和一个停止按钮增强了用户交互体验，使得用户能够以一种更直观和控制的方式参与问答过程。

　　用户输入和响应界面（提问界面）如图 6.15 所示。

图6.15 提问界面

6.3.3 多轮对话用户输入与响应展示

多轮对话用户输入与响应展示页面（即聊天页面）是问答系统中允许用户进行连续对话的界面。在该界面，用户可以看到之前的问题和答案（即聊天历史），并继续与系统进行交互。接下来，创建一个名为 chatask.html 的新页面，位于 public 目录下，用于实现这一功能。

1. 设计要点

聊天页面需要展示用户和机器人之间的对话历史，包括用户的问题和机器人的答案。在显示历史消息时，需要明确标识每条消息是用户发出的还是机器人的回答，以便用户能轻松区分对话双方。

2. 设计步骤

（1）准备页面布局。利用 Bootstrap 或其他 CSS 框架为聊天界面设计一个直观且响应式的布局。

```
1   <!-- 利用 Bootstrap 框架设计聊天界面 -->
2   <div class="container mt-5">
3       <h1 class="text-center mb-4">欢迎，{{ current_user.username }}</h1>
4       <p class="text-center lead">探索即时问答和互动聊天功能。</p>
5   </div>
6
```

（2）展示对话历史。使用 Jinja2 模板引擎遍历 messages 列表，动态生成包含历史对话的 HTML 元素。每条消息应该根据其 role（用户或机器人）使用不同的样式进行展示。

```
1   <div id="chatHistory" class="text-center mb-5">
2       {% for message in messages %}
3           <div class="{{ 'text-primary' if message.role == 'user' else 'text-info' }}">
4               <strong>{{ "我：" if message.role == 'user' else "机器人：" }}</strong>
{{ message.content }}
5           </div>
6       {% endfor %}
7   </div>
8
```

通过 Jinja2 模板的 for 循环遍历 messages 列表，动态地为每条消息生成 HTML 元素，使用条件表达式为用户和机器人的消息分别应用不同的 Bootstrap 文本颜色类（text-primary 或 text-info），并在消息内容前添加相应的标识（"我："或"机器人："）。

（3）输入框和提交按钮。提供一个表单，让用户可以输入新的问题。表单提交后，页面应更新以显示新的互动内容。

```
1   <form id="chataskForm" action="" method="post" class="text-center">
2       {{ form.hidden_tag() }}
3       <div class="form-group">
4           {{ form.chataskbox(class="form-control-lg w-75 mx-auto", placeholder="
    输入您的对话 ...", id="chataskbox") }}
5       </div>
6       <div>
7           {{ form.submit(class="btn btn-primary btn-lg") }}
8               <button type="button" id="stopButton" class="btn btn-danger btn-lg
    ml-2">停止</button>
9       </div>
10  </form>
11
```

该段表单代码使用 Flask-WTF 和 Jinja2 来创建用户输入的文本框和一个提交按钮，以及一个额外的"停止"按钮。form.hidden_tag() 用于防止 CSRF 攻击，form.chataskbox(...) 创建了一个大型的、居中的文本输入框，form.submit(...) 生成了一个提交按钮。最后，一个额外的 HTML 按钮被添加为"停止"按钮，用于实现中断动态文本显示的功能。

完整代码展示如下。

```
1   {% extends "layout.html" %}
2   {% block content %}
3   <div class="container mt-5">
4       <h1 class="text-center mb-4">欢迎 , {{ current_user.username }}</h1>
5       <p class="text-center lead">探索即时问答和互动聊天功能。</p>
6       <div id="chatHistory" class="text-center mb-5">
7           {% for message in messages[:-1] %}  <!-- 排除最后一条消息 -->
8               <div class="{{ 'text-primary' if message.role == 'user' else
    'text-info' }}">
9                   <strong>{{ "我:" if message.role == 'user' else "机器人:"
    }}</ strong> {{ message.content }}
10              </div>
11          {% endfor %}
12      </div>
13      <div id="dynamicResponseText" class="text-center mb-4"></div>
14      <form id="chataskForm" action="" method="post" class="text-center">
```

```
15            {{ form.hidden_tag() }}
16        <div class="form-group">
17              {{ form.chataskbox(class="form-control-lg w-75 mx-auto",
   placeholder=" 输入您的对话 ...", id="chataskbox") }}
18        </div>
19        <div>
20          {{ form.submit(class="btn btn-primary btn-lg") }}
21            <button type="button" id="stopButton" class="btn btn-danger
   btn-lg ml-2">停止 </button>
22        </div>
23    </form>
24 </div>
25 <script>
26    ...
27    // JavaScript 代码和之前一致，负责动态展示文本和处理停止按钮逻辑
28 </script>
29 {% endblock %}
```

以上步骤共同完成了聊天界面的基本设计，包括页面布局、对话历史的展示以及用户输入的
处理，这为用户提供了一个直观且功能完善的聊天体验，使用户能够与系统进行流畅的互动。聊
天界面如图 6.16 所示。

图6.16 聊天界面

6.3.4 实现前后端通信

前后端通信是 Web 应用的基础，即允许浏览器（前端）向服务器（后端）发送请求并接收
响应。该过程可以通过多种方式实现，包括传统的表单提交、利用超链接进行页面跳转以及使用
Ajax 技术进行异步数据交换。

（1）传统的表单提交：用户填写表单后单击提交按钮，浏览器将表单数据发送到服务器，服务器处理后返回一个新的页面。

（2）页面跳转：用户单击一个链接，浏览器向指定的 URL 发送 GET 请求，服务器响应该请求并返回相应的页面。

（3）Ajax 技术：通过 JavaScript 发起 HTTP 请求，实现页面的部分更新，无须重新加载整个页面。

本项目的前后端通信主要基于 Flask 框架和其表单处理扩展 Flask-WTF。Flask 提供了灵活的路由系统和视图函数，允许开发者定义处理不同 URL 请求的逻辑。Flask-WTF 则简化了表单的创建、验证和数据提交过程。

下面详细解释这两个核心技术在项目代码中的应用。

1. Flask 路由和视图函数

Flask 使用装饰器 @app.route() 将 URL 规则映射到视图函数，这些视图函数接收来自前端的请求（如通过表单提交或 URL 访问），处理这些请求（如读取表单数据、查询数据库），并返回适当的响应（如渲染模板或重定向到另一个路由）。

代码如下。

```
1    @app.route('/ask', methods=['GET', 'POST'])
2    def ask():
3        form = AskForm()
4        if form.validate_on_submit():
5            question = form.askbox.data
6            # 处理问题的逻辑 ...
7            return redirect(url_for('public.answer', question=question))
8        return render_template('public/ask.html', form=form)
```

该视图函数 ask 处理 /ask URL 的 GET 和 POST 请求。当用户通过表单提交问题时（POST 请求），函数会验证表单数据，处理用户的提问，然后可能重定向到一个包含答案的界面。如果是 GET 请求，或者表单验证未通过，则渲染并返回 ask.html 模板。

在本案例中，处理完用户的聊天请求后，并没有进行界面的重定向操作，而是依然停留在 ask 界面，这意味着用户在提交聊天内容后，将继续留在当前界面以查看回答，而不是被引导到另一个界面。这种设计可以提供连贯的用户体验，让用户在同一界面中既能发送问题也能即时看到答案，从而使对话流程更加自然和流畅。

2. Flask-WTF 表单处理

Flask-WTF 扩展为 Flask 应用提供了简化的表单处理机制，包括表单字段的定义、数据验证、CSRF 保护等功能，开发者可以通过定义一个继承自 FlaskForm 的类来创建表单，利用类属性定义表单字段，并为这些字段添加验证器。

在上述 ask 视图函数中使用的 AskForm 就是一个 Flask-WTF 表单的实例：

```
1    from flask_wtf import FlaskForm
```

```
2      from wtforms import StringField, SubmitField
3      from wtforms.validators import DataRequired
4
5      class AskForm(FlaskForm):
6          askbox = StringField('Ask', validators=[DataRequired()])
7          submit = SubmitField(' 提交 ')
```

在这个表单类中，askbox 字段被用于收集用户的问题，DataRequired 验证器则用于确保用户提交的问题不为空。这样做可以避免处理空白的查询，从而提升应用的效率和用户体验。当表单被提交时，系统会检查请求是否为 POST 类型并且表单数据是否有效，这种检查机制有助于确保只有正确和完整的数据被发送到服务器端进行处理。

此外，这个表单还自动处理跨站请求伪造（CSRF）保护。CSRF 保护是 Web 应用安全的重要组成部分，可以防止恶意网站在用户不知情的情况下代表用户提交表单。通过集成 CSRF 保护，应用能够更安全地处理表单数据，以保护用户免受 CSRF 攻击的影响

该设计不仅提高了表单处理的安全性和有效性，还可以确保只处理有实际内容的请求，从而提升了整体的应用性能。

当用户访问 /ask URL 并提交问题时，Flask 路由将请求定向到 ask 视图函数，视图函数利用 AskForm 实例处理提交的表单数据。这个过程展现了 Flask 路由和视图函数以及 Flask-WTF 表单处理在本项目中如何协同工作，实现前后端的有效通信。

3. 实现前后端通信

在本项目中，实现前后端通信的真正逻辑依赖于两个关键因素：前端表单的 action 属性与后端 Flask 路由的 URL 匹配，以及表单数据的定义和处理。

（1）前端的 action URL 和后端路由 URL 的匹配。前端表单通过其 action 属性指定了提交数据时要请求的 URL，为了成功处理这个请求，后端 Flask 应用中必须有一个与之匹配的路由。这个路由由 @app.route() 装饰器定义，其参数是表单 action 属性中指定的 URL。

比如，前端的提问界面（ask.html）的请求如图 6.17 所示。

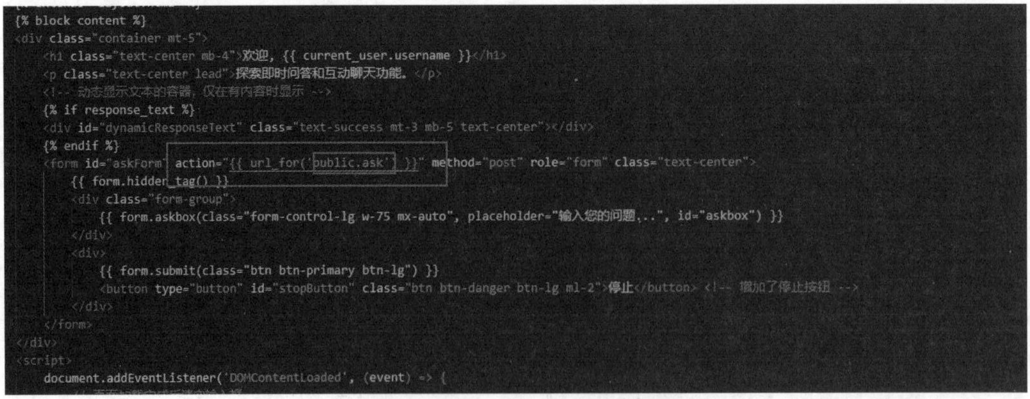

图6.17　前端ask界面请求

前端提问界面需要和后端的路由 URL 匹配，如图 6.18 所示。

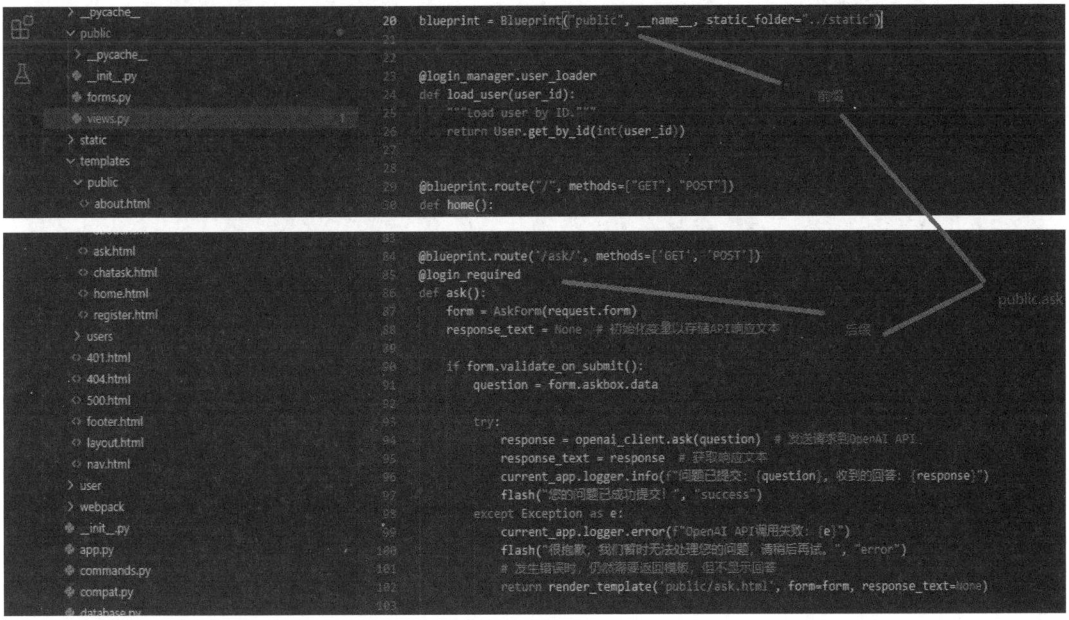

图6.18 后端路由匹配方式

（2）表单数据的框架定义和使用。表单数据的处理通过定义一个继承自 FlaskForm 的表单类来完成，该类中的字段与前端表单中的输入字段相对应。使用 Flask-WTF 不仅简化了表单数据的验证工作，还能自动处理一些安全问题，如跨站请求伪造（CSRF）保护。

比如，前端提问界面的表格如图 6.19 所示。

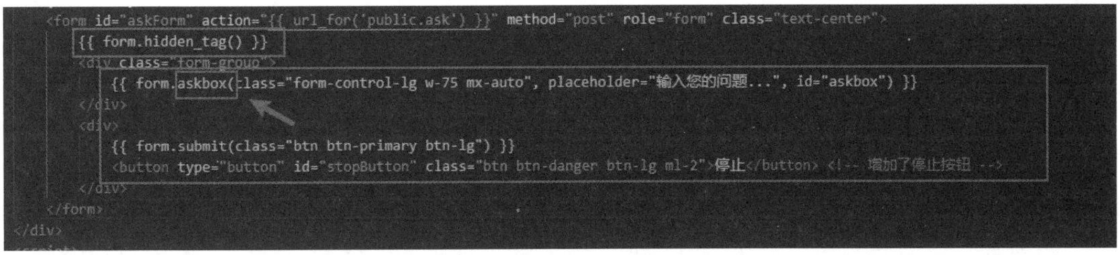

图6.19 前端提问界面的表格

前端提问表格需要和后端的表格定义一致，如图 6.20 所示。

图6.20 AskForm表格定义

前端提问界面的表格还需要和后端的路由使用一致，如图 6.21 所示。

```
@blueprint.route('/ask/', methods=['GET', 'POST'])
@login_required
def ask():
    form = AskForm(request.form)
    response_text = None  # 初始化变量以存储API响应文本

    if form.validate_on_submit():
        question = form.askbox.data

        try:
            response = openai_client.ask(question)  # 发送请求到OpenAI API
            response_text = response  # 获取响应文本
            current_app.logger.info(f"问题已提交: {question}, 收到的回答: {response}")
            flash("您的问题已成功提交！", "success")
        except Exception as e:
            current_app.logger.error(f"OpenAI API调用失败: {e}")
            flash("很抱歉，我们暂时无法处理您的问题，请稍后再试。", "error")
            # 发生错误时，仍然需要返回模板，但不显示回答
    return render_template('public/ask.html', form=form, response_text=None)
```

图 6.21   表格的使用

通过这种方式，前端表单的提交和后端的请求处理逻辑可以紧密结合，实现了前后端的通信。这种通信模式是构建动态 Web 应用的基础，它使得用户可以与后端服务器交互，执行各种操作。

6.4   基于阿里云项目部署

将项目部署到云服务器是现代应用开发的重要组成部分，它允许在全球范围内访问用户的应用，同时提供了伸缩、备份和安全等云服务的优势。接下来，将简要介绍基于云的部署流程，并聚焦于使用阿里云进行项目部署。

云部署流程说明与在阿里云等平台上的部署具有相似性。基本步骤通常包括：

（1）开通云服务器：在云平台上创建并配置虚拟服务器实例，选择操作系统和资源配置（CPU、内存、存储等）。

（2）环境配置：安装必要的软件环境，如 Web 服务器、数据库、编程语言环境等。

（3）代码部署：将项目代码上传到云服务器，并安装项目依赖。

（4）服务配置与启动：配置 Web 服务器和应用服务，确保应用正确运行。

下面将介绍基于阿里云的项目部署全过程，包括开通云服务器、应用准备、代码管理、项目部署与测试等步骤。遵循这一流程，用户能够借助阿里云的先进基础设施，成功地将应用部署至云端，从而享受云计算带来的高可用性、扩展性和安全性等诸多优势。同时，采用 Git 进行代码管理，不仅能够简化部署流程，还有助于提升开发效率和确保项目的可持续维护。

6.4.1   开通创建服务器实例

在阿里云开通并创建服务器实例是部署应用到云端的初始步骤，此过程专指在阿里云平台上配置一个虚拟服务器。具体步骤如下。

1. 登录阿里云

访问阿里云官网并使用账号登录。如果尚未注册，需要先完成注册过程。

2. 进入控制台

登录阿里云后，将进入阿里云控制台，在该控制台可以全面管理云资源。单击界面上的"云服务器 ECS"按钮，如图 6.22 所示。

图6.22　云服务器入口

如果无法直接找到所需选项，用户也可以通过在搜索框中输入关键字来进行搜索。

3. 创建云服务器 ECS 实例

单击界面上的"创建我的 ECS"按钮，用户将被引导至购买配置界面，如图 6.23 所示。

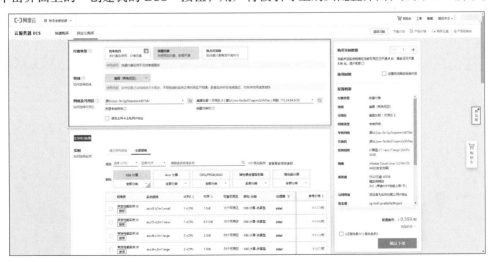

图6.23　云服务器购买配置界面

购买配置界面共分为六个主要部分，接下来分别对各部分进行简要介绍。

第一部分，如图 6.23 所示，主要关注于选择付费类型，这里一般提供三种选项。对于计划长期运行的场景，建议采用按月付费的方式；若仅为短期测试，按量付费则更加合适，该方式允许按小时计费，对于低配置实例，费用可能相当低廉。接下来是选择地区，标准建议是选择目标用户所在的地区，但有时出于成本考虑，选择其他地区也是可行的，因为不同地区的定价可能存在差异，网络和可用区的配置通常可以保留为默认设置。

第二部分涉及实例和镜像的选择，该部分的决策主要基于所需的机器性能以及服务所需的操作系统。阿里云提供了多种系统选项供用户选择，以满足不同的应用需求，如图 6.24 所示。

本案例使用的是阿里云 Linux 系统。

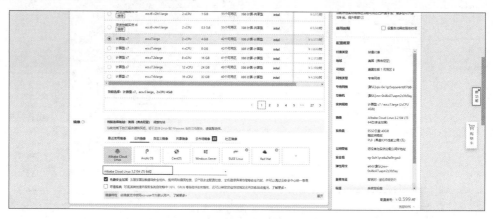

图6.24　实例和镜像界面

第三部分聚焦于存储配置，对于仅用于测试目的的实例，保持默认设置即可。而企业用户根据实际需求，可能需要定制系统盘和数据盘的配置，从而更好地适应企业的具体存储需求。具体的存储配置选项如图 6.25 所示。

图6.25　存储配置

第四部分涉及带宽和安全组的配置。如果用户的服务器需要从外部访问，则通常需要分配一个公网 IP, 这样外部用户就可以通过该地址访问服务器上的服务。带宽计费模式的选择应根据个人需求来定, 如果选择按流量计费, 则需要注意流量攻击可能会导致较高的费用。安全组设置是关键, 它定义了哪些类型的网络流量可以进入或离开服务器, 以确保安全性的同时, 允许必要的数据流通。具体的带宽和安全组配置选项如图 6.26 所示。

图 6.26　带宽和安全组配置选项

第五部分关注于管理设置, 这里可以根据个人偏好选择服务器的登录方式。例如, 如果选择 "自定义密码", 则可以直接设置登录的用户名 (如 root) 及密码。这样设置后, 在后续操作中, 就可以使用这个用户名和密码直接登录服务器。这一步骤不仅增强了服务器的安全性, 也提供了方便快捷的登录方式。具体的管理设置选项如图 6.27 所示。

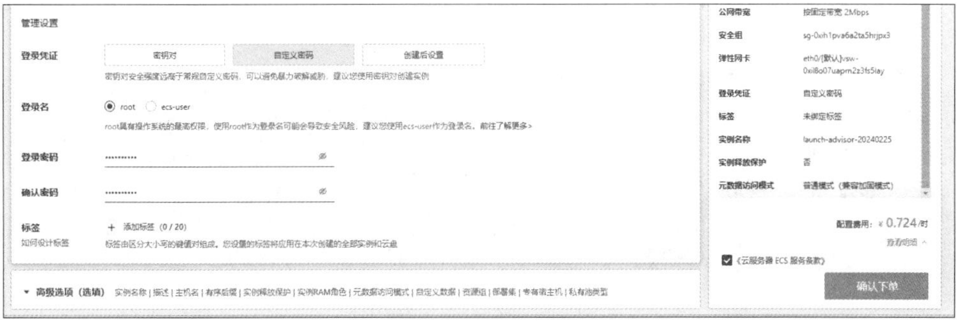

图 6.27　管理设置选项

第六部分包含一些高级设置, 若没有特别需求, 则可以保留默认设置。完成所有选项的选择后，单击"确认下单"按钮，将被引导至创建成功的界面。在这里，单击界面上的"管理控制台"按钮，即可进入实例控制台界面。该控制台是管理和配置服务器实例的中心，提供了对实例进行监控、配置修改以及其他管理操作的功能和选项。

选择按量计费方式时，要求账户的余额必须大于100元，这是为了确保账户有足够的资金支持实例运行的初始费用，避免因余额不足而导致的服务中断。

4. 登录实例

进入实例界面后，单击实例的"远程连接"以进入连接界面。在该界面上，根据用户之前配置的验证方式进行验证，即可成功进入实例的操作界面。登录验证的具体步骤和界面布局如图6.28所示，这一步骤是实现远程管理服务器的关键，确保了只有验证通过的用户才能访问和操作实例。

图6.28 登录验证界面

认证通过后，用户将能够进入服务器的命令行界面。在这个界面，可以执行各种命令来管理和配置服务器。例如，输入命令 cat /etc/os-release 可以查看服务器的操作系统信息，该命令会显示操作系统的名称、版本号等基本信息，帮助用户确认当前操作系统的具体版本。命令的输出结果如图6.29所示，这是一种常用的方法，用于快速获取服务器操作系统的详细信息。

图6.29 测试命令输出

通过以上步骤，用户便成功地在阿里云上创建了服务器实例，为应用的部署准备好了运行环境。

6.4.2 准备部署应用程序与环境

在基于 Cookiecutter-Flask 模板开发的 Flask 应用部署到阿里云服务器之前，需要仔细准备应用程序本身及其运行环境。该过程主要分为应用程序依赖的准备和服务器环境的配置两大部分。

1. 应用程序依赖准备

对于使用 Cookiecutter-Flask 模板开发的项目，通常包含后端的 Python 依赖和前端的 Node.js 依赖，这要求用户分别为后端和前端准备各自的依赖清单。

（1）Python 依赖清单。项目的 Python 依赖通过 requirements.txt 文件管理，以确保该文件是最新的，并且包含了所有必要的库。可以通过在项目的虚拟环境中运行 pip freeze > requirements.txt 命令来生成或更新该文件。Python 依赖清单如图 6.30 所示。

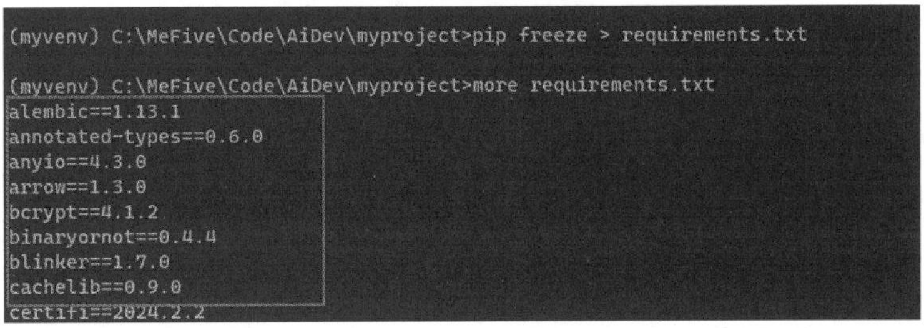

```
(myvenv) C:\MeFive\Code\AiDev\myproject>pip freeze > requirements.txt

(myvenv) C:\MeFive\Code\AiDev\myproject>more requirements.txt
alembic==1.13.1
annotated-types==0.6.0
anyio==4.3.0
arrow==1.3.0
bcrypt==4.1.2
binaryornot==0.4.4
blinker==1.7.0
cachelib==0.9.0
certifi==2024.2.2
```

图6.30　Python依赖清单

（2）Node.js 依赖清单。前端的依赖通过 package.json 文件管理，当使用 npm 安装新的依赖时，应确保使用 --save 参数（对于 npm 5.0 及以上版本，这是默认行为），这样依赖就会自动添加到 package.json 文件中。对于已有的项目，运行 npm install 命令，可以根据 package.json 文件安装所有必要的依赖。package.json 文件内容如图 6.31 所示。

为确保 Node.js 项目依赖完整，可以通过安装并使用 npm-check 来检查是否有缺失的包。如果发现缺失的包，则可以使用命令 npm install < 缺失的包名 > --save 来添加这些缺失的包。

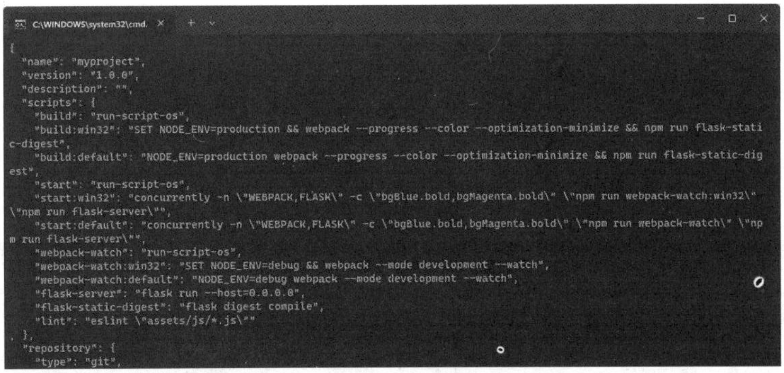

```
C:\WINDOWS\system32\cmd.
{
  "name": "myproject",
  "version": "1.0.0",
  "description": "",
  "scripts": {
    "build": "run-script-os",
    "build:win32": "SET NODE_ENV=production && webpack --progress --color --optimization-minimize && npm run flask-stati
c-digest",
    "build:default": "NODE_ENV=production webpack --progress --color --optimization-minimize && npm run flask-static-dig
est",
    "start": "run-script-os",
    "start:win32": "concurrently -n \"WEBPACK,FLASK\" -c \"bgBlue.bold,bgMagenta.bold\" \"npm run webpack-watch:win32\"
\"npm run flask-server\"",
    "start:default": "concurrently -n \"WEBPACK,FLASK\" -c \"bgBlue.bold,bgMagenta.bold\" \"npm run webpack-watch\" \"np
m run flask-server\"",
    "webpack-watch": "run-script-os",
    "webpack-watch:win32": "SET NODE_ENV=debug && webpack --mode development --watch",
    "webpack-watch:default": "NODE_ENV=debug webpack --mode development --watch",
    "flask-server": "flask run --host=0.0.0.0",
    "flask-static-digest": "flask digest compile",
    "lint": "eslint \"assets/js/*.js\""
  },
  "repository": {
    "type": "git",
```

图6.31　package.json文件内容

2. 服务器环境配置

在阿里云服务器上配置环境涉及几个关键步骤，以确保应用程序能够顺利运行。

（1）安装或者更新 Python 运行时环境。阿里云服务器预装了 Python，但若其版本与项目需求不匹配，需要进行更新。本项目需要的 Python 版本为 3.11.4。接下来，将介绍如何使用 pyenv 来更新 Python 版本，以确保环境与项目需求一致。

1）安装依赖。在安装 pyenv 之前，需要确保系统上已经安装了 pyenv 的依赖。对于大多数 Linux 发行版，需要安装以下软件包。

```
sudo yum install -y gcc zlib-devel bzip2 bzip2-devel readline-devel sqlite
sqlite-devel openssl-devel tk-devel libffi-devel xz-devel
```

2）安装 Git。安装 pyenv 时需要执行以下命令。

```
yum install git
```

3）安装 pyenv。最简单的安装 pyenv 的方法是使用 pyenv-installer 脚本，运行以下命令。

```
curl https://pyenv.run | bash
```

4）配置环境变量。安装完成后，需要将 pyenv 的路径添加到用户的 shell 环境变量中。如果使用的是 bash 或 zsh，则将以下行添加到用户的 ~/.bashrc、~/.profile 或 ~/.zshrc 文件的末尾。

```
1    export PATH="$HOME/.pyenv/bin:$PATH"
2    eval "$(pyenv init --path)"
3    eval "$(pyenv virtualenv-init -)"
```

然后，重新加载 shell 配置。

```
source ~/.bashrc
```

5）使用 pyenv 安装 Python。现在使用 pyenv 安装任何版本的 Python。

```
pyenv install 3.11.4
```

"pyenv install --list" 命令用于查看所有可用的版本。

6）设置全局 Python 版本。安装完成后，可以设置全局 Python 版本。

```
pyenv global 3.11.4
```

这会将用户的全局 Python 版本设置为刚刚安装的版本。

7）验证安装。运行以下命令来验证 pyenv 是否正确设置，并且新安装的 Python 版本是否正在使用。

```
python --version
```

如果显示的是用户通过 pyenv 安装的 Python 版本，则表示一切都设置正确，如图 6.32 所示。

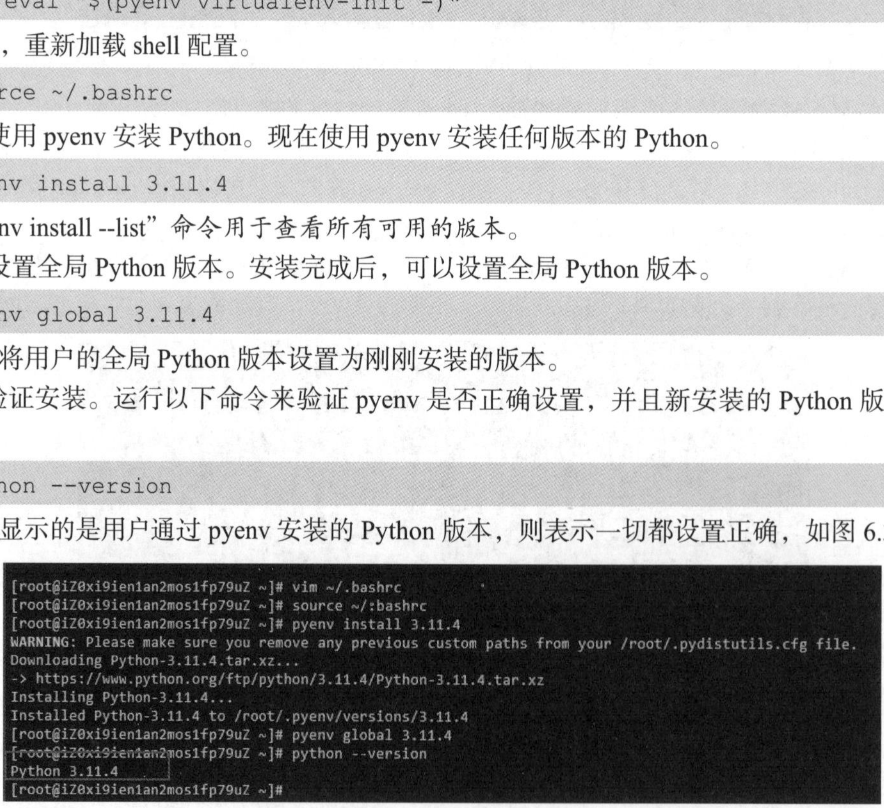

图6.32　显示更新的Python版本

（2）安装或者更新 Node.js 运行时环境。通常情况下，阿里云服务器初始状态并未预装 Node.js，因此需要进行手动安装。安装 Node.js 的命令如下。

```
sudo yum install nodejs
```

（3）数据库。sqlite3 数据库模块是自 Python 2.5 版本以来的一部分，所以几乎当前安装的所有 Python 都会包含它，可以通过简单的 Python 脚本来验证 sqlite3 模块的可用性。

```
1    import sqlite3
2    print(sqlite3.sqlite_version)
```

sqlite3 验证成功的输出界面如图 6.33 所示。

```
[root@iZ0xi9ien1an2mos1fp79uZ ~]# python
Python 3.11.4 (main, Feb 26 2024, 12:27:46) [GCC 10.2.1 20200825 (Alibaba 10.2.1-3.6 2.32)] on linux
Type "help", "copyright", "credits" or "license" for more information.
>>> import sqlite3
>>> print(sqlite3.sqlite_version)
3.26.0
>>>
```

图6.33　sqlite3 验证成功的输出界面

（4）安全配置。为确保服务器的安全，配置防火墙规则是非常重要的步骤，它能够保证只有必要的端口（如 HTTP 的 80 端口和 HTTPS 的 443 端口）对外开放。在阿里云的服务器上，默认情况下系统的防火墙是关闭的。安全配置主要通过阿里云的安全组来进行，这使得对入栈和出栈流量的管理更为集中和高效。安全组允许用户定义一组 IP 地址访问规则，确保只有符合这些规则的流量可以访问服务器。

对于 Web 访问配置，可以在安全组中明确指定允许 HTTP 和 HTTPS 端口的流量，从而确保 Web 服务的可访问性，同时防止未授权的访问。这种方式既简化了防火墙规则的管理，也加强了服务器的安全性。配置安全组和端口的具体操作如图 6.34 所示。

图6.34　Web服务安全组配置

（5）Python 虚拟环境。在服务器上创建 Python 虚拟环境可以有效地隔离每个应用的依赖，防止不同应用间的依赖冲突。首先，使用 python -m venv myvenv 命令创建一个名为 myvenv 的虚拟环境。接着，通过执行 source myvenv/bin/activate 命令来激活该虚拟环境。一旦虚拟环境被激活，所有后续的 Python 包安装和操作都将限定在这个环境内，从而保持项目的依赖独立和整洁。

（6）环境变量和配置。为了配置应用所需的环境变量，例如，数据库连接字符串和第三方服务的 API 密钥等，建议使用 .env 文件（一般在 Flask 项目的根目录下）或其他配置管理工具来安全地管理这些敏感信息。这样做不仅有助于保护敏感信息不被直接暴露在代码中，还便于在不同环境之间迁移和部署应用。

在阿里云的 Linux 系统中设置环境变量 OPENAI_API_KEY 的示例如下。

```
export OPENAI_API_KEY="用户自己申请的 key"
```

请确保替换"用户自己申请的 key"为实际的 API 密钥，此操作对于保障 API 的安全访问至关重要，同时也便于在需要时更新密钥，而不必修改应用的主体代码。

通过上述步骤，用户的应用程序和服务器环境将为部署做好充分的准备，这不仅包括确保所有依赖项都已就绪，还涵盖了服务器的安全配置和环境变量的管理，为应用的顺利运行提供了保障。完成这些准备工作后，就可以进行项目的代码管理了。

6.4.3 基于 Git 代码管理

在现代软件开发过程中，代码版本控制系统扮演着至关重要的角色。Git 作为一个分布式版本控制系统，被广泛应用于代码的版本管理和团队协作中。本小节将介绍如何利用 Git 来管理 Flask 项目的代码，并通过 Gitee（一个国内流行的 Git 托管平台）实现代码的上传与部署。

1. 准备工作

（1）安装 Git：确保开发环境已经安装 Git，可以通过在终端运行 git --version 来检查 Git 是否安装成功。

由于前文已经进行了详细介绍，这里就不再重复赘述相关内容了。

（2）创建 Gitee 账号：访问 Gitee 官网并注册账号，如果已有账号则直接登录。

2. 项目代码上传到 Gitee

（1）登录 Gitee 新建仓库。注册并登录 Gitee，然后进入个人主页，单击"新建仓库"按钮，如图 6.35 所示。

图6.35 新建仓库位置

（2）填写配置仓库配置信息。在设置仓库时，最关键的是仓库名称，通常建议与项目名称保持一致，以便于识别和管理。此外，还应填写一些描述信息，这部分应根据项目的具体情况来编写，以便于其他开发者理解仓库的用途和内容。配置界面的具体布局和选项如图 6.36 所示。

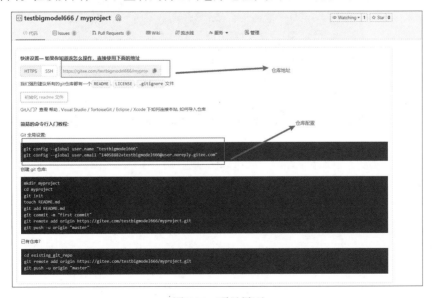

图6.36　配置界面

（3）查看仓库地址。单击图 6.37 所示界面中的"创建"按钮后，完成项目的创建，并自动跳转到项目界面。在该界面，可以查看到自己的仓库地址，如图 6.37 所示。

图6.37　项目界面

（4）初始化 Git 仓库：在项目根目录下，打开终端或命令行工具，执行以下命令初始化一个新的 Git 仓库。

```
git init
```

（5）添加配置：复制 Gitee 界面配置信息，在命令行中执行以添加配置信息。

```
1   git config --global user.name "testbigmodel666"
2   git config --global user.email "14058882+testbigmodel666@user.noreply.
gitee.com"
```

（6）添加远程仓库：复制 Gitee 上创建的仓库，然后将其设置为本地仓库的远程仓库。假设用户在 Gitee 上创建的仓库地址为 https://gitee.com/testbigmodel666/myproject.git，执行以下命令。

```
git remote add origin https://gitee.com/testbigmodel666/myproject.git
```

（7）添加项目文件到仓库：将项目文件添加到 Git 仓库。首先，使用 git add 命令添加所有文件。

```
git add
```

然后，提交这些更改到本地仓库。

```
git commit -m " 初始提交 "
```

推送代码到 Gitee：使用以下命令将代码推送到 Gitee。

```
git push -u origin master
```

如果是首次推送，可能需要输入 Gitee 的用户名和密码。提交成功输出，如图 6.38 所示。

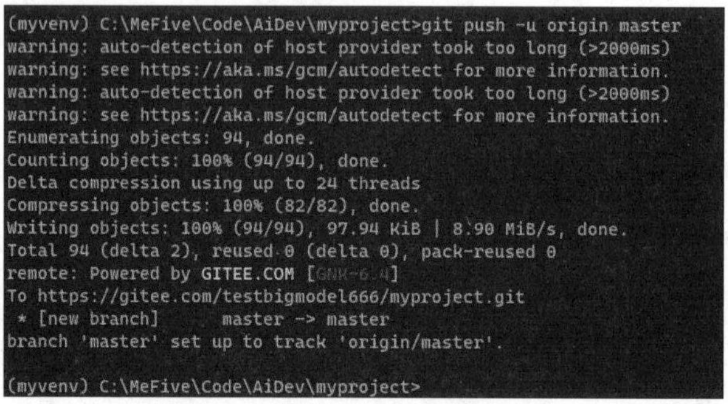

图6.38　提交成功输出

（8）验证提交。此时刷新仓库界面，就可以看到仓库代码了，如图 6.39 所示。

图6.39　仓库代码界面

3. 在服务器上克隆代码

在服务器的合适位置，执行以下命令克隆项目。

```
git clone https://gitee.com/testbigmodel666/myproject.git
```

执行命令后会在服务器上创建一个 myproject 目录，其中包含项目的所有代码。进入项目目录查看文件，如图 6.40 所示。

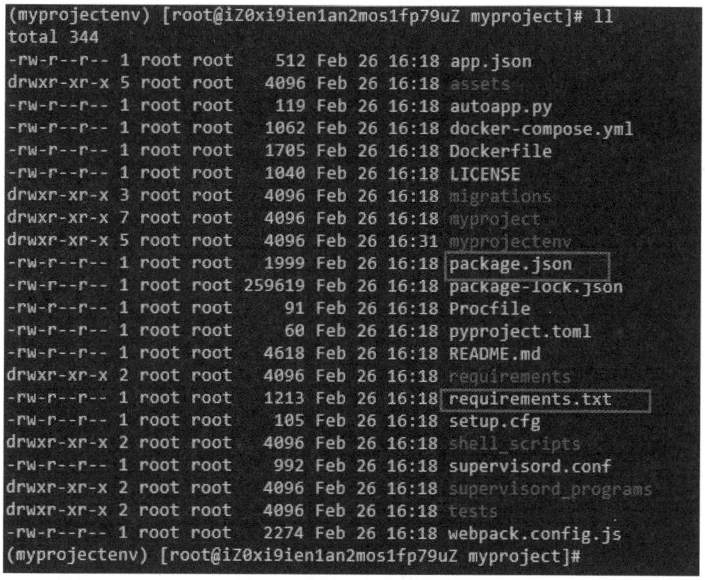

```
(myprojectenv) [root@iZ0xi9ien1an2mos1fp79uZ myproject]# ll
total 344
-rw-r--r-- 1 root root    512 Feb 26 16:18 app.json
drwxr-xr-x 5 root root   4096 Feb 26 16:18 assets
-rw-r--r-- 1 root root    119 Feb 26 16:18 autoapp.py
-rw-r--r-- 1 root root   1062 Feb 26 16:18 docker-compose.yml
-rw-r--r-- 1 root root   1705 Feb 26 16:18 Dockerfile
-rw-r--r-- 1 root root   1040 Feb 26 16:18 LICENSE
drwxr-xr-x 3 root root   4096 Feb 26 16:18 migrations
drwxr-xr-x 7 root root   4096 Feb 26 16:18 myproject
drwxr-xr-x 5 root root   4096 Feb 26 16:31 myprojectenv
-rw-r--r-- 1 root root   1999 Feb 26 16:18 package.json
-rw-r--r-- 1 root root 259619 Feb 26 16:18 package-lock.json
-rw-r--r-- 1 root root     91 Feb 26 16:18 Procfile
-rw-r--r-- 1 root root     60 Feb 26 16:18 pyproject.toml
-rw-r--r-- 1 root root   4618 Feb 26 16:18 README.md
drwxr-xr-x 2 root root   4096 Feb 26 16:18 requirements
-rw-r--r-- 1 root root   1213 Feb 26 16:18 requirements.txt
-rw-r--r-- 1 root root    105 Feb 26 16:18 setup.cfg
drwxr-xr-x 2 root root   4096 Feb 26 16:18 shell_scripts
-rw-r--r-- 1 root root    992 Feb 26 16:18 supervisord.conf
drwxr-xr-x 2 root root   4096 Feb 26 16:18 supervisord_programs
drwxr-xr-x 2 root root   4096 Feb 26 16:18 tests
-rw-r--r-- 1 root root   2274 Feb 26 16:18 webpack.config.js
(myprojectenv) [root@iZ0xi9ien1an2mos1fp79uZ myproject]#
```

图6.40 查看目录结构

出于安全考虑，通常不会将 .env 文件提交到 Git 仓库中，以避免敏感信息（如数据库配置、第三方服务的 API 密钥等）被公开。因此，需要在项目的根目录下手动创建一个 .env 文件，并将本地环境所使用的变量复制进去。这样做的目的是在不同环境中，通过 .env 文件为应用提供必要的环境变量，确保应用能正常运行。.env 文件的内容如下。

```
1   FLASK_APP=autoapp.py
2   FLASK_DEBUG=1
3   FLASK_ENV=development
4   DATABASE_URL=sqlite:///dev.db
5   GUNICORN_WORKERS=1
6   LOG_LEVEL=debug
7   SECRET_KEY=not-so-secret
8   SEND_FILE_MAX_AGE_DEFAULT=0
9   OPENAI_API_KEY=" 用户自己申请的 key"
```

通过以上步骤，利用 Git 和 Gitee 实现了项目代码的版本控制和部署流程，这不仅便于代码的管理和迭代，也为团队协作提供了便利。在实际开发过程中，建议定期提交代码更改，并充分利用 Git 的分支管理功能来维护项目的不同版本。

6.4.4　项目部署与测试

成功上传项目代码至服务器，并准备好 Python 的 requirements.txt 和 Node.js 的 package.json 依赖文件之后，接下来是在服务器上部署项目并进行测试，该过程可以确保项目在生产环境中正常运行。

这两个文件是在项目的根目录生成的，所以随着代码一同提交。

1. 设置 Python 虚拟环境

激活虚拟环境：创建虚拟环境后，使用以下命令激活。

```
source myprojectenv/bin/activate
```

注意替换成自己的虚拟环境名。

2. 安装依赖

（1）安装 Python 依赖：在激活的虚拟环境中，使用 requirements.txt 文件安装所有 Python 依赖。

```
pip install -r requirements.txt
```

（2）安装 Node.js 依赖：对于涉及前端构建的项目，进入包含 package.json 的目录，并运行。

```
npm install
```

此时安装所有必要的 Node.js 依赖。

（3）构建静态文件：安装完依赖后，运行构建命令来生成静态文件。该命令会根据用户的 webpack.config.js 处理和生成最终的静态资源。

```
npm run build
```

该命令通常会编译和打包 CSS、JavaScript 文件，并将它们放置在 static/build 目录下。

3. 迁移数据库

数据库迁移相对简单，直接在根目录运行。

```
flask db upgrade
```

如果希望从头开始而不保留任何本地数据，可以通过重新初始化数据库来实现，这涉及使用 flask db init 和 flask db migrate 命令初始化数据库环境和创建新的迁移文件。这样做将创建一个全新的数据库结构，让用户的项目拥有一个干净的起点。然而，执行这些命令之前，需要确保当前目录下不存在之前生成的 migrations 文件夹，因为它包含了旧的迁移记录和脚本，可能会与新的初始化和迁移过程发生冲突。

4. 基于 WSGI 的部署

在本地开发环境中使用 flask run 启动 Flask 应用是为了方便开发者进行快速地开发和测试，而在生产环境中部署应用时一般使用 WSGI 服务器如 Gunicorn，是为了提供更稳定、高效的服务处理能力，以满足生产环境的性能需求。

（1）选择 WSGI 服务器：对于 Flask 应用，常用的 WSGI 服务器有 Gunicorn 和 uWSGI。根据个人偏好选择一个进行部署。

（2）在虚拟环境中安装 Gunicorn。

```
pip install gunicorn
```

（3）运行 WSGI 服务器：以 Gunicorn 为例，运行以下命令启动应用。

```
gunicorn -w 4 -b 0.0.0.0:80 autoapp:app
```

在这个命令中：

● -w 4 表示启动 4 个工作进程。

● -b 0.0.0.0:80 指定绑定地址和端口号。0.0.0.0 表示监听所有的网络接口，80 是端口号。

● autoapp:app 指定了应用的模块和应用实例名。这里假设用户的 Flask 应用实例在根目录的 **autoapp.py** 文件中定义，并且变量名为 app。如果应用结构有所不同，请相应地调整这部分。

在配置服务器监听地址时，使用 0.0.0.0 意味着服务器将监听所有可用的 IP 地址，允许来自任何地址的链接。相比之下，如果配置为 127.0.0.1，则服务器只会监听本机地址，这意味着只有从同一台机器上发起的请求才能访问服务器，任何其他设备的访问尝试都会被拒绝。

5. 测试

测试过程需要考虑众多因素，本次仅针对几个核心功能进行测试。聚焦应用的关键部分，确保它们能够预期工作。然而，完整的测试覆盖还应包括边缘情况、性能、安全性等多个维度，以全面保证应用的质量和稳定性。

（1）测试首页。访问并测试网站时，其界面布局和内容如图 6.41 所示。

图6.41　智能问答系统首页

通过查看浏览器左上角的地址栏，可以确认网页现在已经在服务器上运行，并且运行成功。

由于服务器监听的是 80 端口，而浏览器访问的默认端口也是 80，因此无须在网址中额外指定端口号。

（2）测试注册登录。进行注册和登录操作，本例将注册一个用户名为"洪七公"的用户并登录。相关操作界面如图 6.42 所示。

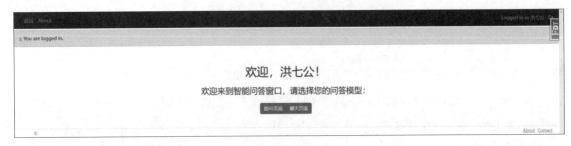

图6.42　登录成功界面

（3）测试提问功能。单击"提问界面"按钮，并输入问题"天空为什么是蓝的"进行提问。问题的回答结果如图6.43所示。

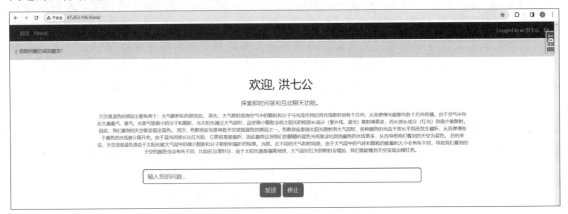

图6.43　提问回答界面

从图6.44可以看出，智能机器人提供了一个相当不错的回答。

（4）测试聊天功能。单击"聊天界面"按钮，依次输入两个问题，其中第二个问题提及了第一个问题中的内容。具体的聊天信息如图6.44所示。

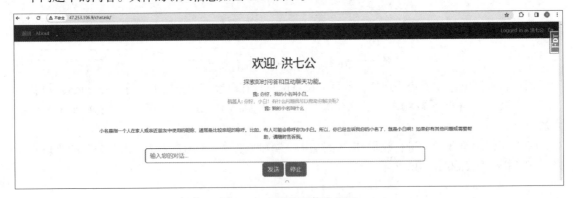

图6.44　人机聊天信息界面

从机器人提供的回答中可以看出，它记住了第一个问题中的信息，这表明机器具备记忆功能，能够基于历史信息实现连贯的聊天交流。

通过这几个简单的测试步骤，可以确认项目已经成功运行。完成这些步骤后，用户的项目就成功部署到阿里云服务器上了。

6.5 本 章 小 结

本章深入探讨了如何实际开发和部署一个基于 OpenAI API 的问答系统项目，从项目概览到技术栈的介绍，再到后端实现、用户界面构建以及最终的项目部署，逐步展示了整个开发流程，确保读者能够跟随项目开发流程构建自己的问答系统

项目概览部分明确了项目的目标和预期成果，为用户提供了一个清晰的项目蓝图。在基于 Flask 实现问答系统后端的介绍中，从安装配置 Cookiecutter-Flask 开始，逐步介绍了如何配置数据库、接入 OpenAI API，并实现了基于 Completions API 与 Chat Completions API 的问答逻辑处理模块。构建用户界面时，设计了简易的聊天界面，并实现了用户输入与响应的动态展示，以及多轮对话的用户交互功能。在基于阿里云项目部署部分，探讨了如何使用云服务器进行项目的部署，包括使用 Git 管理代码以及项目部署与测试的详细步骤。

通过本章的学习，用户应该能够掌握如何从零开始构建一个问答系统，了解在实际开发中需要考虑的各种技术细节和部署策略。然而，需要注意的是，本项目作为教学示例，主要目的是为了讲解概念和开发流程。但在实际的生产环境中，开发一个面向公众的问答系统会涉及更多的考量，如：

● 多用户支持。确保系统能够处理并发请求，保证数据隔离和用户隐私。

● 安全性。实现安全措施，防止各种网络攻击，保护用户数据安全。

● 性能优化。优化应用的性能，确保快速响应用户请求，提升用户体验。

● 错误处理和日志记录。合理处理异常和错误，记录必要的日志，便于问题追踪和系统监控。

本项目提供了一个良好的起点，但要构建一个真正健壮和可扩展的系统，还需要在此基础上深入探讨和实践更多的高级主题。希望本章内容能够激发用户进一步探索和学习的兴趣，为用户在软件开发领域的旅程提供参考和启发。

第7章 使用LangChain开发AutoGPT项目实战

本章将探索如何使用 LangChain 框架开发一个创新性的项目——AutoGPT，该项目旨在结合 AI 最前沿技术，创建一个自动化的问题解决系统，能够理解复杂的用户查询，并提供准确、有用的答案。AutoGPT 代表了 AI 领域的一大进步，展示了如何将先进的语言模型应用于实际问题解决场景，以实现自动化、高效和智能的决策过程。

本章内容将详细讲解从零开始构建 AutoGPT 项目，包括项目概述、环境准备、项目架构设计、核心功能实现以及用户界面构建和项目部署等关键步骤。从项目目标和技术栈的简介开始，逐步深入到 AutoGPT 的各个核心组件和功能的实现，最终展示如何将项目打包部署到云服务器上，从而为用户提供实时、交互式的服务。

本章旨在为用户提供一个全面的实战指南，通过实际的项目开发过程，使用户深入理解 LangChain 框架的强大功能及其在自动化问题解决系统中的应用。无论是 AI 技术的初学者还是经验丰富的开发者，都能在本章中找到宝贵的知识和灵感，为未来的项目开发奠定坚实的基础。

7.1 项 目 概 述

本节将对 AutoGPT 项目进行全面的概述，从项目的愿景、目标到预期成果进行详细说明。AutoGPT 项目致力于构建一个能够自动理解和解答各种问题的智能系统，旨在突破传统问题解答系统的局限，提供更加精准、高效的解答服务。

本节还将介绍构成 AutoGPT 项目的技术栈，包括 LangChain 框架、AI 语言模型以及其他辅助技术。这些技术的选择和组合旨在为项目提供强大的支持，以确保系统能够高效地处理和解答复杂的用户查询。通过深入了解项目背后的技术架构，用户能够更好地理解 AutoGPT 项目的设计理念和实现途径，为后续的学习和开发奠定坚实的基础。

7.1.1 项目目标与预期成果

AutoGPT 项目的核心目标是开发一个智能问答系统，该系统能够自动解析复杂的问题，并将其拆分成可管理的步骤进行解答。与传统的问答系统不同，AutoGPT 不仅仅是查找并返回预先定义的答案，而是通过一个迭代的过程，即系统会根据观察到的执行结果进行思考和调整，以此确定下一步的最佳行动方案。该方法允许系统在面对广泛且未知的问题时展现出更高的灵活性和创造力。

项目的预期成果是实现一个用户友好的界面，通过 Gradio 为用户提供一个简单而直观的方式来提交问题。用户可以在 Gradio 页面的输入框中键入问题，然后在输出页面上看到系统处理问题的具体过程，包括系统如何拆解问题、执行各种动作以及如何通过迭代思考和调整来逐步解答问题。这一过程不仅为用户提供了所需的答案，也向用户展示了解答过程中的逻辑和决策过程，使得整个体验更加透明和教育意义十足。

通过实现这些目标，为用户提供一个能够处理复杂问题，并以一种可理解和互动的方式提供解答的平台。这不仅有助于提高解决问题的效率和质量，也能够为用户提供深入了解问题解决过程的机会，从而在提供实际解决方案的同时，增进用户的知识和理解。

7.1.2 技术栈简介

AutoGPT 项目基于 LangChain 框架，利用 LangChain 强大的功能和灵活性来构建智能问答系统。LangChain 为用户提供了与 OpenAI 接口的无缝连接，使得调用 GPT 等强大的语言模型成为可能。此外，项目在长期记忆存储方面采用 Redis 数据库，这是一个高性能的键值数据库，用于持久化用户会话和系统状态，确保数据的可靠性和访问速度。

在用户界面设计方面选择 Gradio 框架，以便快速搭建直观且易于使用的前端页面。Gradio 使得用户能够通过简单的输入框提交问题，并在输出区域查看问题的处理和思考过程，为用户提供了良好的交互体验。

最后，项目的部署采用 Docker 技术，它提供了容器化服务，使得应用的打包、分发和运行变得更为简便和高效。Docker 的使用降低了部署过程中的环境差异问题，保证了应用在不同环境中的一致性和稳定性。

通过本小节介绍的技术栈，旨在提供一个全面的开发指南，从前端的交互设计到后端的逻辑处理，再到代码的部署，最终实现一个功能完整的问答系统。

7.2 环 境 准 备

在开始开发 AutoGPT 项目之前，首先需要确保有一个适合的开发环境，这包括设置一个隔离的工作空间来避免依赖冲突，以及配置必要的服务来支持项目运行。本节将指导完成环境准备的各个步骤，确保能够顺利开始项目的开发工作。

7.2.1 设置 Conda 虚拟环境和项目架构概述

为了隔离项目依赖和避免版本冲突，使用 Conda 创建一个虚拟环境。本项目使用的 Python 版本为 3.9.18，以确保所有开发和部署环境的一致性。

1. 创建虚拟环境

首先，安装 Conda 后，可以通过以下命令创建一个新的虚拟环境。

```
conda create -n my_autogpt python=3.9.18
```

然后，激活这个虚拟环境。

```
conda activate my_autogpt
```

虚拟环境创建成功并激活后如图 7.1 所示。

```
The following NEW packages will be INSTALLED:

  ca-certificates     pkgs/main/win-64::ca-certificates-2023.12.12-haa95532_0
  openssl             pkgs/main/win-64::openssl-3.0.13-h2bbff1b_0
  pip                 pkgs/main/win-64::pip-23.3.1-py39haa95532_0
  python              pkgs/main/win-64::python-3.9.18-h1aa4202_0
  setuptools          pkgs/main/win-64::setuptools-68.2.2-py39haa95532_0
  sqlite              pkgs/main/win-64::sqlite-3.41.2-h2bbff1b_0
  tzdata              pkgs/main/noarch::tzdata-2024a-h04d1e81_0
  vc                  pkgs/main/win-64::vc-14.2-h21ff451_1
  vs2015_runtime      pkgs/main/win-64::vs2015_runtime-14.27.29016-h5e58377_2
  wheel               pkgs/main/win-64::wheel-0.41.2-py39haa95532_0


Proceed ([y]/n)? y


Downloading and Extracting Packages

Preparing transaction: done
Verifying transaction: done
Executing transaction: done
#
# To activate this environment, use
#
#     $ conda activate my_autogpt
#
# To deactivate an active environment, use
#
#     $ conda deactivate

C:\Users\Peter>conda activate my_autogpt

(my_autogpt) C:\Users\Peter>
```

图7.1 创建和激活虚拟环境

2. 项目代码架构概述

项目采用模块化设计，每个部分的职责明确分离，代码结构如下。

```
1  app/
2  ├── agents/                              # 包含代理逻辑的模块
3  │    ├── lang_chain_agent_builder.py      # LangChain Agent 构建器
4  │    └── myagent.py                       # 自定义代理实现
5  ├── parsers/                             # 输出解析模块
6  │    └── parsers.py                      # 解析器实现
7  ├── prompts/                            # 提示模板
```

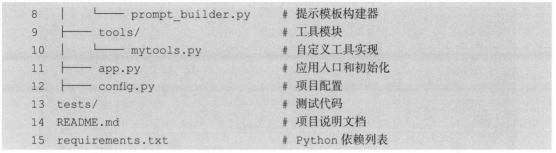

```
 8  |      └──  prompt_builder.py      # 提示模板构建器
 9  ├──  tools/                        # 工具模块
10  |      └──  mytools.py             # 自定义工具实现
11  ├──  app.py                        # 应用入口和初始化
12  ├──  config.py                     # 项目配置
13  tests/                             # 测试代码
14  README.md                          # 项目说明文档
15  requirements.txt                   # Python 依赖列表
```

- agents/ 目录包含代理相关的代码，负责具体任务的逻辑处理。
- parsers/ 目录用于存放解析代理输出的解析器代码。
- prompts/ 目录负责管理和构建代理使用的提示模板。
- tools/ 目录包含项目中使用的各种工具代码。
- app.py 是项目的启动入口，负责应用初始化和启动服务。
- config.py 包含项目的配置信息。

通过上述结构，确保了项目的高内聚低耦合设计原则，每个模块都有明确的职责，便于后期的维护和扩展。在后续的小节中，将深入探讨这些组件的实现细节和功能。

7.2.2　安装和配置 Redis

Redis 是一个开源的内存中数据结构存储系统，可以用作数据库、缓存和消息中间件。在本项目中，Redis 将用于实现长期记忆功能，以支持更复杂的对话管理。下面介绍在 Windows 系统上安装和配置 Redis 的步骤。

1. 下载 Redis for Windows

Windows 官方并没有直接提供 Redis 的支持，但可以通过使用 Microsoft 的开源项目 Windows Subsystem for Linux（WSL）或者使用 Redis 的 Windows 版本进行安装。这里将使用一个流行的兼容版本，即 Memurai，它提供了与 Redis 相似的 API 和命令行界面。

（1）访问 Memurai 官网下载安装程序。

（2）下载完成后，双击安装包开始安装过程。

（3）按照安装向导的提示完成安装。

2. 启动 Redis 服务器

安装完成后，可以通过命令行启动 Redis 服务器。

（1）打开命令提示符（cmd）或 PowerShell。

（2）输入以下命令启动 Redis 服务。

```
memurai.exe
```

启动成功界面如图 7.2 所示。

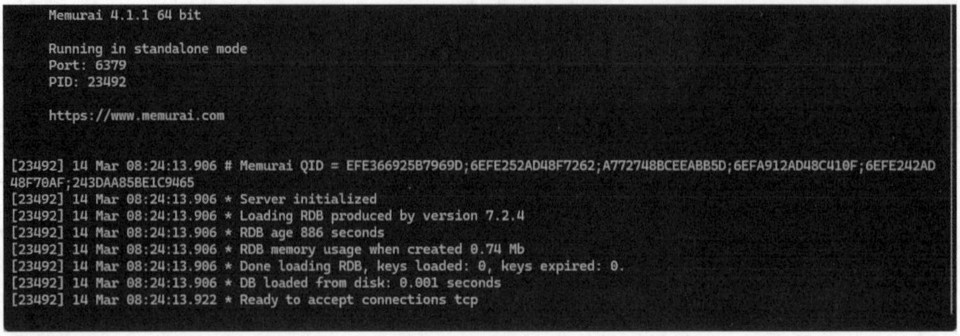

图7.2 启动成功界面

如果 Redis 安装在特定路径下，则可能需要先导航到该路径或将其添加到系统的环境变量中。

3. 验证 Redis 安装

要验证 Redis 服务器正在运行，可以打开另一个命令提示符窗口并输入以下命令。

```
memurai-cli.exe ping
```

如果服务器正在运行，则将看到响应，如图 7.3 所示。

图7.3 客户端验证响应

这表明 Redis 服务器已成功启动并可以连接。

4. 配置 Redis

Redis 的配置文件（通常名为 redis.conf）位于 Redis 安装目录中，可以通过编辑该文件来调整 Redis 的设置，如内存管理策略、持久化选项和安全设置等。

在开发环境中，默认的配置通常就足够使用。但是，在生产环境下，可能需要根据项目的需要调整设置以优化性能和安全性。

完成安装和配置后，用户的 Redis 服务器就已经准备好支持项目中的长期记忆存储功能了。通过简单的安装和配置步骤，可以为项目提供一个强大的基础设施组件，以支撑更复杂的应用场景和数据管理需求。

7.2.3 安装和配置 Docker

Docker 是一个开源平台，用于开发、运输和运行应用程序，允许将应用程序及其依赖项打包到容器中，以确保在任何环境中都能无缝运行。通过使用 Docker，开发者可以简化配置过程，加快部署速度，并通过容器化技术实现应用的快速迭代和可靠部署。

为了在 Windows 环境下利用 Docker 的强大功能，完成应用程序的容器化部署和管理，遵循以下步骤对 Docker 进行安装和配置是必要的，这不仅为后续的项目开发奠定了基础，也为应用的部署和分发提供了便利。

1. 安装 Docker Desktop

（1）前往官方网站下载。浏览 Docker 官方网站的 Docker Desktop 下载界面，选择适用于 Windows 的安装包下载。

（2）启动安装程序。下载完成后，双击安装包启动安装程序。安装过程中，根据提示选择安装类型。对于大多数用户，使用默认设置即可。

（3）启用 Hyper-V 特性（仅 Windows 10 和更高版本）。Docker Desktop 要求系统启用 Hyper-V 特性。安装程序通常会自动启用 Hyper-V，如果未启用，则可能需要手动开启，也可以通过 Windows 功能开启或关闭来启动 Hyper-V。

（4）完成安装并重启计算机。按照安装向导完成安装后，系统可能会提示重启计算机以完成安装。

2. 配置 Docker

（1）启动 Docker Desktop。重启计算机后，启动 Docker Desktop。首次启动可能需要一些时间，因为需要设置和配置 Docker 引擎。

（2）调整资源分配（可选）。根据需要，可以调整 Docker Desktop 使用的资源，如 CPU、内存和磁盘空间。通过 Docker Desktop 的设置界面可以轻松调整这些选项。

通常默认就可以。

资源调整方式如图 7.4 所示。

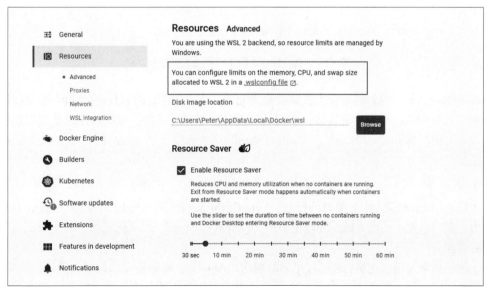

图7.4　资源调整方式

（3）验证安装。打开命令提示符或 PowerShell，输入 docker --version 来验证 Docker 是否成功安装。接着，运行 docker run hello-world 命令来运行一个测试容器，以确认 Docker 引擎正常工作。验证成功输出如图 7.5 所示。

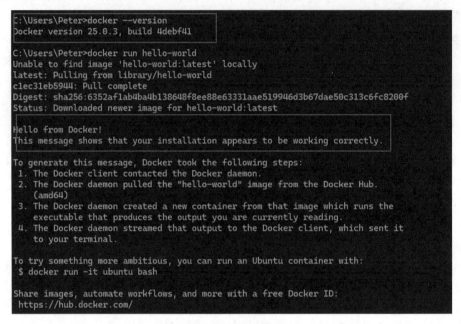

图7.5 验证成功输出

安装并配置好 Docker 后，就可以使用 Docker 来构建和运行容器化应用了。

通过以上步骤，在 Windows 环境下就成功安装并配置了 Docker，为接下来的开发工作做好了准备。

7.3 AutoGPT 项目架构

AutoGPT 项目旨在通过智能化方式解决复杂问题，核心在于其能够自动拆解问题、迭代求解，并综合利用现有资源以形成有效答案。该架构的设计考虑了灵活性、可扩展性以及与现代技术栈的兼容性，为用户提供了一个高效、可靠的自动问答系统。以下是 AutoGPT 项目的主要架构组件及其功能。

1. 核心组件

（1）LangChain 框架：作为项目的核心，LangChain 框架提供了与 LLM（如 OpenAI GPT）交互的能力，支持自定义的输入提示和输出解析（Output Parsing），以及记忆功能的集成，以实现复杂对话的管理。

（2）问题拆解与迭代逻辑：通过自定义的逻辑，AutoGPT 能够将用户的复杂问题拆解为更小、更易于解决的子问题，然后逐一求解。这一过程中，系统会不断迭代，并根据前一步的输出来调整后续的输入，直至找到最终的解决方案。

（3）工具集：AutoGPT集成了多种工具，如搜索引擎、计算器、数据分析工具等，这些工具能够在问题解决过程中被动态调用，为获取答案提供支持。

（4）长短期记忆（Long & Short Term Memory）：项目通过长短期记忆机制保留上下文信息，短期记忆用于追踪当前会话的状态，而长期记忆则存储用户的历史交互记录，以支持复杂的对话管理和优化。

2. 架构流程

（1）接收问题。系统首先接收用户输入的复杂问题。

（2）问题拆解。利用LangChain框架的功能，将问题拆解为若干更小、更具体的子问题。

（3）迭代求解。对每个子问题，根据需要调用相应的工具或服务，如搜索引擎查询、数学计算等，并收集结果。

（4）聚合与反馈。将所有子问题的解决方案聚合成一个综合性的回答，并反馈给用户。

（5）记忆与学习。将本次交互过程中的关键信息存储于短期或长期记忆中，用于优化后续的问题解答过程。

通过上述架构，AutoGPT项目能够有效处理各类复杂问题，无论是寻求搜索信息、进行计算还是其他形式的查询，其灵活的架构设计使得未来可以轻松集成更多工具和服务，进一步提升问题解决的准确度和效率。

7.4　实现 AutoGPT 核心功能

在AutoGPT项目中，实现核心功能是构建一个智能、自动化的问答系统的关键。本节将深入探讨如何通过LangChain框架和其他技术组件实现从问题接收到解决策略制定，再到最终解答的完整流程，逐步介绍项目中实现的关键功能，包括迭代式问题解决方法、提示模板设计、短期与长期记忆机制的构建、自定义工具和动作执行器的开发，以及如何有效地管理大模型处理异常等。

通过本节内容，用户将了解到如何结合现代技术栈与创新策略，来构建一个能够理解复杂问题、动态调整解决方案，并最终提供准确答案的智能系统。每个小节将详细说明实现各核心功能的方法和最佳实践，帮助用户深入理解AutoGPT项目的技术架构和开发流程。

7.4.1　迭代式自动化问题解决方法

本小节将探讨迭代式自动化问题解决方法的核心逻辑和实现，此方法依赖于LLM的强大能力，旨在通过一系列迭代步骤，分析问题、获取信息，并最终合成答案。该过程不仅涉及直接的问题回答，还包括对问题的拆分、多工具的协调使用以及基于反馈的策略调整，确保能够有效解决复杂的问题。

1. 迭代过程的设计原理

迭代式自动化问题解决方法基于以下核心原理。

（1）多步骤理解与解决：将复杂问题拆分为更易管理的小任务，通过多个步骤逐步接近最终解决方案。

（2）动态工具使用：根据问题的具体内容和阶段，灵活选择最合适的工具或信息源。

（3）反馈驱动的调整：基于每个迭代步骤的输出和效果，对后续策略进行动态调整，优化解决路径。

2. 实现方法

迭代式自动化问题解决方法的具体实现采用以下处理流程。

（1）问题定义。明确要解决的问题，将其作为整个迭代过程的起点。

（2）思考过程。分析问题，考虑是否已经存在直接的答案或需要进一步的信息获取，此步骤还需考虑是否存在重复的提问，以避免不必要的重复劳动。

（3）行动选择。根据当前的问题和已有的信息，选择最合适的工具进行操作，这可能是搜索、计算或其他特定的动作。

（4）结果观察。记录工具执行的结果，这些结果将作为后续迭代的重要参考信息。

（5）评估与调整。基于观察到的结果以及之前的思考过程，评估当前的解决策略是否有效，必要时进行调整。这可能包括改变提问方式、尝试不同的工具或调整信息获取的方向。

（6）迭代反复。以上步骤构成一个迭代循环，直至收集到足够的信息，能够对原问题给出明确的答案。

项目实现如下。

```
1    任务描述：
2    利用大模型的能力来回答问题，通过分析、获取必要信息，综合所有结果得出答案。你可以调用
     以下工具或使用自己的工具来获取信息。
3
4    可用工具：
5    {tools}
6
7    处理流程：
8    1. ** 问题定义 **：
9       - Question: {input}  # 需要回答的问题。
10
11   2. ** 思考过程 **：
12      - Thought: Thought: 思考问题的过程，考虑是否已经获取到答案，如果是，则直接汇
     总以前的信息和工具的观察结果给出最终答案。考虑同一个工具对于相同问题的提问是否已经进
     行过，避免重复提问。
13
14   3. ** 行动 **：
15      - Action: 选择行动，工具名称 [{tool_names}]。
```

```
16      - Action Input: 调用工具时的参数。
17
18  4. **观察**:
19      - Observation: 工具返回的结果。
20
21  5. **评估反馈并调整策略**:
22      - Thought: 根据观察到的结果和过往的思考和行动记录,评估当前问题解决策略的有效性。
        如果结果不变或过于类似,考虑改变提问方式,或探索不同的工具和资源。如果认为已经获取到
        足够信息,即可进行最终思考并给出答案。
23      - Action Adjustment: 如果没有获取足够信息,描述调整后的提问方式或新选择的行动路径。
24
25  6. **反复迭代**:
26      - 重复"思考过程"、"行动"、"观察"和"评估反馈并调整策略",直到收集到足够信息。
27
28  7. **最终思考**:
29      - Thought: 基于所有收集到的信息和历史记录,回答原始问题。
30
31  8. **最终答案**:
32      - Final Answer: 综合信息提供的最终答案。
33
34  历史记录:
35  - All history: {long_term_memory}   # 过往解决问题和最终答案
36  - Thought: {agent_scratchpad}   # 过往的思考和行动记录。
```

其中,{} 中的内容是变量,后续会动态地插入实际的数据,这也是 LangChain 语法变量的标准形似。

上述模板设计的好坏将直接关系到 AutoGPT 解决问题的能力,当 AutoGPT 不能满足项目需求时,需要不断迭代修改该模板直到 AutoGPT 能满足项目需求。

通过上述迭代式自动化问题解决方法,能够利用大模型的强大能力,结合人类的判断和策略,高效地处理和解答各种复杂问题。本方法的成功关键在于灵活的策略调整和对工具的有效利用,以及对迭代过程中收集到的信息的深入分析和合理运用。

7.4.2　设计提示模板策略

本小节将深入探讨如何设计有效的提示模板策略,以支持 AutoGPT 项目的核心功能。提示模板是 LangChain 框架中一种强大的工具,允许开发者定义灵活的文本模板,通过插值来动态地插入变量内容,从而生成具体的任务或查询指令。正确设计的提示模板对于指导大模型进行有效的信息获取和问题解决至关重要。

1. 设计原则
(1)明确目标:明确模板旨在解决的问题或执行的任务,保证提示的指令清晰、具体。

（2）变量动态化：利用 LangChain 的模板语法，动态地插入必要的变量（如工具描述、问题定义等），使模板具有更高的灵活性和适用性。

（3）结构化：以逻辑清晰的方式组织提示内容，如按步骤分解任务，确保模型能够根据提示顺利执行。

2. 构建步骤

构建有效的提示模板涉及以下关键步骤。

（1）定义模板框架。基于任务需求，初步设计模板的大致框架，包括问题定义、工具选择、行动指令等部分。

（2）收集工具信息。使用 render_text_description 函数，基于提供的工具列表生成工具名称和描述的纯文本表示，为模板中的 {tools} 变量提供内容。

render_text_description 函数下文会介绍。

（3）模板变量准备。准备其他必要的变量内容，如工具名称列表（tool_names）以及通过 LangChain 的记忆系统获取的历史记录等。

（4）动态生成提示。利用 PromptTemplate 类和 .partial 方法，将准备好的变量内容动态插入模板框架中，从而生成最终的提示。

LangChain 的 PromptTemplate 类是一个工具，用于构建和管理与 LLM 交互的提示模板。

LangChain 的 partial 方法允许用户预先填充一些变量到模板中，生成一个只需要剩余变量的新模板，从而在整个处理链中更灵活地应用和补充变量。

3. 设计提示模板代码

下面构建一个提示模板，并通过一个具体的项目代码向用户展示如何实现这一过程。

（1）引入必要的模块和类。

```
1    from typing import List
2    from langchain.prompts import PromptTemplate
3    from langchain.memory import ConversationBufferMemory
4    from langchain.tools import BaseTool
```

这些导入语句引入 LangChain 框架中用于创建提示模板、管理记忆系统以及定义工具的基本类和类型。

（2）动态渲染工具描述。

```
1    def render_text_description(tools: List[BaseTool]) -> str:
2        """
3        将工具的名称和描述渲染为纯文本。
4        """
5        return "\n".join([f"{tool.name}: {tool.description}" for tool in tools])
```

此函数接收一个包含多个工具（BaseTool 对象列表）的列表作为输入，并返回一个包含所有工具名称及其描述的字符串，用于在提示模板中显示。

在 LangChain 中，自定义工具需要继承 BaseTool 类，这样做允许开发者通过提供统一的接口来实现特定的功能或逻辑，以确保工具与 LangChain 生态系统的其他部分兼容，同时简化工具开发和集成的过程。

（3）提示模板构建类。

```
1    class LangChainBuild:
2        def __init__(self, tools: List[BaseTool], memory: ConversationBufferMemory):
3            self.tools = tools
4            self.memory = memory
5            self.template = """..."""
```

这个类是提示模板构建的核心，它接收工具列表和记忆系统实例作为输入，并定义了一个模板字符串，该字符串描述了如何提示大模型解决问题。

self.template 的模板是指 7.4.1 小节中设计的模板。

（4）构建提示的方法。

```
1    def build_prompt(self, tool_descriptions: str, tool_names: str):
2        prompt = PromptTemplate.from_template(self.template).partial(
3            tools=tool_descriptions,
4            tool_names=tool_names,
5        )
6        return prompt
```

此方法通过将工具描述和工具名称动态插入模板中，以生成最终的提示文本。Prompt Template.from_template 方法创建一个基于模板的 prompt 对象，.partial 方法则用于填充模板中的变量。

上述代码展示了如何结合 LangChain 框架，并通过动态的方式构建用于引导大模型的提示模板。这种方法可以根据当前的任务需求和可用工具动态调整提示的内容，从而提高了自动化问题解决的灵活性和效率。通过明确地定义工具的使用方式和任务处理流程，可以指导大模型更加精确地完成各种复杂任务。

7.4.3　构建短期记忆机制

在智能问答系统中，构建有效的短期记忆机制是提升系统性能的关键。本小节将介绍短期记忆机制的重要性及其在 LangChain 框架中的实现方法，尤其是如何利用 agent_scratchpad 和 intermediate_steps 来存储和管理智能代理的行动和观察结果。

agent_scratchpad 是一个自定义参数，intermediate_steps 是系统参数，用来记录中间步骤，可以通过解析这个中间步骤获取行动和观察。行动是指大模型实际调用的工具以及调用工具使用的参数，观察是指大模型调用工具执行任务所返回的结果。这些数据为大模型进行下一步的决策提供了有用的信息。

1. 短期记忆机制的作用

短期记忆机制允许智能系统记住在一系列对话中产生的关键信息，如用户的问题、系统的回答、执行的行动以及行动的观察结果，该机制有助于系统在处理连续对话时保持上下文的连续性，从而做出更加准确和个性化的响应。

2. 在 LangChain 中实现短期记忆

在 LangChain 框架中，agent_scratchpad 是存储智能代理在解决问题过程中生成的临时信息的变量，通过分析 intermediate_steps（即智能代理的行动和观察结果的序列），可以将相关信息格式化并存储在 agent_scratchpad 中，以便后续大模型在决策中使用。

下面是一个项目代码，展示如何使用 format_to_openai_tool_messages 函数将 intermediate_steps 转换为智能代理可以理解的信息格式，进而构建短期记忆：

format_to_openai_tool_messages 函数是 LangChain 框架系统函数，用户可以直接导入使用。

```
1   from langchain.agents import AgentAction, OpenAIToolAgentAction
2   from langchain_core.messages import AIMessage, BaseMessage
3   from typing import Sequence, Tuple, List
4
5   def format_to_openai_tool_messages(
6       intermediate_steps: Sequence[Tuple[AgentAction, str]],
7   ) -> List[BaseMessage]:
8       """
9       将 (AgentAction, 工具输出) 元组转换为 FunctionMessages，用于更新短期记忆。
10
11      参数：
12          intermediate_steps: 智能代理至今采取的步骤及其观察结果
13
14      返回：
15          发送给下一个预测的消息列表
16      """
17      messages = []
18      for agent_action, observation in intermediate_steps:
19          # 对 OpenAIToolAgentAction 类型的行动进行特殊处理
20          if isinstance(agent_action, OpenAIToolAgentAction):
21              new_messages = list(agent_action.message_log) + [
22                  _create_tool_message(agent_action, observation)
23              ]
24              messages.extend([new for new in new_messages if new not in messages])
25          else:
26              # 其他行动类型，直接将其日志作为消息添加
27              messages.append(AIMessage(content=agent_action.log))
28      return messages
```

在构建模板之前，代码通过一个 lambda 函数将返回的值赋予 agent_scratchpad 变量，这种方

法通过插值方式将数据传入模板，再由模板传递给大型模型，7.4.7小节会展示相关代码。

通过上述方法，可以有效地构建和更新智能代理的短期记忆，从而使其能够在处理连续对话时保持对之前交互的记忆。这种机制不仅提升了智能系统的响应准确性，还增强了其处理复杂问题的能力。在实际应用中，根据具体需求调整信息的存储和管理策略，可以进一步提升智能系统的性能和用户满意度。

7.4.4　利用 Redis 实现长期记忆方案

在构建智能问答系统时，除了短期记忆机制，长期记忆的实现同样重要。长期记忆能够帮助系统存储和回忆在不同会话中获取的知识，从而使系统在面对新的问题时更加高效和智能。本小节将介绍如何利用 Redis 数据库实现长期记忆方案，并通过将 LangChain 框架中的 ConversationBufferMemory 类与 Redis 后端存储相结合来实现这一功能。

1. 利用 Redis 实现长期记忆步骤

Redis 是一个开源的、支持网络、基于内存且可选持久性的键值对存储数据库，由于其出色的性能和灵活性，Redis 非常适合用作实现智能系统长期记忆的后端存储方案。

在 LangChain 框架中，可以通过结合 ConversationBufferMemory 类和 RedisChatMessageHistory 类来实现长期记忆的存储和管理。ConversationBufferMemory 类负责管理聊天历史记录，RedisChatMessageHistory 类则负责将这些信息持久化到 Redis 数据库中。

项目中实现长期记忆涉及三个关键步骤，分别为初始化、传递和更新。首先，初始化为后续操作奠定基础。其次，通过 long_term_memory 变量将记忆值传递给大模型。最后，随着问题解决，将大模型的最终处理结果更新到长期记忆中，这一过程在格式化输出并解析数据时进行，若解析结果为最终答案，则写入长期记忆。

以下是一个项目代码，展示如何配置和使用 Redis 来实现长期记忆方案。

（1）长期记忆的初始化设置。

```
1   from langchain.memory import ConversationBufferMemory
2   from langchain_community.chat_message_histories import RedisChatMessageHistory
3
4   class LangChainMemoryManager:
5       def __init__(self, redis_url, ttl, session_id):
6           # 初始化 Redis 聊天消息历史记录存储
7           # 参数：
8           #    redis_url：Redis 服务器的 URL。
9           #    ttl：存储的数据的生存时间（秒）。
10          #    session_id：当前对话的会话 ID。
11          self.message_history = RedisChatMessageHistory(url=redis_url, ttl=ttl,
       session_id=session_id)
12          # 创建会话缓存记忆体，与 Redis 后端存储结合
13          self.memory = ConversationBufferMemory(memory_key="long_term_memory",
```

```
chat_memory=self.message_history)
```

该段代码通过 LangChainMemoryManager 类管理聊天会话的记忆，使用 Redis 作为后端存储，以保存和更新对话历史。它初始化一个 RedisChatMessageHistory 对象来管理聊天消息的存储，设置存活时间并关联特定的会话 ID，进而通过 ConversationBufferMemory 创建一个会话缓存记忆体，用于维护长期记忆。

在项目部署时，redis_url 应作为一个可配置参数，以便根据环境的不同灵活指定。在本地开发环境中，redis_url 可能指向本地部署的 Redis 实例；在生产环境中，应修改为指向云服务提供的 Redis 实例的公网地址或内网地址，以确保项目能够正确连接到 Redis 服务。这样的设计增强了项目配置的灵活性和适应不同运行环境的能力。

（2）长期记忆的获取。长期记忆的获取方式主要通过变量 long_term_memory 进行，该变量通过执行 load_memory_variables({}) 方法从 ConversationBufferMemory 实例中获取长期记忆数据，并在智能代理的处理流程中进行传递和使用。这一机制确保了智能系统能够有效利用历史交互信息，以提高问题解决的准确性和个性化体验。

```
"long_term_memory": lambda x: self.memory.load_memory_variables({}),
```

long_term_memory 是一个自定义变量，可以传入大模型的模板中。

（3）长期记忆的更新。长期记忆的更新主要通过判断输出是否代表最终结果来实现。在格式化输出阶段，系统会检查输出消息是否包含附加的工具调用信息。如果没有工具调用信息，则认为该消息是问题解决过程的最终输出。在确认为最终输出后，若消息内容非空，则将该结果文本添加到长期记忆体中。这样，智能系统能够持续学习和累积知识，从而在面对相似问题时提供更加准确和高效的答案。

```
1    """
2    根据中间步骤的结果，更新长期记忆体。
3    Args:
4        intermediate_steps: 包含 (AgentAction，观察结果) 元组的序列
5    """
6    # 转换中间步骤为消息
7    messages = format_to_openai_tool_messages(intermediate_steps)
8
9    for message in messages:
10       # 检查是否为最终输出
11       if not message.additional_kwargs.get("tool_calls"):
12           final_output_text = message.content
13           # 如果有最终输出，添加到长期记忆体中
14           if final_output_text:
15               memory.chat_memory.add_ai_message(final_output_text)
```

该段代码负责基于代理的中间步骤结果更新长期记忆体。首先，将中间步骤转换为消息格式，然后遍历这些消息。对于不涉及工具调用的消息（即最终输出），将其内容添加到长期记忆体中。

这样做是为了保留与当前对话相关的关键信息，以便未来的决策和响应可以利用这些信息。

2. 使用 Redis 长期记忆的优势

通过将 Redis 作为后端存储，智能系统能够高效地管理和访问大量的历史交互数据。这不仅可以帮助系统更好地理解用户的需求和上下文，还能够在面对复杂问题时提供更加准确和丰富的回答。同时，利用 Redis 的持久化特性，系统即使在重启或故障后也能够恢复之前的状态和数据，从而提高系统的稳定性和可靠性。

7.4.5　开发自定义动作执行器

在开发 AutoGPT 系统中，动作执行器是一个核心组件，负责执行用户或系统指定的操作，并返回结果。这些操作可能涵盖搜索、计算、数据检索等多种类型，为了灵活处理各种需求，自定义动作执行器成为必要。

本项目包括多种工具，如文件操作和网络搜索，既有第三方工具也有框架内置工具。以计算器为例，展示如何集成和使用这些工具。

1. 如何自定义动作执行器

自定义动作执行器主要包括以下几个步骤。

（1）定义执行函数。该函数负责实际执行操作，并返回结果。函数的输入输出根据具体的需求设计。

（2）创建执行器实例。将执行函数包装为一个执行器实例，这样可以在系统中方便地调用。

（3）注册执行器。在系统中注册这个执行器实例，使得在处理用户请求时，可以根据需要调用。

2. 项目代码：自定义计算器工具

下面是一个自定义动作执行器代码，实现了一个简单的计算器工具，以用于执行基本的数学运算。

```
1   from langchain.tools import StructuredTool
2
3   def calculator_function(expression: str) -> str:
4       """
5       执行简单的数学计算。
6       Args:
7           expression: 表达式字符串，如 "2 + 2"。
8       Returns:
9           计算结果的字符串描述。
10      """
11      try:
12          # 使用安全的 eval 方式执行简单的数学计算
13          result = eval(expression, {"__builtins__": None}, {"abs": abs, "round": round})
```

```
14              return f"Result: {result}"
15      except Exception as e:
16              return f"Error: {str(e)}"
17
18  # 将函数包装为 StructuredTool 实例
19  calculator = StructuredTool.from_function(
20      func=calculator_function,
21      name="Calculator",
22      description="A simple calculator for basic math operations",
23  )
24
25  # 注册计算器工具
```

这里的注册是指添加到工具列表中或者通过绑定的方式使系统能够识别这个工具。

在该例子中,calculator_function 定义了计算器工具的执行逻辑,它接收一个数学表达式作为输入,使用 Python 的 eval 函数安全地执行该表达式,并返回计算结果。为了避免执行潜在的危险代码,这里限制了 eval 可以访问的内置函数和变量。

然后,使用 StructuredTool.from_function 方法,将该函数包装为一个 StructuredTool 实例,这样就可以在 LangChain 框架中作为一个工具使用。在实际的项目中,需要根据系统的设计将这个工具注册进去,以便在处理请求时调用。

```
llm_with_tools = llm.bind_tools(self.tools)
```

通过上述方法,可以灵活地开发和集成多种动作执行器,从而扩展系统的功能和应用范围。

7.4.6 设计自定义输出格式化工具

在开发基于 LangChain 的 AutoGPT 项目中,由于不同代理的输出格式各不相同,为了使代理执行器能够正确处理这些输出,需要将结果转换成统一的格式,这就是 OutputParser 的作用。一般来说,自定义输出格式化工具需要继承 BaseOutputParser。在本小节的示例中,直接继承 BaseOutputParser 的子类 MultiActionAgentOutputParser,以适应特定的输出处理需求。

LangChain 的 MultiActionAgentOutputParser 类是一个框架组件,用于解析来自多个动作代理输出的结果。该类允许开发者处理复杂的输出场景,其中可能包含多个来自不同工具或服务的响应。它为集成和利用各种外部 API 或自定义工具提供了一种灵活的方式,从而使得基于 LangChain 构建的应用能够更加智能地理解和响应用户的需求。

1. 核心代码逻辑说明

下面的核心代码实现了一个自定义的输出解析器 CustomOpenAIToolsAgentOutputParser,用于处理 OpenAI 模型的输出。该解析器的任务是根据输出中是否包含 tool_calls 参数,将其解析成一系列 AgentAction 或一个 AgentFinish。

当大模型需要调用外部工具时,会在输出的消息中通过 additional_kwargs 的 tool_calls 字段来记录所需调用的工具及其相关信息。

如果存在 tool_calls 参数，则每个工具调用会被解析为一个 AgentAction，表示还需要进一步的操作。

如果没有 tool_calls 参数，则视为最终输出，并且如果有最终输出文本，则添加到长期记忆体中。

```
1   class CustomOpenAIToolsAgentOutputParser(MultiActionAgentOutputParser):
2       memory: Optional[ConversationBufferMemory] = None
3
4       def __init__(self, memory: Optional[ConversationBufferMemory] = None):
5           super().__init__()
6           self.memory = memory
7
8       def parse_result(self, result: List[Generation], *, partial: bool = False) -> Union
    [List[AgentAction], AgentFinish]:
9           # 确保处理的是 ChatGeneration 输出
10          if not isinstance(result[0], ChatGeneration):
11              raise ValueError("This output parser only works on ChatGeneration
    output")
12          message = result[0].message
13
14          # 解析消息
15          action_or_finish = parse_ai_message_to_openai_tool_action(message)
16
17          # 如果是最终输出，则添加到记忆体
18          if not message.additional_kwargs.get("tool_calls"):
19              final_output_text = message.content
20              if final_output_text:
21                  self.memory.chat_memory.add_ai_message(final_output_text)
22
23          return action_or_finish
```

2. 功能实现

（1）初始化：构造函数中接收一个 ConversationBufferMemory 实例作为参数，允许解析器访问和修改长期记忆。

（2）结果解析：parse_result 方法接收一个 Generation 列表，检查是否为 ChatGeneration 类型的输出，然后根据是否含有 tool_calls 来决定下一步行动或标记为最终输出。

ChatGeneration 类型是 LangChain 框架中用于生成聊天对话响应的一个组件。

（3）添加到长期记忆体：如果是最终输出，且输出文本非空，则调用 self.memory.chat_memory.add_ai_message 方法将最终输出文本添加到长期记忆体中。

通过这种方式，CustomOpenAIToolsAgentOutputParser 不仅能够将模型的输出转换为可由执行器处理的格式，还能够根据输出内容更新系统的长期记忆，为之后的查询和交互提供支持。

7.4.7　开发定制化代理

定制化代理负责处理从用户那里接收的问题，通过一系列预定义的逻辑和工具来解决这些问题，然后将解决过程和结果以一种结构化的方式展示给用户。在此过程中，代理需要处理三个主要部分：用户输入的问题（input），过程中产生的思考和操作记录（agent_scratchpad）以及长期记忆（long_term_memory）的调用和更新。此外为了使代理顺利运行还需要匹配代理与提示参数。

在实际项目中，具体的输入参数设计应根据实际需求来定制。本项目设计的三个参数旨在满足特定功能需求，为项目提供灵活性和适应性。

1. 代理的设计

代理的设计需要考虑以下几个方面。

（1）用户输入处理：input 直接来自用户的输入问题，它是代理需要回答的问题。该部分数据直接由代理执行器通过字典形式传递给代理。

（2）短期记忆处理：agent_scratchpad 是代理在处理问题过程中的思考和行动记录。这部分信息通过解析 intermediate_steps（即代理之前的所有动作和工具的输出）得到，使用 format_to_openai_tool_messages 函数来格式化这些步骤。

format_to_openai_tool_messages 是 LangChain 中用于将中间步骤的结果转换为可被 OpenAI 工具接口理解的消息格式的函数。它主要负责将由 LangChain 生成的动作和观察结果序列化为特定格式，以便后续可以有效地与 OpenAI 的 API 进行交互，执行所需的工具调用或处理。

（3）长期记忆调用：long_term_memory 提供了一个机制来访问和更新代理的长期记忆，可以通过 self.memory.load_memory_variables({}) 方法实现调用记忆，该方法从当前的会话记忆中加载长期记忆的数据。

通过 self.memory.chat_memory.add_ai_message("...") 实现更新记忆。add_ai_message 更新的是大模型的消息，add_user_message 更新的是用户的消息。

下面的代码将展示如何结合上述组件以构建一个功能完整的定制化代理。

```
1    # 定义代理
2    agent = (
3       {
4           # 用户输入问题
5           "input": lambda x: x["input"],
6           # 通过解析中间步骤来构建短期记忆
7            "agent_scratchpad": lambda x: format_to_openai_tool_messages
     (x["intermediate_steps"]),
8           # 从会话记忆中加载长期记忆
9           "long_term_memory": lambda x: self.memory.load_memory_variables({}),
```

```
10          }
11      | prompt  # 应用提示模板
12      | llm_with_tools  # 绑定工具和模型
13      | CustomOpenAIToolsAgentOutputParser(memory=self.memory)  # 应用自定义
    输出解析器
14  )
```

注意，自定义代理在使用工具的时候需要通过 llm_with_tools = llm.bind_tools(tools) 方式进行绑定。

2. 匹配代理与提示参数

在设计定制化代理代理时，要确保代理中的参数与提示模板的参数完全匹配非常关键。这样做可以确保代理能够有效地使用提示模板来生成合适的指令或查询，从而驱动整个问题解决过程。

代理在定义时，包含以下三个核心变量。

（1）input：用户的原始查询，直接对应提示模板中的 {input} 变量。

（2）agent_scratchpad：代表代理在解决问题过程中的思考和行动记录，对应提示模板中的 {agent_scratchpad} 变量。

（3）long_term_memory：代表代理的长期记忆内容，对应提示模板中的 {long_term_memory} 变量。

通过这种方式，代理中处理的每个核心变量都与提示模板中的相应位置匹配。对于提示模板中的其他变量，如 {tools} 和 {tool_names} 等，通常是根据当前代理可访问的工具集动态生成的。这些变量的值不是静态定义的，而是在运行时根据具体情况动态确定。为了实现这一点，通常使用 partial 方法来预填充这些变量的值。

```
1  # 预填充提示模板变量
2  prompt = prompt.partial(
3      tools=tool_descriptions,  # 描述可用工具的文本
4      tool_names=tool_names,  # 可用工具名称的列表
5  )
```

这种动态填充机制允许灵活地根据当前的执行环境或代理可访问的资源来调整提示模板的内容，从而使代理在不同情况下都能有效地工作。

7.4.8　设计处理流程链

在 LangChain 框架中，处理流程链是一种将多个组件（如模板、模型、解析器）顺序连接起来，使得它们能够依次处理信息并传递结果的机制。这种方法类似于 UNIX 中的管道操作，它允许将不同的功能模块以流水线的形式串联起来，从而构建出复杂的数据处理流程。

链是一个由多个处理单元组成的序列，其中每个单元的输出直接作为下一个单元的输入，这种设计模式使得开发者能够轻松地组合和重用单独的功能片段，从而快速构建起复杂的数据处理

逻辑。

```
chain = prompt | model | output_parser
```

链的核心设计思想在于使用"|"操作符将不同的处理步骤串联起来，形成一个连贯的处理流程。该设计允许将复杂的处理逻辑分解为更小、更易于管理的部分，每个部分完成特定的功能，通过流式处理顺序连接，最终输出整合后的结果。

下面的项目代码展示了如何使用LangChain框架来设计一个处理链，该链首先将用户输入通过一个提示模板进行格式化，然后传递给LLM进行处理，最后通过一个输出解析器将模型的输出转换成易于理解的字符串格式。

```
1   from langchain.tools import BaseTool
2   from langchain.memory import ConversationBufferMemory
3   from langchain.agents import AgentExecutor
4   from langchain.agents.format_scratchpad.openai_tools import format_to_openai_
    tool_messages
5   from langchain_community.chat_message_histories import RedisChatMessageHistory
6   from langchain_openai import ChatOpenAI
7   from app.prompts.prompt_builder import LangChainBuild, render_text_description
8   from app.parsers.parsers import CustomOpenAIToolsAgentOutputParser
9   from app.tools.mytools import network_search, calculator
10
11  class LangChainAgentBuilder:
12      def __init__(self, tools, redis_url="redis://127.0.0.1:6379/0", ttl=60,
    session_id="my-session"):
13          # 初始化工具、消息历史和内存
14          self.tools = tools
15          self.message_history = RedisChatMessageHistory(url=redis_url, ttl=ttl,
    session_id =session_id)
16          self.memory = ConversationBufferMemory(memory_key="long_term_memory",
    chat_memory=self.message_history)
17
18      def build_agent_executor(self):
19          # 实例化 LangChainBuild 并构建提示
20          lang_chain_build = LangChainBuild(self.tools, self.memory)
21          tool_descriptions = render_text_description(self.tools)
22          tool_names = ", ".join([tool.name for tool in self.tools])
23          prompt = lang_chain_build.build_prompt(tool_descriptions, tool_names)
24
25          # 配置 LLM 并绑定工具
26          llm = ChatOpenAI(model="gpt-4", temperature=0)
```

```
27          llm_with_tools = llm.bind_tools(self.tools)
28
29          # 定义代理链并创建 AgentExecutor
30          agent = (
31              {
32                  "input": lambda x: x["input"],
33                  "agent_scratchpad": lambda x: format_to_openai_tool_messages
    (x["intermediate_steps"]),
34                  "long_term_memory": lambda x: self.memory.load_memory_variables({}),
35              }
36              | prompt
37              | llm_with_tools
38              | CustomOpenAIToolsAgentOutputParser(memory=self.memory)
39          )
40
41          agent_executor = AgentExecutor(agent=agent, tools=self.tools, max_
    iterations=10, verbose=True, memory=self.memory)
42          return agent_executor, self.memory
```

上述代码的处理逻辑如下。

（1）初始化。创建 LangChainAgentBuilder 实例，初始化工具、消息历史和内存。

（2）构建提示。使用 LangChainBuild 构建与用户输入相关的提示。

（3）配置 LLM。初始化 LLM，并将工具绑定到该模型上。

（4）定义代理链。组合输入处理、提示模板、LLM 处理和输出解析器，形成完整的处理链。

（5）创建 AgentExecutor。使用 AgentExecutor 来管理和执行定义好的代理链。

通过上述步骤，能够灵活地定义各种数据处理逻辑，并利用 LangChain 框架的强大功能来实现复杂的自动化任务处理流程。

7.4.9　构建代理执行器

代理执行器是 LangChain 框架中的一个核心概念，它负责调度和执行代理定义的任务流程。代理执行器理解代理的行动指令，执行这些指令调用对应的工具或模型，并将执行结果反馈给代理，进而决定下一步的行动。这个过程可能会多次迭代，直到任务完成或达到某个终止条件。

代理执行器是一个运行时环境，它根据代理的指令执行相应的动作，管理动作的输入输出，并控制整个代理的执行流程。它的主要功能包括。

- 解析代理的动作指令。
- 调用指定的工具或模型执行这些指令。
- 将执行结果返回给代理，供其做出下一步决策。

- 处理各种异常情况，如工具不存在、工具执行错误等。
- 提供日志和可观测性支持，方便开发和调试。

代理执行器的实现依赖于代理定义的行动规则和 LangChain 框架提供的工具和模型。在定义代理时，开发者需要指定代理可以采取的动作（如调用哪些工具）、动作的输入参数和如何处理执行结果等信息。代理执行器根据这些信息，按照以下流程执行代理。

（1）根据代理的当前状态和输入，调用代理的 get_action 方法获取下一个要执行的动作。

（2）执行的动作可能是调用一个工具或模型，获取执行结果。

（3）将执行结果反馈给代理，代理根据结果决定下一步行动。

（4）重复上述过程，直到代理决定任务完成，或达到其他终止条件。

在 LangChain 框架中，AgentExecutor 类提供了代理执行器的实现。开发者可以直接实例化 AgentExecutor，传入代理定义、工具集和记忆体实例等参数，从而创建一个代理执行器实例。

```
agent_executor = AgentExecutor(agent=agent, tools=self.tools, memory=
self.memory)
```

LangChain 的 AgentExecutor 类用于执行一个处理流程（chain），可以根据输入动态选择并执行一系列的动作。具体而言，就是通过语言模型作为推理引擎，来决定哪些动作应该被采取以及这些动作的执行顺序。此外，AgentExecutor 还支持将执行过程中产生的中间步骤与最终输出一起返回，提供对执行过程更深入的理解和控制。

这里的 memory 参数非常重要，它允许代理执行器在执行过程中访问和修改代理的记忆体。记忆体用于存储代理过往行动记录，能够帮助代理做出更加合理的决策。通过将记忆体传递给代理执行器，代理可以在执行过程中不断更新记忆，根据累积的知识和经验做出更好的行动选择。

agent 是定义代理行为的核心对象，它需要实现获取动作（get_action）、处理执行结果等方法。

工具集是一个包含所有可用工具或模型的列表，这些工具是代理可以调用执行特定任务的实体。

要执行已实例化的 AgentExecutor，需要确保传递的参数与提示模板中定义的变量一一对应。例如，如果模板设计需要 input 和其他自定义变量，则应该在调用 agent_executor.invoke() 时提供一个包含所有这些变量的字典。假设模板变量包括 input、param1 和 param2，那么执行器的调用方式将是：agent_executor.invoke({"input": " 你好！ ", "param1": " 值 1", "param2": " 值 2"})。这样，每个传递的参数都会被相应地映射到模板中的变量上。

通过初始化 AgentExecutor 并配置其参数，能够创建一个高效的代理执行器，该执行器不仅能够顺畅管理和执行复杂的任务流程，还为构建智能应用提供了有力的后盾，使得自动化处理变得更加简单和直观。

7.4.10 设置超时与控制执行步骤

在构建 AutoGPT 系统时，特别是利用大模型进行多步迭代式的问题解决过程中，可能会存在陷入循环或执行超时的风险。然而，LangChain 框架在这方面提供了全面的支持，通过设置超时和控制执行步数，确保代理能够在合理的时间内给出解答或优雅地终止执行。

1. 超时设置 (max_execution_time)

超时设置是指在一定时间内，如果代理未能完成任务，则自动停止执行。这对于避免因复杂输入或错误导致的无限循环至关重要，保证了系统的健壮性和响应性。

2. 控制执行步数 (max_iterations)

另一种控制执行流程的方式是设置最大迭代次数。通过限定代理尝试解决问题的最大步骤数，可以防止代理在解决不了的问题上耗费太多时间和资源，同时也为用户提供了一种灵活的控制执行流程的方法。

3. 实现方法

在 LangChain 框架中，通过 AgentExecutor 构造函数中的 max_iterations 和 max_execution_time 参数，可以轻松实现上述控制机制。

最大迭代次数控制示例代码如下。

```
1  agent_executor = AgentExecutor(
2      agent=agent,
3      tools=tools,
4      verbose=True,
5      max_iterations=2,  # 最大迭代次数为 2
6  )
```

此代码段设置了最大迭代次数为 2，意味着代理在尝试解答问题时最多执行两步。如果两步之后问题仍未解决，则执行器将停止执行。

超时控制示例代码如下。

```
1  agent_executor = AgentExecutor(
2      agent=agent,
3      tools=tools,
4      verbose=True,
5      max_execution_time=10,  # 最大执行时间为 10 秒
6  )
```

此代码段设置了最大执行时间为 10 秒。如果在 10 秒内代理未能给出解答，则执行器将自动停止执行。

通过以上机制，LangChain 提供了强大的执行控制功能，使得开发者能够在构建复杂的自动化任务流程时，更好地管理和控制执行流程。这不仅提高了系统的健壮性，还增加了用户体验的友好度。

7.4.11　大模型异常处理

在开发基于 LangChain 的 AutoGPT 项目时，大模型异常管理是保证程序稳定性的关键环节。LangChain 框架提供了灵活的错误处理机制，使得开发者能够优雅地处理大模型异常输出情况。

1. 默认错误处理

LangChain 的 AgentExecutor 默认会在解析输出时遇到错误直接抛出异常。为了更友好地处理这些异常，LangChain 提供了 handle_parsing_errors 参数，其允许开发者定义错误处理逻辑。

默认错误处理示例代码如下。

```
1  agent_executor = AgentExecutor(
2      agent=agent,
3      tools=tools,
4      verbose=True,
5      handle_parsing_errors=True   # 使用默认错误处理机制
6  )
```

当设置 handle_parsing_errors=True 时，如果 LLM 的输出不能被正确格式化处理，则会返回一个标准错误信息。

2. 自定义错误信息

除了使用默认的错误处理外，开发者还可以通过指定一个字符串来自定义错误信息，使得当解析错误发生时，返回更具体的提示。

自定义错误信息示例代码如下。

```
1  agent_executor = AgentExecutor(
2      agent=agent,
3      tools=tools,
4      verbose=True,
5      handle_parsing_errors=" 检查您的输出，确保其遵循 Action/Action Input 语法 "
6  )
```

3. 自定义错误处理函数

对于需要更高级的错误处理需求，LangChain 允许开发者通过定义一个函数来处理错误，该函数接收一个错误对象作为输入，并返回一个字符串作为错误信息。

为了提供更具体的错误反馈，可以根据实际项目需求，调整错误处理函数，使其不仅返回错误的前 50 个字符，还可以添加额外的指导信息或建议。

```
1  def _handle_error(error) -> str:
2      # 返回错误的前 50 个字符，并添加额外的提示信息
3      return f" 发生错误：{str(error)[:50]}。请检查您的输入和工具调用格式。"
```

使用自定义错误处理函数示例代码如下。

```
1  agent_executor = AgentExecutor(
2      agent=agent,
3      tools=tools,
4      verbose=True,
5      handle_parsing_errors=_handle_error,  # 使用自定义错误处理函数
6  )
```

通过上述机制，开发者可以灵活地处理各种错误情况，提升 AutoGPT 项目的健壮性和用户体验。这种灵活的错误处理策略是 LangChain 框架的一大优势，使得开发者可以更加专注于核心业务逻辑的实现。

7.5　基于 Gradio 构建用户界面

Gradio 是一个强大的 Python 库，允许开发者快速构建和分享 ML 模型的 Web 界面。通过 Gradio，可以将复杂的机器学习模型转换为易于访问和使用的 Web 应用程序，无须深入了解 Web 开发技术。特别是在 AI 和大模型开发中，Gradio 提供了一种简洁的方式来展示模型的能力，让非技术用户也能轻松与模型交互。

在本节示例的项目中，利用 Gradio 构建一个用户界面，使用户能够输入问题，并接收系统根据大模型处理的回答。

（1）定义处理函数。定义一个处理用户输入的函数，该函数接收用户在界面上输入的问题，调用后端处理逻辑（如 LangChain 代理执行器），并返回处理结果。

```
1    def solve_interface(input_question):
2        #  process_question 是调用模型进行问题解答的函数
3        captured_content = capture_prints(process_question, input_question)
4        # 输出，将捕获的打印内容拼接成一个字符串返回
5        simulated_output = " ".join(captured_content)
6        return simulated_output
```

这里，capture_prints 是一个辅助函数，用于捕获 process_question 函数执行过程中的所有打印输出。

（2）创建 Gradio 界面。使用 Gradio 的 Interface 类来创建界面。Gradio 提供了多种类型的输入和输出组件，本例中使用 Textbox 作为输入组件，用于接收用户的问题。

```
1    import gradio as gr
2    # 创建 Gradio 界面
3    interface = gr.Interface(
4        fn=solve_interface,  # 将 Gradio 界面的函数设置为 solve_interface
5        inputs=gr.Textbox(lines=2, placeholder="请输入您的问题 ..."),  # 用户输入问题
     的文本框
6        outputs="text",  # 输出类型为文本
7        title="MY AutoGPT 问答系统 ",  # 界面标题
8         description=" 请输入您的问题，系统将尝试给出回答，并显示处理过程中的输出。"
     # 界面描述
9    )
```

通过定义 fn、inputs、outputs、title 和 description 参数，构建了一个简单的问答系统界面。用

户可以在文本框中输入问题，提交后，界面会展示系统的回答以及处理过程。

（3）启动界面。启动 Gradio 界面，使其可供用户访问。

```
interface.launch(server_name="0.0.0.0",share=True)
```

使用 server_name="0.0.0.0" 参数可以让 Gradio 界面接收来自任何 IP 地址的请求，使得界面不仅能在本机访问，也能在同一网络下的其他设备上访问。而 share=True 参数可以让 Gradio 生成一个临时的公共 URL，允许界面被互联网上的任何人访问。

运行上述代码后，Gradio 会在本地启动一个 Web 服务器，并自动打开浏览器访问创建的问答系统界面。用户可以在界面上输入问题，并实时查看系统的回答和处理输出。

启动成功后台输出如图 7.6 所示。

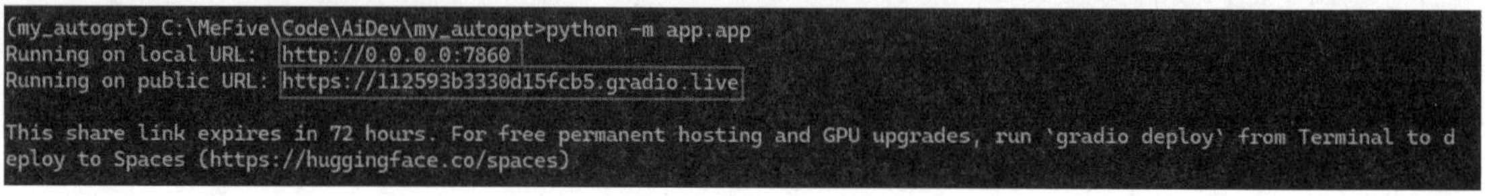
(my_autogpt) C:\MeFive\Code\AiDev\my_autogpt>python -m app.app
Running on local URL: http://0.0.0.0:7860
Running on public URL: https://112593b3330d15fcb5.gradio.live
This share link expires in 72 hours. For free permanent hosting and GPU upgrades, run `gradio deploy` from Terminal to d
eploy to Spaces (https://huggingface.co/spaces)

图7.6　启动成功后台输出

其中，第一个地址代表本地地址，WindowsIP 需要换为 127.0.0.1，第二个是公网 IP 地址，任意位置都可以访问，这对于测试阶段是很方便的。

Gradio 界面显示如图 7.7 所示。

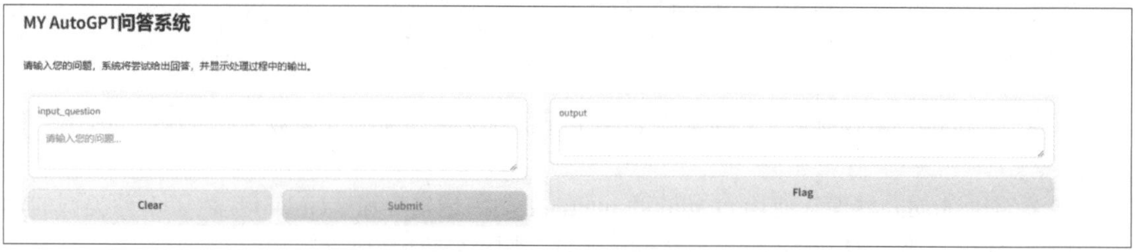
MY AutoGPT问答系统
请输入您的问题，系统将尝试给出回答，并显示处理过程中的输出。
input_question
请输入您的问题...
output
Clear
Submit
Flag

图7.7　Gradio界面显示

其中，左边是输入框，右边是解答框。

通过以上步骤，展示了如何利用 Gradio 快速构建用户界面，为大模型开发的 AutoGPT 项目提供了一种直观的展示和交互方式。这种方法不仅提高了项目的可访问性，也为非技术用户提供了一个友好的平台来体验和探索 AI 模型的能力。

7.6　云端部署实践：Docker 容器化及应用发布

在当今的软件开发实践中，Docker 容器技术已经成为项目部署的黄金标准之一。它提供了一个轻量级的虚拟化解决方案，可以将应用程序及其依赖项打包在一个可移植的容器中。这种方式不仅简化了部署过程，还确保了在不同环境中应用程序的一致性和可靠性。无论是本地还是云端，通过利用 Docker 容器，开发者可以轻松地在任何支持 Docker 的平台上部署和扩展自己的应用程序。本节将探讨如何使用 Docker 容器技术来部署 LangChain 开发的 AutoGPT 项目，包括如何本地构建和测试 Docker 镜像，如何将镜像上传到 Docker Hub，以及如何在云服务器上准备环境、部署和测试项目。

7.6.1 本地环境的应用验证与 Docker 镜像制作

本小节将探讨从本地环境验证 Python Gradio 应用到制作 Docker 镜像，并最终上传至容器注册表的整个过程。首先，通过编写一个 Dockerfile，定义应用运行所需的环境、依赖和启动命令，确保应用能在容器环境中无缝运行。接着，本地构建并测试 Docker 镜像，验证应用功能和性能符合预期。通过成功的本地测试，进一步将镜像推送至如 Docker Hub 容器注册表，为之后的云端部署做好准备。这一过程不仅确保了应用的可移植性和可伸缩性，也为后续的持续集成和持续部署（CI/CD）提供了基础。

1. 编写 Dockerfile

Dockerfile 是一个文本文件，它包含一系列的指令和参数，用于定义如何构建 Docker 镜像。通过编写 Dockerfile，开发者可以自动化镜像的构建过程，包括从基础镜像开始，安装所需依赖，复制应用代码，到设置运行时配置等步骤。

要构建 Docker 镜像，首先需要编写一个 Dockerfile，然后使用 Docker 命令行工具执行 docker build 命令，并指定 Dockerfile 所在的目录。这个过程会读取 Dockerfile 中的指令，逐步构建出一个可运行的镜像。

下面是在项目的根目录下创建的 Dockerfile 文件，用于构建一个 Python 应用的 Docker 镜像。

```
1    # 使用官方 Python 基础镜像。
2    FROM python:3.9.18
3
4    # 设置工作目录。Docker 会在容器内部为应用创建这个目录。
5    WORKDIR /app
6
7    # 将当前目录下的所有文件复制到容器的工作目录中。
8    COPY . /app
9
10   # 使用 requirements.txt 安装项目依赖。
11   RUN pip install --no-cache-dir -r requirements.txt
12
13   # 指定容器启动时执行的命令。这里应该替换为启动用户应用的命令。
14   CMD ["python", "-m", "app.app"]
15
16   # （可选）暴露容器运行的端口。这应该与用户的 Gradio 应用使用的端口一致。
```

```
17  EXPOSE 7860
```

上述代码中的指令介绍如下：

- FROM 指定了基础镜像，这里使用的是官方 Python 3.9.18 版本的镜像。
- WORKDIR 设置了容器内的工作目录，这里设置为 /app。
- COPY 指令将宿主机当前目录下的所有文件复制到容器的工作目录中。
- RUN 指令用于执行命令，这里使用 pip 安装 requirements.txt 中定义的依赖。
- CMD 指令定义了容器启动时默认执行的命令，这里应替换为用户的应用启动命令。
- EXPOSE 指令声明了容器运行时监听的端口，这对于在容器外部访问应用很有用，这里 Gradio 应用监听在 7860 端口（替换为用户自己的应用端口）。

通过这个 Dockerfile，可以创建一个包含 Python 应用及其所有依赖的镜像，使得应用可以在任何安装了 Docker 的环境中运行。

2. 制作依赖文件 requirements.txt

可以在激活的虚拟环境中执行以下命令。

```
pip freeze > requirements.txt
```

这个命令会列出当前虚拟环境中所有的已安装包及其版本号，并将这些信息保存到 requirements.txt 文件中。这样，就可以使用该文件在 Docker 镜像时安装相同的 Python 包。

3. 本地构建 Docker 镜像

构建 Docker 镜像的命令如下。

```
docker build -t my-autogpt-app .
```

这里，docker build 命令用于从 Dockerfile 创建一个新的 Docker 镜像。命令参数如下。

- –t my-autogpt-app：指定镜像的名称和（可选的）标签，格式为 name:tag。如果不指定标签，默认使用 latest。在该例子中，镜像名称为 my-autogpt-app，标签省略了，所以默认为 latest。
- .：指向包含 Dockerfile 的目录的路径。这个点 . 表示当前目录，意味着 Docker 将在当前目录查找名为 Dockerfile 的文件，并使用它来构建镜像。

构建成功输出如图 7.8 所示。

图7.8　构建成功输出

4. 启动并验证 Docker 镜像

启动 Docker 容器的命令如下。

```
docker run -it -e OPENAI_API_KEY='your_openai_api_key_here' -p 7860:7860
```

```
my-autogpt-app
```

这里，docker run 命令用于从一个 Docker 镜像启动一个新的容器。命令参数如下。

- –it：这是两个参数的组合。–i 表示交互式操作，–t 分配一个伪终端。这两个一起用，可以交互式地使用容器内的应用。
- –e OPENAI_API_KEY='your_openai_api_key_here'：设置环境变量 OPENAI_API_KEY，其值应该替换为用户自己的 OpenAI API 密钥。这样，运行在容器内的应用可以使用这个密钥来调用 OpenAI 的 API。
- –p 7860:7860：端口映射参数。格式为宿主机端口：容器端口。该参数告诉 Docker 将容器内的 7860 端口映射到宿主机的 7860 端口上，这样就可以通过访问宿主机的 7860 端口来访问容器内应用的服务了。
- my-autogpt-app：指定要运行的 Docker 镜像名称（就是刚刚构建的镜像）。

通过启动控制台输出访问地址，如图 7.9 所示，可以验证服务已经成功启动。

```
C:\MeFive\Code\AiDev\my_autogpt>docker run -it -e OPENAI_API_KEY='                    ' -p 7860:7860 my-autogpt-app
Running on local URL:  http://0.0.0.0:7860
Running on public URL: https://dea5c8b00cf28f32e4.gradio.live

This share link expires in 72 hours. For free permanent hosting and GPU upgrades, run 'gradio deploy' from Terminal to deploy to Spaces (https://huggingface.co/spaces)
```

图7.9 控制台输出网址信息

5. 推送至 Docker Hub 容器注册表

推送至 Docker Hub 容器注册表是将本地构建的 Docker 镜像上传到 Docker Hub 上，以便可以在任何地方访问这个镜像。Docker Hub 是一个公共的 Docker 镜像托管服务，可以在这里找到、分享和管理 Docker 镜像。以下是将镜像推送至 Docker Hub 的步骤。

不一定要托管到 Docker Hub 上，也可以是自建的或者其他的镜像托管服务。

（1）创建 Docker Hub 账号。如果还没有 Docker Hub 账号，首先需要访问 Docker Hub 官网注册一个账号。

（2）登录 Docker Hub。在命令行中使用 Docker Hub 账号信息登录。

```
docker login
```

输入用户名和密码进行认证。

（3）标记 Docker 镜像。在推送之前，需要为 Docker 镜像打上标签，标签的格式为 username/repository:tag。例如：

```
docker tag my-autogpt-app yourusername/my-autogpt-app:v1.0.0
```

这里，yourusername 是 Docker Hub 用户名，my-autogpt-app 是镜像名称，v1.0.0 是标签名。

（4）推送镜像到 Docker Hub：使用 docker push 命令将镜像推送到 Docker Hub 上。

```
docker push yourusername/my-autogpt-app:v1.0.0
```

（5）在 Docker Hub 上查看镜像。推送完成后，可以在 Docker Hub 上查看镜像。登录到 Docker Hub，导航到个人或组织的仓库界面，应该能看到刚才推送的镜像。

本地成功推送显示信息如图 7.10 所示。

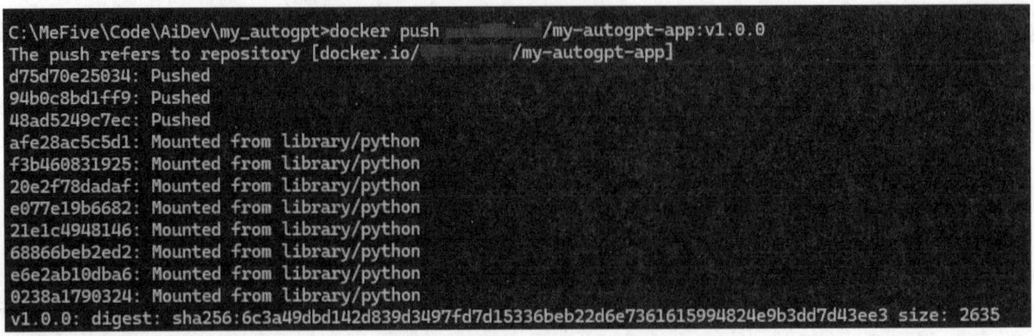

C:\MeFive\Code\AiDev\my_autogpt>docker push /my-autogpt-app:v1.0.0
The push refers to repository [docker.io/ /my-autogpt-app]
d75d70e25034: Pushed
94b0c8bd1ff9: Pushed
48ad5249c7ec: Pushed
afe28ac5c5d1: Mounted from library/python
f3b460831925: Mounted from library/python
20e2f78dadaf: Mounted from library/python
e077e19b6682: Mounted from library/python
21e1c4948146: Mounted from library/python
68866beb2ed2: Mounted from library/python
e6e2ab10dba6: Mounted from library/python
0238a1790324: Mounted from library/python
v1.0.0: digest: sha256:6c3a49dbd142d839d3497fd7d15336beb22d6e7361615994824e9b3dd7d43ee3 size: 2635

图7.10　本地成功推送显示信息

Docker Hub 上推送的镜像如图 7.11 所示。

docker hub
Explore
Repositories
Organizations
Search Docker Hub
ctrl+K
Search by repository nam
All Content
Create repository
/ my-autogpt-app
Contains: Image • Last pushed: 15 minutes ago
Security unknown
0
0
Public

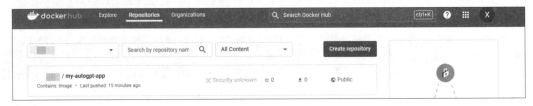

图7.11　Docker Hub 推送镜像信息

通过这个过程，就能够将本地构建的 Docker 镜像分享给其他开发者或者在其他机器上部署应用了。

7.6.2　云端环境配置与准备

在进行云端环境的配置与准备时，首先需要选择一个云服务提供商，如阿里云。下面以阿里云为例，说明如何在云端配置和准备部署环境。

1. 基础配置

（1）创建云服务账号：如果还没有阿里云账号，访问阿里云官网注册一个账号。完成注册后，登录到阿里云管理控制台。

（2）启动一个 EC2 实例。EC2 提供可伸缩的计算能力。在阿里云管理控制台中，找到 EC2 服务并启动一个新的实例。

（3）连接到 EC2 实例。使用 Workbench 远程连接 EC2 实例，在启动实例时需要输入密码进行身份验证。Workbench 连接入口如图 7.12 所示。

图7.12　Workbench连接入口

（4）更新软件包列表。连接到服务器后，运行以下命令来更新软件包列表，以确保安装软件时获取最新版本。

```
sudo yum update
```

（5）安装 Docker。下面基于 RPM 的 Linux 发行版（如 CentOS、Fedora、RHEL 等）使用 yum 包管理器安装 Docker。

1）卸载旧版本：Docker 的旧版本被称为 docker 或 docker-engine。如果已安装这些版本，建议先卸载它们以及相关的依赖。

```
1   sudo yum remove docker \
2                   docker-client \
3                   docker-client-latest \
4                   docker-common \
5                   docker-latest \
6                   docker-latest-logrotate \
7                   docker-logrotate \
8                   docker-engine
```

2）设置 Docker 仓库：安装所需的包以允许 yum 通过 HTTPS 使用仓库。

```
1   sudo yum install -y yum-utils
2   # 接下来，添加 Docker 的官方仓库。
3   sudo yum-config-manager --add-repo https://download.docker.com/linux/
centos/docker-ce.repo
```

3）安装 Docker Engine：可以安装最新版本的 Docker Engine 和 containerd。

```
sudo yum install docker-ce docker-ce-cli containerd.io
```

4）启动 Docker：安装完成后，启动 Docker 服务。

```
sudo systemctl start docker
```

5）验证安装：验证 Docker Engine 是否正确安装，可以运行 hello-world 镜像。

```
sudo docker run hello-world
```

如果安装正确，将看到一条消息，表明 Docker 安装运行正常。

消息内容和本测试一样。

通过以上步骤，云服务器将被成功配置为一个 Docker 宿主机，准备部署和运行 Docker 容器。

在这个基础上，可以进一步拉取 Docker 镜像并运行应用。

2. Docker 部署 Redis

由于项目长期记忆依赖 Redis，所以需要先部署 Redis。

使用 Docker 部署 Redis 是一种快速而简单的方法，下面是使用 Docker 部署 Redis 的步骤。

（1）拉取 Redis 镜像。从 Docker Hub 上拉取最新的 Redis 镜像，在命令行中执行以下命令。

```
docker pull redis
```

这是将 Redis 的官方 Docker 镜像下载到本地机器上。

（2）运行 Redis 容器。一旦 Redis 镜像被拉取，可以运行一个 Redis 容器实例。以下命令将启动一个名为 myredis 的 Redis 容器，并将容器的 6379 端口映射到宿主机的同一端口上。

```
docker run --name myredis -p 6379:6379 -d redis
```

- --name myredis：为容器指定一个名字，这里是 myredis。
- -p 6379:6379：将容器内部使用的 6379 端口映射到宿主机的 6379 端口上。
- -d：后台运行容器。
- redis：指定要运行的镜像名称。

（3）验证 Redis 运行情况。为了检查 Redis 是否正常运行，可以使用 Redis 命令行界面与之交互。首先，进入 Redis 容器。

```
docker exec -it myredis redis-cli
```

然后在 Redis 命令行中，可以执行简单的命令测试。

```
1   SET hello world
2   GET hello
```

上面的命令分两次输入。

如果一切顺利，GET hello 命令将返回 world，如图 7.13 所示。

图7.13　Docker验证输出

注意，基于 RPM 的 Linux 系统上使用 yum 安装 Docke 的步骤可能会根据 Linux 发行版和版本会有所不同。

7.6.3　云端应用部署

在完成云服务器的环境配置与准备工作之后，下一步是在云端部署应用并进行功能验证。以下是详细的步骤。

1. 拉取 Docker 镜像

使用之前推送到 Docker Hub 或其他容器注册表的 Docker 镜像名将镜像拉取到云服务器。

```
docker pull your_username/my-autogpt-app:v1.0.0
```

2. 运行容器

在拉取镜像后，使用 docker run 命令启动应用容器，要确保正确设置了任何必要的环境变量和端口映射。例如，如果应用需要访问 OpenAI 的 API，则要确保提供了有效的 API 密钥。TAVILY_API_KEY 是代码中使用的一个搜索工具，需要申请对应的 key。

```
docker run -it  -p 80:7860 --env OPENAI_API_KEY='your_openai_api_key_here'
--env TAVILY_API_KEY='your_tavily_api_key_here' yourusername/my-autogpt-
app:v1.0.0
```

这里，–p 80:7860 将容器内的 7860 端口映射到云服务器的 80 端口，允许通过云服务器的公共 IP 访问 Gradio 界面，如果后台启动使用 –d 选项。

当通过浏览器访问 Web 服务时，如果 URL 中未明确指定端口号，则默认使用端口 80。因此，访问基于 HTTP 的网站时，通常不需要在地址后手动添加 80 端口号。

3. 访问 Gradio 界面

容器成功运行之后，通过浏览器访问云服务器的公共 IP 或绑定的域名来访问应用界面。

（1）首先需要进入阿里云控制台，获取公网 IP，如图 7.14 所示。

图7.14　查询公网IP地址

这个公网 IP 需要在创建实例的时候勾选上，默认没有分配公网 IP。

（2）访问公网地址。通过浏览器访问 http://47.253.40.23/，其中的实际 IP 需要替换为用户自己的公网 IP。浏览器成功响应如图 7.15 所示。

图7.15　浏览器成功响应

7.6.4　功能验证

在项目的后期阶段，核心功能的验证测试是确保系统达到预期要求和性能指标的关键。本小节将重点讲述 AutoGPT 项目的功能验证测试方法。

（1）验证计算器工具。在输入框中输入"计算 1+2+3*2"，并观察输出框的结果反馈，如图 7.16 所示。

图7.16　验证计算功能输出

图 7.16 显示，AutoGPT 通过展示其思考过程和所调用的工具，成功计算出了正确答案。

（2）验证搜索功能。在输入"查找马斯克的家乡并输出"后，输出框展示了 AutoGPT 根据请求执行的搜索过程和结果，如图 7.17 所示。

图7.17　第一步动作

如图 7.18 所示，AutoGPT 首先执行了搜索动作来获取有关马斯克家乡的信息。随后，基于搜索结果，AutoGPT 分析并试图确定具体的家乡信息，展示了其能够利用获取的信息进行逻辑推理和决策的过程。

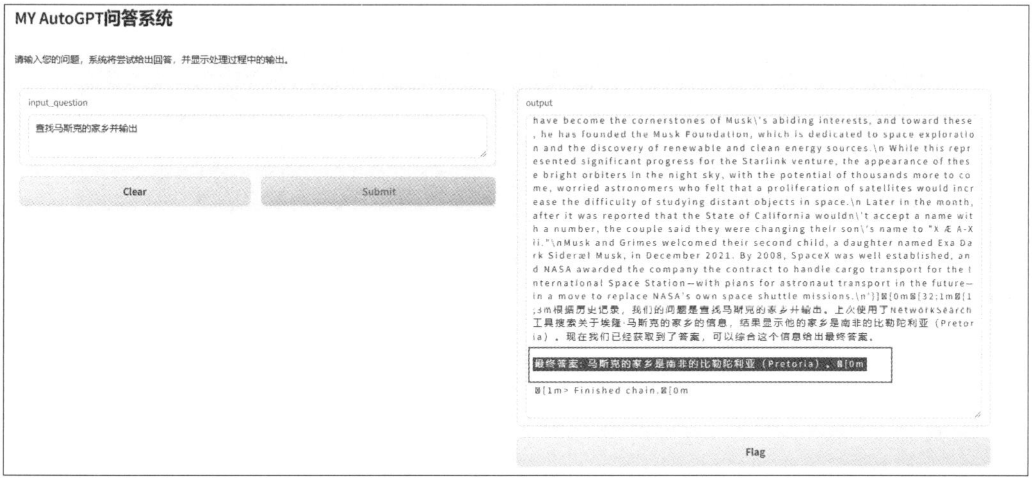

图7.18 AutoGPT 输出家乡信息

根据图 7.18 所示的内容，AutoGPT 成功利用搜索工具获取了关于查询的准确结果，展示了其强大的信息检索和处理能力。

（3）验证两个工具协作。在输入框中输入"计算 7*7+3，并将结果写入文件"，查看输出框的响应，如图 7.19 所示。

图7.19 调用工具信息

图 7.19 展示了 AutoGPT 先使用计算器工具进行计算，然后利用文件写入工具将计算结果成功保存到 result.txt 文件中的过程。

为了验证容器中的操作，首先需要查看当前运行的容器列表，以便获取目标容器的 ID。这一步骤是确保可以精确地进入需要进行验证的容器内部。

```
docker ps
```

接下来，利用该 ID 进入指定的容器内部，以进行进一步的操作和验证。

```
docker  exec -it 455837b63e81 /bin/bash
```

图 7.20 展示了结果成功地被写入 result.txt 文件中，验证了计算和写入操作的正确执行，最终得到了正确的结果 52。

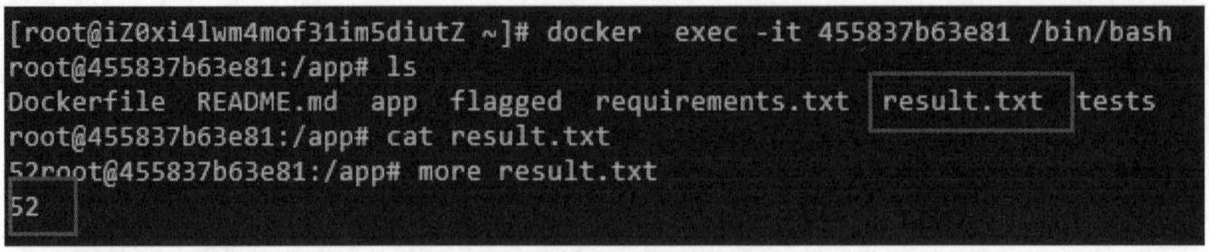

```
[root@iZ0xi4lwm4mof31im5diutZ ~]# docker  exec -it 455837b63e81 /bin/bash
root@455837b63e81:/app# ls
Dockerfile  README.md  app  flagged  requirements.txt  result.txt  tests
root@455837b63e81:/app# cat result.txt
52root@455837b63e81:/app# more result.txt
52
```

图7.20 验证输出文件内容

（4）验证多工具联合使用。在输入框输入"网络搜索 π 的值，*10-3 的结果，最后写入到本地文件 pi_result 中"后，响应过程开始于调用网络搜索工具。如图 7.21 所示，这是处理请求的第一步动作。

图7.21 调用网络搜索工具信息

图 7.22 展示了动作规划的第二步，即获取新规划任务的初步结果，以及最终执行写入操作的步骤。

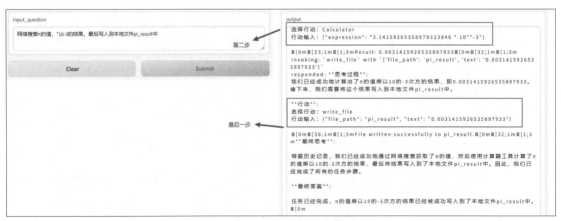

图7.22 执行计算任务输出

接下来，进入容器验证输出文件的正确性。操作步骤和结果显示如图 7.23 所示。

图7.23 多工具联合输出

图 7.23 展示了 AutoGPT 成功地将正确数据写入文件 pi_result 中。

（5）验证长期记忆功能。图 7.24 展示了使用 AutoGPT 重复计算同一表达式"计算 5+5"的结果，验证了系统不会重复进行计算，并能给出正确答案，展现了其基于长期记忆的优化和效率。

图7.24 长期记忆验证输出

在 AutoGPT 项目的功能验证阶段，系统展示了处理多样化查询、整合多种工具以及利用长期记忆等方面的能力，证明了其实用性和有效性。

7.7 本 章 小 结

本章详细探讨了用 LangChain 框架开发 AutoGPT 项目的整个实战过程，从项目概述到核心功能的实现，再到基于 Gradio 的用户界面构建，最后实现了云端部署和功能验证，并详细介绍了项目的目标与预期成果，使用的技术栈，环境准备过程，以及如何构建一个完整的 AutoGPT 系统来解决复杂问题。

通过本章的学习，用户应该能够了解到如何使用 LangChain 框架和相关技术栈开发一个智能问答系统。编者鼓励用户在此基础上继续探索和实验，以构建出适合自己需求的智能系统。对于想要深入学习和了解完整项目代码的用户，可以参考附赠资源中提供的网址获取完整的项目代码和详细文档。

本章的目的不仅是向用户展示如何构建一个 AutoGPT 项目，更重要的是激发用户对智能问答系统开发的兴趣以及对 LangChain 框架和 AI 技术的探索热情。希望本章内容能够成为用户在智能问答系统开发旅程中的宝贵资源和灵感来源。

第8章　AI大模型部署

本章旨在帮助用户理解并掌握将 AI 大模型从研究和开发阶段成功迁移到生产环境中的全过程。从基础的准备工作开始，包括理解部署需求、选择合适的模型和框架以及准备环境和依赖。随后，探讨了部署环境的选择，包括本地服务器与云平台的对比、容器化部署的实现以及如何选择合适的硬件资源。此外，本章还涵盖了模型优化和转换的策略，如模型剪枝、量化以及使用TensorRT 和 ONNX 进行模型转换。在确保模型优化后，接下来的内容聚焦于模型的服务化、云服务部署以及模型版本控制和管理，并提供了实用的策略和建议。最后，通过 SQLCoder 大模型部署案例，给出了一个具体的实践示例，使用户能够将学到的知识应用于实际项目中。

8.1　准　备　工　作

在着手部署 AI 大模型之前，需要进行充分的准备工作。本节将作为起点，引导用户了解几个关键步骤。首先，深入理解部署需求，确保对项目的目标有清晰的认识；其次，选择与这些需求相匹配的合适模型和框架；最后，完成环境搭建和依赖安装。

8.1.1　理解部署需求

在深入探讨 AI 大模型的部署过程之前，首先需要清晰地理解部署需求。这一步骤对于确保部署的成功至关重要，因为它涉及部署策略的选择、资源的分配以及预期目标的设定。在本小节中，将讨论评估和理解部署需求的几个关键方面。

部署 AI 大模型的首要任务是明确业务目标，不同的业务场景会对模型的性能、稳定性和可扩展性有不同的要求。例如，实时推荐系统对延迟的容忍度低，而批量数据处理可能更注重吞吐量，明确业务目标有助于指导后续的技术选择和资源规划。

性能需求直接关系到模型选择、硬件配置和优化策略。评估性能需求时，需要考虑模型的响应时间、吞吐量以及并发处理能力。此外，应当预估模型在峰值时的性能表现，以确保系统稳定运行。

AI 大模型的部署不仅仅是模型本身的部署，还包括数据流的管理和与其他系统的集成。理解数据流意味着要明确数据的来源、处理过程和存储方式。此外，还需要评估模型如何与现有的 IT 架构集成，包括数据交换格式、API 接口设计等。

随着数据保护法规的日益严格，安全性和隐私保护成为 AI 模型部署时必须考虑的要素。因此，需要评估数据加密、访问控制和审计日志等安全措施。此外，对于涉及敏感数据的应用，还需要考虑数据匿名化和伪匿名化技术。

部署 AI 大模型需要投入显著的资源，包括硬件、软件以及人力资源。因此，进行成本效益分析是评估部署方案可行性的关键步骤，这包括直接成本（如硬件购买、云服务费用）和间接成本（如维护成本、培训成本）的评估。

通过深入理解这些部署需求，可以为 AI 大模型的成功部署奠定坚实的基础。下一步，将根据这些需求选择合适的模型和框架，为实现业务目标和技术目标做好准备。

8.1.2　选择合适的模型和框架

在理解 AI 大模型部署的基本需求之后，下一个关键步骤是选择合适的模型和框架，这一步骤对于确保模型能够高效、稳定地运行至关重要，同时也关系到后续开发、部署和维护的便利性。本小节将探讨在选择模型和框架时需要考虑的几个关键因素。

1. 模型的选择

模型的选择应考虑以下几个因素。

（1）性能与准确性：根据应用场景的需求权衡模型的性能和准确性。对于需要实时反馈的应用，选择响应速度快的轻量级模型可能更为合适；对于对准确性要求极高的任务，则需要选择更为复杂、准确率更高的模型。

（2）可扩展性：选择能够随着数据量和用户量的增加而轻松扩展的模型。在云平台上部署时，这一点尤其重要，因为它可以帮助控制成本并提高资源利用率。

（3）兼容性：确保选定的模型与所选择的框架和部署环境兼容，避免后期在集成时出现不必要的技术障碍。

2. 框架的选择

选择框架应考虑以下几个因素。

（1）开发效率：选择支持快速迭代和开发的框架。一些框架提供了丰富的工具和库，可以大大减少开发时间和精力。

（2）社区和支持：强大的社区支持和丰富的文档对于解决开发过程中遇到的问题非常重要。一个活跃的社区还意味着框架将持续更新和改进。

（3）性能优化和部署工具：选择提供深度性能优化工具和易于部署的框架。一些框架专门为部署提供了工具和库，这可以简化从开发到部署的过程。

（4）灵活性和可定制性：考虑框架的灵活性和可定制性。一个好的框架应该允许开发者根据需要轻松定制和扩展功能。

在最终决定之前，对选定的模型和框架进行原型测试，以验证它们是否满足性能和功能的要求。

选择模型和框架时，不仅要考虑当前的需求，还要预测未来可能的扩展需求，以确保所选技术能够适应长期发展。

在最终决定之前，还应比较不同模型和框架的优缺点，包括性能、成本、支持度等因素。

通过综合考虑上述因素，可以为 AI 大模型的成功部署选择最合适的模型和框架。接下来，将进入准备环境和依赖阶段，为模型的顺利部署做好准备。

8.1.3　准备环境和依赖

在确定 AI 大模型的部署需求并选择合适的模型和框架之后，下一步是准备部署环境和所需的依赖。这一步是确保模型顺利部署和运行的基础，涉及软件环境、硬件配置以及依赖管理。本小节将详细介绍如何高效地准备环境和依赖。

1. 软件环境准备

（1）操作系统选择：根据模型和框架的兼容性选择合适的操作系统。常见的选择包括 Linux、Windows 和 macOS。Linux 由于其稳定性和灵活性，通常是大多数 AI 模型部署的首选。

（2）编程语言环境：安装与所选框架兼容的编程语言版本。例如，如果使用 Python 开发的模型，则确保安装了正确版本的 Python 环境以及 pip 或 conda 这样的包管理器。

（3）框架安装：根据框架官方文档，安装框架及其核心库。例如，对于 TensorFlow 或 PyTorch，官方网站通常提供了详细的安装指南。

2. 硬件配置检查

（1）CPU/GPU 要求：确保硬件配置满足模型运行的最低要求，特别是对于需要高性能计算资源的模型。对于 GPU 加速的模型，还需检查 GPU 型号和驱动是否兼容。

（2）内存和存储：评估模型运行和数据处理所需的内存和存储空间，确保系统具备足够的资源。对于大型数据集，可能需要额外的存储解决方案。

3. 依赖管理

（1）依赖清单：创建一个包含所有必需依赖的清单，这可以是一个 requirements.txt 文件（对于 Python 项目）或相应的配置文件。

（2）虚拟环境：使用虚拟环境来隔离项目依赖，以防止不同项目间的依赖冲突。Python 的 virtualenv 和 conda 环境是常用的选择。

（3）依赖安装：通过包管理器安装所有必需的依赖库。确保所有依赖库都与模型和框架兼容，并且是稳定的版本。

考虑使用自动化脚本来管理环境和依赖的安装过程，如 Dockerfile 或 Ansible 脚本。这可以大大提高重复部署的效率。

在环境准备过程中，确保遵守最佳安全实践，如使用非 root 用户运行服务，及时更新安全补丁等。

详细记录环境准备过程中的所有步骤和配置，以便于未来的维护和问题排查。

通过细致地准备环境和依赖，可以为 AI 大模型的顺利部署打下坚实的基础。接下来，将进入具体的部署环境选择，考虑本地服务器与云平台的优劣以及容器化部署的实践。

8.2　部署环境选择

选择合适的部署环境是 AI 大模型成功落地的关键因素之一。本节将探讨不同的部署选项，包括本地服务器与云平台的利弊对比，以及如何利用容器化技术如 Docker 和 Kubernetes 来提升部署的灵活性和效率。此外，还将讨论如何根据模型的具体需求选择合适的硬件资源。

8.2.1　本地服务器与云平台的对比

在 AI 大模型的部署过程中，选择合适的部署环境是一个重要的决策点。本地服务器和云平台是两种常见的部署选项，每种方式都有其特定的优势和局限性。本小节将探讨本地服务器与云平台的比较，以帮助用户根据自己的需求作出明智的选择。

1. 本地服务器

（1）优势。

1）数据安全性：对于敏感数据，本地服务器提供了更高级别的安全性和隐私保护，因为所有数据都存储在内部网络中。

2）完全控制：企业可以完全控制硬件和网络环境，有助于定制化部署和优化性能。

3）网络延迟：在某些需要极低延迟的应用场景中，本地部署可以减少数据传输时间。

（2）局限性。

1）前期投资大：需要显著的前期投资用于购买硬件和建设数据中心。

2）可扩展性：扩展硬件资源需要额外的时间和投资，对于快速增长的需求可能不够灵活。

3）维护成本：需要专业的 IT 团队来维护服务器和网络设施，增加了运营成本。

2. 云平台

（1）优势。

1）灵活性和可扩展性：根据需求轻松扩展或缩减资源，适应业务增长或波动。

2）减少前期投资：采用按需付费模式，避免了昂贵的硬件投资和长期的资本占用。

3）专业维护：云服务提供商负责硬件和网络的维护，减轻了企业的运营负担。

4）全球部署：便于在全球范围内快速部署和管理应用，优化用户体验。

（2）局限性。

1）数据安全和隐私：对于处理敏感数据的应用，需要仔细考虑数据存储和传输的安全性。

2）网络依赖：对网络的依赖度增加，可能会影响访问速度和稳定性。

3）成本可预测性：虽然减少了前期投资，但在流量高峰期或资源使用不当时，成本可能会快速增加。

在选择部署环境时，需要综合考虑业务需求、成本预算、数据安全性以及技术支持能力。对于数据敏感度高、对网络延迟要求极严的场景，本地服务器可能更加合适。对于追求灵活性、可扩展性和成本效益的应用，云平台将是一个更优的选择。无论选择哪种部署方式，都需要进行彻底的需求分析和长期规划，以确保部署方案能够支持业务的持续发展和技术的迭代更新。

8.2.2 容器化部署：Docker 和 Kubernetes

随着 AI 大模型的日益普及和应用的不断扩展，容器化技术成为模型部署中不可或缺的一部分。容器化技术，尤其是 Docker 和 Kubernetes，为 AI 模型的部署、扩展和管理提供了高效、灵活的解决方案。本小节将深入探讨容器化部署的概念、优势以及如何利用 Docker 和 Kubernetes 进行 AI 大模型的部署。

容器化是一种轻量级、可移植的软件分发方式，它将软件及其所有依赖打包在一起，确保在任何环境中都能以相同的方式运行。与传统的虚拟机相比，容器直接运行在操作系统的内核上，没有额外的操作系统开销，从而提供了更高的效率和速度。

1. Docker：容器化的基础

Docker 是最流行的容器化平台之一，它使得创建、部署和运行容器变得简单。Docker 容器可以在任何支持 Docker 的机器上运行，大大减少了"在我的机器上可以运行，但是在其他地方不行"的问题。

优势有以下几点。

（1）一致性和可重复性：通过 Dockerfile 定义环境和配置，确保每次部署都是一致的。

（2）快速部署：相比于手动配置环境，使用 Docker 镜像部署可以极大地缩短时间。

（3）隔离性：容器之间相互隔离，减少了依赖冲突和环境污染的问题。

2. Kubernetes：容器化的编排

Kubernetes 是一个开源的容器编排工具，可以自动化容器的部署、扩展和管理。对于需要高可用性、可扩展性和自动化管理的 AI 模型部署，Kubernetes 提供了强大的支持。

优势主要有以下几点。

（1）自动化扩展：根据负载自动调整所需的容器数量，保证应用的高可用性。

（2）服务发现和负载均衡：自动分配 IP 地址和 DNS 名称给容器，并通过负载均衡在多个容器间分配请求。

（3）自我修复：能够自动替换、重启失败的容器，确保服务不间断。

实践中通常将 AI 模型及其依赖打包为 Docker 镜像，实现模型的快速部署和迁移。在 Kubernetes 集群中部署模型，利用其自动扩展和自我修复的特性来提高模型的可用性和可靠性。结合 CI/CD 工具，如 Jenkins 或 GitLab CI，自动化模型的测试、构建和部署过程。

容器化技术，特别是 Docker 和 Kubernetes，为 AI 大模型的部署提供了一种高效、灵活且可靠的方法。利用这些工具，组织可以更容易地扩展和管理其 AI 模型，以确保模型的快速迭代和高效运行。

8.2.3　选择合适的硬件资源

在 AI 大模型的部署过程中，选择合适的硬件资源是实现模型最佳性能的关键因素之一，硬件资源的配置不仅影响模型的运行效率和响应速度，还直接关联到部署成本的控制。本小节将探讨在选择硬件资源时需要考虑的几个关键因素，包括计算能力、存储需求、网络配置以及成本效益分析。

1. 计算能力

（1）CPU、GPU 与 TPU：对于不同类型的 AI 模型，需选择最适合的处理器。CPU 适用于不需要大量并行计算的任务；GPU 因其强大的并行处理能力，适用于深度学习模型的训练和推理；TPU（张量处理单元）专为机器学习应用设计，能提供更高效的处理速度。

（2）核心数和时钟速度：更多的核心可以提高并行处理能力，高时钟速度可以加快单个核心的处理速度，根据模型需求和并发处理需求来选择。

2. 存储需求

（1）内存大小：足够的 RAM 可以加快数据的处理速度，特别是对于需要加载大型数据集到内存中进行处理的模型。

（2）磁盘存储：高速 SSD 相比传统 HDD，可以提供更快的读写速度，对于数据密集型应用尤为重要。同时，考虑数据存储的总量需求，以及是否需要额外的存储解决方案。

3. 网络配置

（1）带宽：确保网络带宽可以满足数据传输需求，尤其是在分布式训练和云部署场景中。

（2）延迟：低延迟的网络对于实时应用至关重要，选择适合的网络硬件和技术可以降低数据传输延迟。

4. 成本效益分析

（1）成本与性能权衡：评估不同硬件配置的性能提升与成本增加之间的关系，选择成本效益比最高的配置。

（2）长期投资：考虑硬件的升级、维护成本以及能源消耗，选择能够支持未来需求扩展的硬件解决方案。

进行硬件基准测试，评估不同配置下模型的性能，以便做出更加合理的选择。在选择硬件配置时，应考虑咨询 AI 领域的硬件专家，以获得针对特定应用的建议。尤其是在云平台部署时，选择可以灵活调整配置的服务，以适应业务发展和技术进步带来的需求变化。

通过综合考虑上述因素，可以为 AI 大模型的部署选择最合适的硬件资源，不仅能确保模型运行的高效性，也能在成本控制和未来可扩展性之间找到最佳平衡。

8.3　模型优化和转换

在部署 AI 大模型之前，模型的优化和转换是确保高效性能和兼容性的关键步骤。本节将探讨如何通过模型剪枝和量化等技术减少模型的大小和提高运行速度，同时保持模型的准确性。同时，还将介绍如何使用 TensorRT 和 ONNX 等工具进行模型的转换，使其能够在不同的硬件和平台上高效运行。最后，本节将覆盖模型的测试和验证流程，确保优化和转换后的模型依然保持期望的性能标准。通过本节的学习，用户将掌握模型优化、转换及验证的关键知识，为模型的成功部署做好准备。

8.3.1 模型剪枝和量化

随着 AI 技术的迅速发展，AI 大模型因其显著的性能优势而广泛应用于各种场景。然而，大模型往往伴随着高昂的计算成本和存储需求，这对模型的部署和运行提出了挑战。模型剪枝和量化是两种有效的模型优化技术，可以显著减少模型的大小，提高推理速度，同时尽可能保持模型的性能。本小节将介绍这两种技术及其在 AI 大模型部署中的应用。

1. 模型剪枝

模型剪枝是一种减少神经网络复杂度的技术，通过移除模型中不重要的权重或神经元来减小模型大小和提高推理效率。剪枝的过程通常包括以下几个步骤。

（1）重要性评估：确定哪些权重或神经元对模型性能贡献最小，这可以通过分析权重的大小、梯度或其他启发式方法完成。

（2）权重移除：根据评估结果，去除那些被认为不重要的权重或神经元。

（3）微调：剪枝后，对模型进行微调，以恢复因剪枝可能造成的性能损失。

2. 模型量化

模型量化是另一种优化技术，即通过减少模型中数值的精度来减小模型大小和加速推理。量化可以应用于模型的权重和（或）激活输出，常见的量化策略包括以下两点。

（1）后训练量化：在模型训练完成后应用量化，不需要重新训练模型。这种方法简单快速，但可能会对模型的精度产生一定影响。

（2）训练时量化：在模型训练过程中应用量化，通过量化感知的训练来适应数值精度的降低，通常能够获得更好的精度保持。

在应用剪枝和量化之前，评估它们对模型性能的可能影响，从而选择合适的策略和参数。逐步剪枝而不是一次性剪除大量权重，可以帮助模型更好地适应变化，减少性能损失。剪枝和量化后，应充分测试模型在实际应用中的表现，以确保优化后的模型仍能满足业务需求。

通过模型剪枝和量化，可以有效减少 AI 大模型的部署和运行成本，加快模型的推理速度，使模型能够在资源受限的环境中运行，从而扩大 AI 技术的应用范围。

8.3.2 使用 TensorRT、ONNX 进行模型转换

在 AI 大模型部署过程中，模型转换是一个关键步骤，即将训练后的模型转换为特定平台或硬件优化的格式，以提高推理性能和效率。TensorRT 和 ONNX 是两种广泛使用的技术，它们各

自支持不同的优化和跨平台部署能力。本小节将介绍这两种技术及其在模型转换中的应用。

1. TensorRT

TensorRT 是由 NVIDIA 提供的一个高性能深度学习推理（Inference）引擎，专门针对 NVIDIA GPU 优化。它可以加速深度学习模型的推理速度，减少资源消耗，并支持批量推理和多精度推理，从而提高模型的部署效率和可扩展性。

主要特点如下。

（1）自动优化：TensorRT 可以自动选择最优的算法和参数来加速模型的运行。

（2）多精度支持：支持 FP32、FP16 和 INT8 三种精度，可以根据需求选择合适的精度进行推理，平衡推理速度和精度。

（3）动态张量支持：支持动态输入，使模型可以处理不同大小的输入数据。

2. ONNX（Open Neural Network Exchange）

ONNX 是一个开放的生态系统，提供了一个用于表示深度学习模型的标准格式，使模型可以在不同的框架、工具和硬件之间轻松迁移和部署。

主要特点如下。

（1）框架互操作性：ONNX 支持多种深度学习框架，如 PyTorch、TensorFlow、MXNet 等，使得模型转换和迁移变得更加灵活。

（2）广泛的硬件支持：通过 ONNX，模型可以在多种硬件上运行，包括 CPU、GPU 和专用加速器。

（3）持续发展的生态：ONNX 社区活跃，持续提供新的优化和支持，使得 ONNX 模型能够利用最新的技术发展。

在使用 TensorRT 或 ONNX 转换模型后，重点测试模型的推理性能和精度，确保转换没有引入不可接受的误差。利用 TensorRT 和 ONNX 提供的工具和库来简化模型转换过程，例如，ONNX Runtime 可以用于高效地运行 ONNX 模型。TensorRT 和 ONNX 都是活跃发展的项目，关注它们的最新动态可以帮助及时获得性能改进和新特性。

通过使用 TensorRT 和 ONNX 进行模型转换，可以显著提高 AI 大模型在生产环境中的推理速度和效率，使得模型部署更加高效和灵活。

8.3.3　模型测试和验证

在 AI 大模型的部署过程中，模型测试和验证是确保模型按预期工作且满足业务需求的关键步骤。这一阶段的目标是识别和修正可能的问题，包括性能瓶颈、精度问题以及与实际应用环境的兼容性问题。本小节将探讨模型测试和验证的主要方面和实践方法。

1. 测试范围

（1）功能测试：验证模型的功能是否符合设计和业务需求，确保所有功能模块按预期工作。

（2）性能测试：评估模型的推理速度、响应时间和资源消耗等性能指标，确定是否满足性能要求。

（3）精度验证：对模型输出的准确性进行评估，包括对比训练期间的精度和实际部署后的精度，以确保模型转换或优化过程中没有引入显著误差。

（4）稳定性和可靠性测试：长时间运行模型，以检测可能的内存泄漏、处理能力下降或其他导致性能降低的问题。

2. 测试方法

（1）自动化测试：使用自动化测试框架来执行重复的测试用例，提高测试效率和准确性。

（2）负载测试：模拟实际运行环境中的负载条件，验证模型在高负载下的表现和扩展性。

（3）A/B测试：在实际部署环境中，通过对比新旧模型的性能和输出，评估新模型的实际效果。

3. 验证策略

（1）基准测试：建立模型性能的基准值，作为比较和评估的标准。

（2）回归测试：每当模型更新或环境发生变化时，执行回归测试以确保改动没有引入新的问题。

（3）跨平台验证：如果模型需要在多种平台或设备上运行，则需要在所有目标平台上进行测试，以确保兼容性和一致性。

将测试和验证集成到CI/CD流程中，以实现模型更新的快速迭代和质量控制。除了模型的性能和精度，还应考虑用户体验、安全性和伦理标准等维度进行综合评估。使用实际的业务数据进行测试，以确保测试结果的有效性和相关性。

通过细致的模型测试和验证，可以确保AI大模型的稳定、高效部署，以满足业务需求，为最终用户提供高质量的服务。

8.4 部 署 模 型

本节将专注于AI大模型的部署过程，介绍将模型从开发环境迁移到生产环境的过程，并指导如何通过模型服务化技术，如Flask和FastAPI，使模型能够以Web服务的形式被访问和利用。同时，还将探讨如何利用AWS Sagemaker、阿里云PAI、百度千帆大模型平台和Google AI Platform等云服务平台，以简化部署流程并提高模型的可扩展性和可用性。此外，本节还将介绍模型版本控制和管理的最佳实践，以确保模型更新和迭代过程中的稳定性和一致性。通过本节内容的学习，用户将获得将AI大模型顺利部署到生产环境所需的关键知识和技能。

8.4.1 模型服务化：Flask 和 FastAPI

随着AI技术的广泛应用，将AI大模型服务化成为一种越来越普遍的需求。服务化意味着将AI模型封装成可通过网络调用的服务，使得模型能够被不同的客户端、应用程序或服务消费。在该过程中，Web框架如Flask和FastAPI等发挥了重要作用。本小节将探讨如何利用这些框架实现模型的服务化，以及它们各自的特点和优势。

1. Flask

Flask 是一个轻量级的 Web 应用框架，以其简洁和灵活性著称。Flask 提供了必要的功能来建立 Web 服务，包括 URL 路由、请求处理和模板渲染等。对于 AI 模型服务化，Flask 的优势在于它的简单性和易于上手，使得开发者可以快速构建和部署模型 API。

Flask 服务化的特点如下。

（1）易于学习和使用，适合快速开发。

（2）灵活，可以自定义多种请求和响应处理逻辑。

（3）社区支持强大，有大量的扩展库可用于增强功能。

2. FastAPI

FastAPI 是一个现代、快速（高性能）的 Web 框架，多用于构建 API 服务，特别优化了用 Python 类型声明来创建 API 的体验，从而实现自动数据验证、序列化和文档生成。FastAPI 支持异步编程，使其在处理并发请求时比传统同步代码具有更高的性能。

FastAPI 服务化特点如下。

（1）自动生成 OpenAPI 文档，便于 API 测试和前端集成。

（2）内置数据验证和序列化，减少样板代码。

（3）异步支持，适合高并发场景。

在实践中，根据模型功能定义清晰的 API 接口，包括请求和响应的数据格式，实现适当的安全措施，如请求认证、数据加密，以保护 API 服务和数据安全。利用异步请求处理、缓存等策略优化服务性能实现错误处理和日志记录，以确保服务稳定运行。

通过将 AI 模型服务化，可以极大地提高模型的可访问性和利用率，从而支持更广泛的应用场景。Flask 和 FastAPI 提供了强大而灵活的工具集，帮助开发者在不同的环境和需求下实现高效的模型服务化部署。

8.4.2　使用云服务部署模型

云服务为 AI 大模型的部署提供了强大的灵活性、扩展性和计算能力。利用云平台，开发者可以轻松管理模型的生命周期，从训练到部署，再到持续的优化和更新。本小节将探讨用 AWS Sagemaker、阿里云 PAI、百度千帆大模型平台和 Google AI Platform 等主流云服务来部署 AI 模型。

1. AWS Sagemaker

AWS Sagemaker 是一个完全托管的服务，可以帮助数据科学家和开发者快速构建、训练和部署机器学习模型。Sagemaker 提供了广泛的预建算法和支持框架，同时也支持自定义算法和容器。

AWS Sagemaker 的特点如下。

（1）一站式机器学习服务，从数据准备到模型部署。

（2）自动化的模型调优功能（自动模型调参）。

（3）集成了 Jupyter Notebook，便于模型开发和实验。

2. 阿里云 PAI

阿里云平台 AI（PAI）提供了一套完整的机器学习服务，支持模型训练、调优、评估和部署。PAI 覆盖了多种机器学习场景，包括图像识别、语音识别和自然语言处理等。

阿里云 PAI 有以下几个特点。

（1）强大的数据处理和模型训练能力。

（2）灵活的服务部署选项，支持 API 和 SDK 调用。

（3）丰富的预训练模型和算法库。

3. 百度千帆大模型平台

百度千帆大模型平台专注于提供大模型训练和推理的一站式解决方案，支持模型的快速迭代和高效部署。

百度千帆大模型平台有以下几个特点。

（1）高性能的大模型训练和推理能力。

（2）提供优化的大模型预训练参数和微调工具。

（3）简化的模型部署流程，支持多种部署环境。

4. Google AI Platform

Google AI Platform 是一个集成的机器学习服务，允许开发者在 Google Cloud 上构建、训练和部署机器学习模型。AI Platform 支持 TensorFlow、PyTorch 等多种机器学习框架。

Google AI Platform 有以下几个特点。

（1）端到端的机器学习平台，支持自定义训练和在线、批量推理。

（2）高度可扩展和灵活的计算资源配置。

（3）强大的数据和模型管理工具，支持版本控制和持续集成。

考虑平台的计算资源、成本、支持的框架和服务等因素，用户可以根据具体需求和预算选择最合适的云服务平台，确保遵循数据安全和隐私保护的最佳实践，符合行业和地域的法律法规。利用云平台提供的监控工具来跟踪模型的性能和资源使用情况，定期评估和优化模型和资源配置。

通过使用这些云服务部署 AI 模型，开发者可以利用云计算的强大能力，高效地管理和扩展 AI 应用，加速 AI 项目的实施和创新。

8.4.3 模型版本控制和管理

在 AI 大模型的开发和部署过程中，模型版本控制和管理是确保项目可追溯性、协作性和持续迭代的关键。随着模型的不断优化和业务需求的变化，有效的版本控制策略可以帮助团队管理模型的不同版本，快速回滚到之前的状态，以及确保生产环境的模型是经过验证和测试的。本小节将介绍模型版本控制和管理的重要性以及实现方法。

1. 为什么需要模型版本控制

（1）追溯性：记录模型的每次更新，包括参数、代码和数据集的变化，以便在出现问题时可以快速定位和解决。

（2）协作：多人团队协作时，版本控制可以确保每个成员都能在最新的模型版本上工作，避免冲突和重复劳动。

（3）审计：在某些行业，模型的版本历史需要被完整保留以满足监管要求。

2. 实现模型版本控制的方法

（1）使用版本控制工具：像 Git 这样的代码版本控制工具也可以用于模型版本控制，尤其是对于保存模型定义和训练脚本。对于大型模型文件，可以使用 Git LFS（大文件存储）或专门的模型管理工具。

（2）模型注册表：利用模型注册表服务（如 MLflow Model Registry、TensorFlow Model Analysis 等）来管理模型的版本，这些工具提供了模型的版本化、阶段标记（如"生产""测试""开发"）以及模型性能的跟踪。

（3）自动化模型部署流程：集成持续集成／持续部署（CI/CD）流程，自动化模型从开发到测试再到生产的部署过程，确保模型的版本一致性。

建立一致的版本命名规则，如使用语义版本控制（SemVer），以便于跟踪和管理。详细记录每个版本的变更内容、性能指标和使用的数据集，便于团队成员理解和审计。定期审查模型版本控制策略和工具的使用情况，以确保它们满足团队和项目的需求。

通过有效的模型版本控制和管理，开发团队可以更加高效地协作，快速响应业务需求的变化，同时确保模型的质量和稳定性。这不仅促进了 AI 模型的快速迭代，也为模型的可靠部署提供了坚实的基础。

8.5　百度千帆 SQLCoder 大模型部署案例

本节将展示一个实际案例，即百度千帆 SQLCoder 大模型的部署过程，从模型的准备开始，介绍如何部署模型，并最终测试与使用。通过该案例，读者可以了解将 AI 大模型落地的具体步骤。

8.5.1　模型准备

在进行 SQLCoder 大模型的部署之前，模型准备是第一步且不可或缺的环节。这一阶段主要涉及三个关键任务，即从 Hugging Face 官网下载所需的模型、开通百度 BOS 对象存储服务以及将模型文件上传到对象存储中。

1. 下载模型

（1）前往 SQLCoder 模型官网主页，如图 8.1 所示。

图8.1　模型下载界面

（2）按照 Hugging Face 官网的操作提示，通过 git 将模型文件下载到本地。

```
git clone https://huggingface.co/defog/sqlcoder
```

安装 Git Large File Storage（LFS）以管理包含大型文件的模型权重，可通过执行 git lfs install 命令来安装。若在下载过程中遇到网络连接问题，则可以使用图 8.1 中框内提供的链接直接下载。

2. 开通 BOS 对象存储

（1）访问百度官方首页，在页面左侧单击三条横线图标以展开所有服务选项，然后选择"对象存储 BOS"选项，如图 8.2 所示。

图8.2　BOS服务入口界面

（2）在 BOS 控制台中，单击加号图标以开始创建新桶，如图 8.3 所示。

图8.3　创建桶界面

如果尚未进入控制台，则单击界面上的"开通"按钮，这将启用预付费模式，可以根据实际使用情况付费，或者也可以选择购买存储月包。

（3）配置桶。在桶配置界面，仅需填写桶名称和选择所属地域即可，其他设置可以保留默认配置。

3. 上传模型

上传模型主要有两种方法，对于小文件，可以直接通过控制台进行上传；对于大于 5GB 的文件，则需要使用客户端来完成上传过程。

（1）在桶的根目录中，创建一个新文件夹用于存放模型。

文件不应直接上传到桶的根目录，这是因为千帆平台发布时，需要指定一个对象，它既关联到桶本身，也关联到桶下的某个文件夹。

（2）通过单击界面中的"上传文件"按钮上传小文件，如图 8.4 所示。

图8.4　上传小文件界面

（3）通过安装百度命令行工具 BOSCMD 上传大于 5GB 的文件。

可以通过搜索"安装 BOSCMD"进入下载界面，下载并解压完成后，配置环境变量即可使用命令配置 BOS 服务。

（4）配置 AK/SK、Region、Host 信息。

```
bcecmd -c/--configure
```

根据提示设置 AK、SK、Region 和 Host 信息，其他信息保留默认设置。

（5）上传模型权重大文件。

```
# 分别上传三个大于 5GB 的权重文件
```

```
  2  bcecmd bos cp pytorch_model-00001-of-00004.bin   bos:/sqlcode/mycode/
pytorch_model-00001-of-00004.bin
  3  bcecmd bos cp pytorch_model-00002-of-00004.bin   bos:/sqlcode/mycode/
pytorch_model-00002-of-00004.bin
  4  bcecmd bos cp pytorch_model-00003-of-00004.bin   bos:/sqlcode/mycode/
pytorch_model-00003-of-00004.bin
```

开始上传界面如图 8.5 所示。

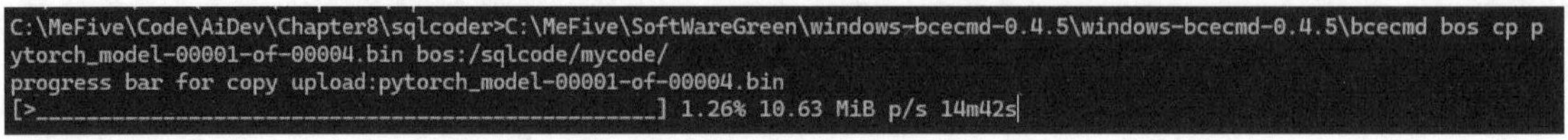

图 8.5　开始上传界面

8.5.2　模型部署

模型部署主要涉及两个步骤，即导入模型文件和发布服务。

1. 模型导入大模型平台

（1）打开千帆大模型平台，进入"我的模型"界面，单击"创建模型"按钮，如图 8.6 所示。

图 8.6　创建模型界面

（2）配置基本信息，如图 8.7 所示。

图 8.7　配置基本信息界面

（3）填写模型配置时，需要将模型来源设置为"对象存储 BOS"，随后选择 SQLCoder 模型在 BOS 服务中对应的 Bucket 及文件夹，如图 8.8 所示。

图8.8　配置模型来源界面

（4）查看配置模型，如图8.9所示。

图8.9　查看模型界面

（5）单击界面的"详情"按钮，查看模型状态，当"版本状态"是就绪时，可单击右侧的"部署"按钮进行部署服务，如图8.10所示。

图8.10　模型详情界面

2. 将模型发布为服务

（1）配置基本信息，如图8.11所示。

图8.11　发布服务基本配置信息界面

API 地址是服务成功发布后，用户可以用来调用该服务的网址。

（2）资源配置如图 8.12 所示。

图8.12　发布服务资源配置界面

（3）单击"确定"按钮，即可将自定义的 SQLCoder 模型发布为在线服务。

8.5.3　模型测试与使用

由于模型已发布为 API，提供服务供用户调用，因此接下来将基于 API 调用刚发布的 SQLCoder 大模型。

（1）进行应用接入，生成 API Key 和 Secret Key，通过单击界面中的"创建应用"按钮，进入配置界面。配置服务界面如图 8.13 所示。

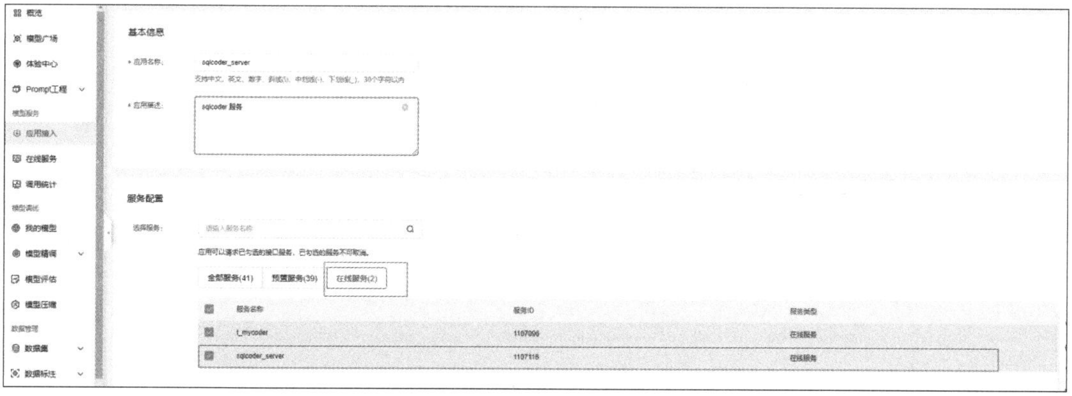

图8.13　配置服务API界面

也可以将全部服务配置为一个认证密钥。

（2）配置完成后就得到一个包含刚刚发布服务的密钥，如图 8.14 所示。

图8.14　显示密钥界面

（3）获取访问词元。

```
1   def get_access_token():
2       url = "https://aip.baidubce.com/oauth/2.0/token?grant_type=client_
    credentials&client_id=[应用 API Key]&client_secret=[应用 Secret Key]"
3
4       payload = json.dumps("")
5       headers = {
6           'Content-Type': 'application/json',
7           'Accept': 'application/json'
8       }
9
10      response = requests.request("POST", url, headers=headers, data=payload)
11      return response.json().get("access_token")
```

代码中的 API Key 和 Secret Key 就是刚刚生成的密钥对，用户替换成自己的就可以。

（4）根据获取的访问词元调用 API。

```
1    import requests
2    import json
3
4    def get_access_token():
5        ...
6
7    def main():
8        # url需要替换为用户自己的服务
9        url = "https://aip.baidubce.com/rpc/2.0/ai_custom/...?access_token=" +
     get_access_token()
10       payload = json.dumps({
11           "prompt": " 修改为生成 SQL 的 Prompt 语句 "
12       })
13       headers = {
14           'Content-Type': 'application/json'
15       }
16
17       response = requests.request("POST", url, headers=headers, data=payload)
18
19       print(response.text)
20
21   if __name__ == '__main__':
22       main()
```

（5）下面用一个 SQL 语句生成 prompt 进行测试。设定上述代码测试的 prompt 如下。

```
1    "prompt": "### Task\nGenerate a SQL query to answer the following question:\n
2    `View the total number of users?`\n\n### Database Schema\n
3    CREATE TABLE Users (
4      user_id INT PRIMARY KEY AUTO_INCREMENT,
5      username VARCHAR(50) NOT NULL UNIQUE,
6      email VARCHAR(100) NOT NULL UNIQUE,
7      password VARCHAR(255) NOT NULL,
8      created_at TIMESTAMP DEFAULT CURRENT_TIMESTAMP
9    );
10   CREATE TABLE Orders (
11     order_id INT PRIMARY KEY AUTO_INCREMENT,
12     user_id INT NOT NULL,
13     product_name VARCHAR(100) NOT NULL,
14     quantity INT NOT NULL,
```

```
15    order_date TIMESTAMP DEFAULT CURRENT_TIMESTAMP,
16    FOREIGN KEY (user_id) REFERENCES Users(user_id)
17  );
18  \n"
```

该 Prompt 提供了表结构信息，以便模型能够生成 SQL 信息。模型输出如图 8.15 所示。

图 8.15　模型输出 SQL 信息

模型基于用户提供的提示生成了相应的 SQL 语句，并同时解释了生成该 SQL 语句的原因。

8.6　本 章 小 结

本章全面探讨了 AI 大模型部署的各个环节，从初步的准备工作到模型的最终部署和使用，为用户提供了一个详尽的指南。

本章从理解部署需求开始介绍，强调了选择合适模型和框架的重要性，并讨论了环境与依赖的准备工作，以确保用户能够在充分准备的基础上开始他们的部署旅程。接着，讨论了部署环境的选择，比较了本地服务器与云平台的优劣，探索了容器化部署技术如 Docker 和 Kubernetes 的应用，以及如何根据需求选择合适的硬件资源，旨在帮助用户为模型找到最适合的运行环境。

在模型优化和转换部分，主要介绍了模型剪枝和量化等优化技术，以及如何利用 TensorRT 和 ONNX 进行模型转换，以提高模型的运行效率和兼容性。此外，模型测试和验证环节确保了优化和转换过程不会损害模型的性能。

此外，本章还特别介绍了模型的服务化，包括如何使用 Flask 和 FastAPI 等工具，以及如何利用云服务如 AWS Sagemaker、阿里云 PAI 等进行模型的部署，从而实现模型的高可用性和可扩展性。同时，模型版本控制和管理的内容确保了模型部署过程的稳定性和可维护性。

通过百度千帆 SQLCoder 大模型部署案例展示了如何将本章的理论知识应用于实践，包括从模型准备到部署，再到测试与使用的全过程。

本章为用户提供了一个全面的视角来理解和掌握 AI 大模型的部署过程，无论是基础的准备工作，还是高级的优化和服务化策略，都旨在帮助用户顺利地将 AI 大模型从研究室带入实际应用。